世界著名大学人文建筑之旅

ARCHITECTURE & CULTURE OF

University of California, Berkeley

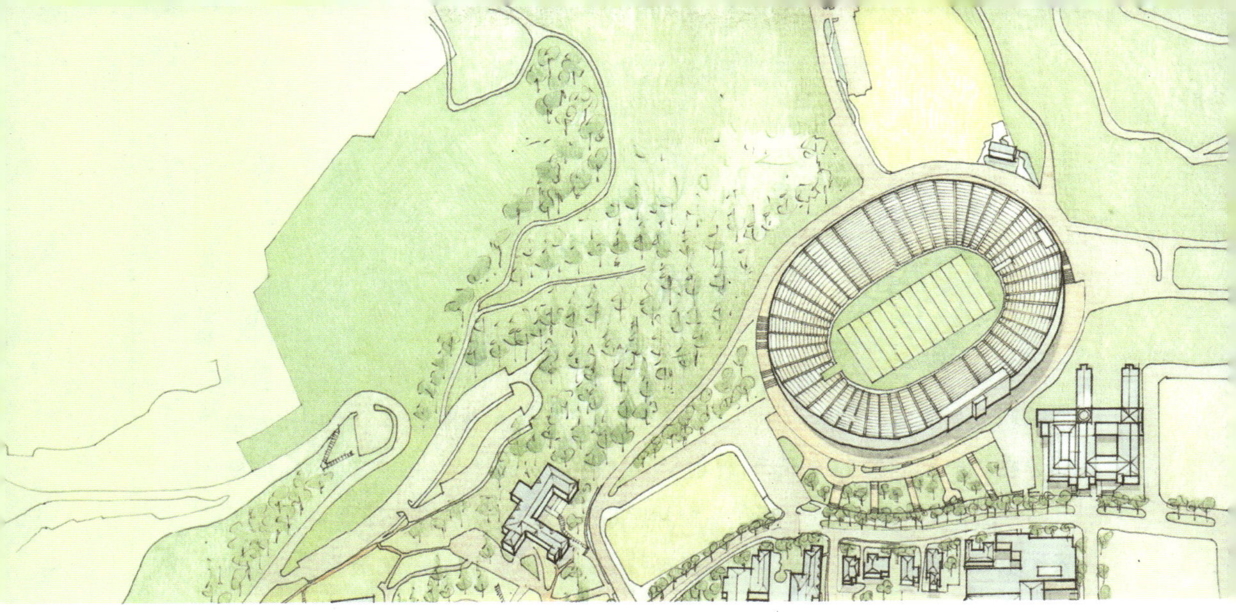

加州大学伯克利分校人文建筑之旅

世界著名大学
人文建筑之旅

哈维·海尔凡◎著/摄影　杨倩倩　 劳佳　李小蕾◎译

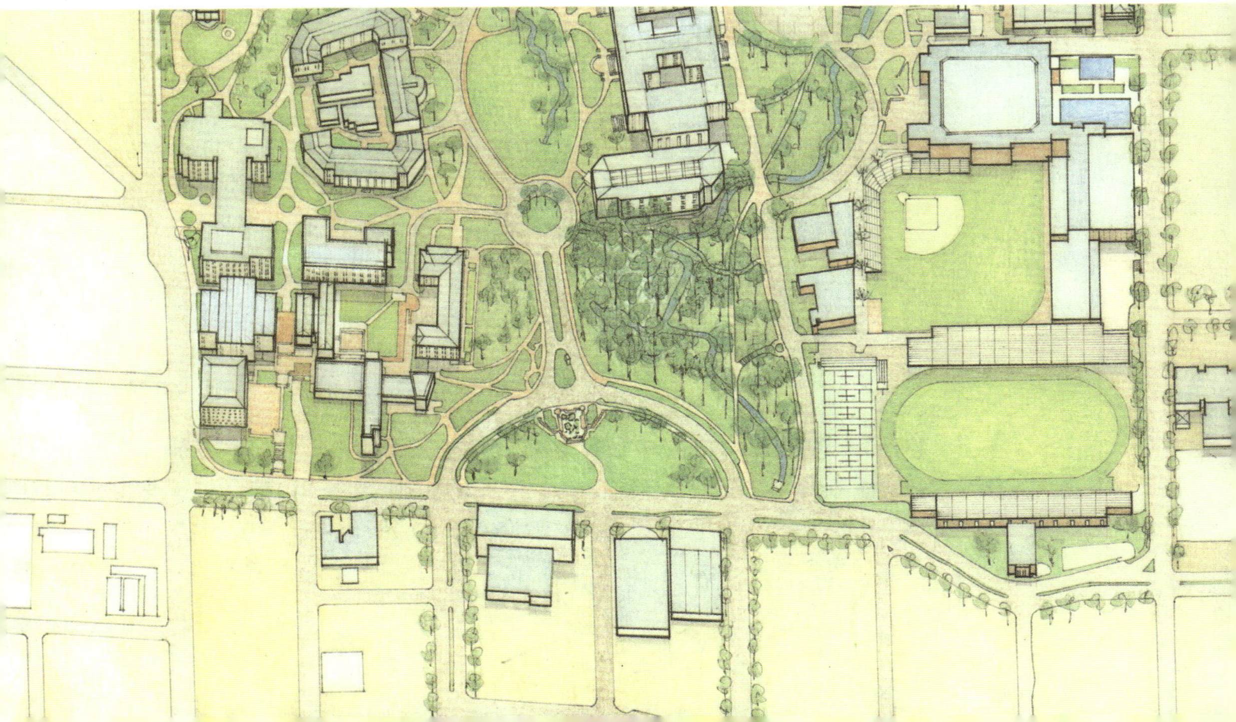

内容提要

本书是“世界著名大学人文建筑之旅丛书”之一，从人文角度介绍了加州大学伯克利分校校园中最具历史性和重要性的建筑。本书在总体介绍加州大学伯克利分校历史和建筑的关系后，规划了6条线路，将文理学院、工学院、环境设计学院、自然资源学院、信息管理和系统学院、教育研究院、公共政策学院等院系的著名建筑在书中徐徐展开，配以300多幅精美的彩色照片，令人有神游其中之感。

图书在版编目(CIP)数据

加州大学伯克利分校人文建筑之旅/(美)海尔凡著；杨倩倩，劳佳，李小蕾译. —上海：上海交通大学出版社，2011
(世界著名大学人文建筑之旅)
ISBN 978-7-313-07008-1

Ⅰ.①加… Ⅱ.①海…②杨…③劳…④李… Ⅲ.①加州大学—教育建筑—简介 Ⅳ.TU244.3

中国版本图书馆 CIP 数据核字(2010)第 252592 号

First published in the United States by Princeton Architectural Press
上海市版权局著作权合同登记号 图字：09—2009—115

加州大学伯克利分校人文建筑之旅
哈维·海尔凡 著
杨倩倩 劳佳 李小蕾 译
上海交通大学出版社出版发行
(上海市番禺路 951 号 邮政编码 200030)
电话：64071208 出版人：韩建民
上海锦佳装璜印刷发展公司 印刷 全国新华书店经销
开本：787mm×1092mm 1/16 印张：19.75 字数：289 千字
2011 年 6 月第 1 版 2011 年 6 月第 1 次印刷
ISBN 978-7-313-07008-1/TU 定价：69.80 元

校 长 序

自1868年联邦政府划批土地设立加州大学以来，这一建筑之旅已经跨越了3个世纪，伯克利校园的建筑和景观设计，正是其凝集了学术和文化价值的化身。

校园的中心是约翰·嘉伦·霍华德（John Galen Howard）的美艺建筑群（Beaux-Arts ensemble）。楼群面朝金门大桥（Golden Gate），希腊和罗马的古典纹样点缀其间，而早期西班牙教会留下的影响和从内华达山采来的花岗岩又赋予它独特的加利福尼亚风格。作为19世纪末菲比·赫斯特（Phoebe Hearst Architectural Plan）建筑规划国际竞赛的成果，按交叉轴线规划的休憩广场和林间草地分布在草莓溪的两个支流之间，周边遍植橡树、红杉、七叶树、银杏、桉树，给校园带来了别样的自然生机。霍华德的建筑群自成体系，而又有伯纳德·梅贝克（Bernard Maybeck）和茱莉亚·摩根（Julia Morgan）等人的手笔加以补充。随后在20世纪增加的建设则让校园体现出兼容并蓄的整体风格，装饰派、现代派、后现代派和其他建筑流派百花齐放。

这些或人工、或天然的场所，从某种意义上来说，是我们整个学院遗产的时光宝盒。它们不仅是花岗岩、水泥、青铜、大理石、植被或者路面而已——这里的一砖一瓦、一草一木都和一代代师生员工息息相关，它们承载的传统阐释了加利福尼亚精神。

若您是来学校访问，这本指南可以带您走进这座建筑遗产；若您是重返母校的校友，希望它能够激起您珍爱的回忆，并见证校园的新貌；若您是在校的师生员工，它也许能让您更深入地欣赏每日体验的一切。

校园的各处都反映出我们所保持的公共和私人支持的传统。从萨瑟、赫斯特、多伊、鲍尔特、鲍尔斯、莫里森，到哈斯、瓦利、索达、古德曼，这些私人捐赠即是明证。加州政府给予的资助同样巨大，这使得诸多楼宇得以建成：

从惠勒、吉尔曼和威尔曼厅到伍斯特楼、生命科学楼扩建部分和加德纳书库，都是如此。学生的支持和其他来源让我们的资金进一步充裕，得以建造诸如学生中心和娱乐体育场所等设施。庭院、草坪、门庭、雕塑和其他地标形式的班级捐赠也同样丰富了校园的环境，让我们想到学生和校友对他们的母校怀有的独特感情。

正如本杰明·艾德·惠勒(Benjamin Ide Wheeler)校长在上一次世纪之交时所指出的大学需求一样，这所校园在21世纪到来时展开了新的构想。值得注意的是，两个不同时代所提到的发展重点都包括计划扩大招生人数、寻求公共和私人支持、改善楼宇和设备条件以及丰富图书馆馆藏。

但百年之前，教育的需求主要集中在采矿工程、农业、林业、职业学院、文学、艺术和建筑上，而今日的需求则会对应新的发展方向，并将重塑校园，使之能够满足新世纪的社会需求。这包括在诸如健康科学、基因研究、生物工程、神经科学、材料科学、信息技术、人文科学和艺术方面的跨学科研究。与这些方向相吻合的是校园基础设施升级和防震加固项目，这将对包括霍华德的地标建筑——赫斯特纪念矿业大楼等一些主要建筑的更新。一个世纪前，学校通过赫斯特建筑规划确立了新的景观，我们现在希望通过一套新世纪规划，作为新的校园长期发展规划的前奏。

原校园规划者、1966级校友哈维·海尔凡(Harvey Helfand)给我们带来了一次生动而亲切的旅程，唤醒了校园中独特的美学和文化积淀。我们感到无比幸运，能够身处一个如此美丽的地方。对于那些让伯克利成为全美顶尖公立大学的杰出学者们来说，这里是他们安居的家园。

加州大学伯克利分校校长

罗伯特·M·伯达尔(Robert M. Berdahl)

目录
CONTENTS

加州大学伯克利分校的建筑文化

加州大学伯克利分校的校园展现了一个自然与建筑互动的舞台。风景如画的东湾山(East Bay Hills)和草莓峡谷(Strawberry Canyon)如同舞台背景，向金门大桥延伸的狭长草地则为这座“学习之城”勾勒出了轮廓。这座舞台根植于全国保存最好的美艺建筑群之一，它是由建筑师约翰·嘉伦·霍华

萨瑟塔及旧金山湾

德在20世纪初设计的。耸立于陶土柱基之上的这一"葱茏掩映中美丽的白色建筑群"沿坡而上，坐落在草莓溪的两条支流所形成的峡谷一侧。校园就环抱在草莓溪西侧的汇合处和东侧陡峭的小山之间。20世纪中期之前，这一建筑群虽不完整，却形成了显著而统一的古典构型。直到第二次世界大战之后，迅速发展的现代派建筑让这种一致的风格逐渐消除。

在过去的半个世纪的这些大规模建筑中，完整的古典主义元素簇拥在高耸入云的钟楼周围，优雅地浮现在周围的自然景致当中——依然是这座世界上最伟大的教学和研究大学之一的建筑和符号核心。

作为加州大学十个分校体系中的第一个，伯克利分校向周边的山脉和社区延伸，在伯克利和奥克兰城(Oakland)占地约1 200英亩，此外在奥巴尼(Albany)、里士满(Richmond)和其他较为偏远的地方占地超过200英亩。这一专注学术的中心校区占地178英亩，北起赫斯特大道(Hearst Avenue)，东起加莱路—皮埃蒙特大道(Gayley Road-Piedmont Avenue)，南至班克罗夫特道(Bancroft Way)，西至牛津—富尔顿街(Oxford-Fulton Street)。学校约有1 350名著名教学人员，包括7位诺贝尔奖得主(1939～2000年累计17位)、16位国家科学奖获得者、124位美国科学院院士、85位美国工程院院士，获古根海姆奖学金(Guggenheim Fellowships)和美国国家科学基金青年研究员奖的人数均居全美大学之首。学校下设的14个学院，共有300余个学位。学生的文化和民族背景各异，每年毕业的本科生约21 000名，研究生约9 000名，其博士生学科在全国名列前茅。作为最杰出的研究机构之一，伯克利有45个按系分科和交叉学科的研究单位开展150余个研究计划，24座闻名遐迩的图书馆藏书超过800万册，此外还有各个科学门类的收藏和博物馆。

奠基奥克兰和加利福尼亚学院

1855年春，加利福尼亚学院(加州大学前身)的董事们第一次来到了奥克兰以北五英里的这个地方，后来这里成为了伯克利的校址。青葱的小溪与周边麦田的映衬令人赏心悦目。董事萨缪尔·霍普金斯·威利 (Samuel Hopkins Willey)回忆道，他们被这里"震撼的景色、温和的空气，特别是庄严屹立的老橡树，还有青翠环绕的常青树丛”吸引了。同样让人难忘的还有这里面朝金门大桥的优越位置，从奥克兰到马林山(Marin hills)，整个湾区一览无余。

威利牧师(Reverend Willey)同另外几个新英格兰清教徒来到西部，为热衷于淘金的加利福尼亚人提供精神和教育指导。加利福尼亚学院在1855年4月13日正式获批，它的前身是康特拉科斯塔县学校(Contra Costa Academy)，这是一个两年前由曾在耶鲁大学接受教育的公理教牧师和教师亨利·杜兰特(Henry Durant)在奥克兰建立的小小的预科学校，位于第五街和百老汇的拐角处的原方丹戈舞厅内。加利福尼亚学院后来迁到北部较大的一个地方，北起十二号街，南至十四号街，西起富兰克林街，东至哈里森街①。学院1860年开张时招收了10名大一新生。杜兰特(后来成为加州大学的第一任校长)担任希腊语和文学教师，而威利则在1862年被任命为副校长兼执行校长。

新的学院是一个大部分由具有金字塔形穹顶或尖塔的二层建筑构成的小建筑群，橡树点缀其中。受哈佛和耶鲁等东岸一流学府影响，它建立了很高

加利福尼亚学院(奥克兰,1863)

---

① 这一校址在1868年成为加州大学的第一个校址，现为加州注册历史建筑。巧合的是，1998年，一幢为校董和校长而建的新总部大楼落成，与这幢楼隔街相望。(本书脚注皆为译注)

的学术标准。除诸如希腊语、拉丁语、英语、数学、自然科学和历史等核心课程外，学院还教授法语、德语、西班牙语等现代语言——这对当年的课程来说是一个进步。学院虽然并不属于某个宗教派别，却深受基督教信条浸染，这让董事们积极寻求更大更合适的长期校址，以便远离奥克兰的喧嚣并能建立一个优秀的大学社区。

伯克利校址

康涅狄格州公理会牧师、耶鲁毕业生贺拉斯·布什奈尔（Horace Bushnell）最先积极开始寻找校址的工作。他在1856年7～12月间不知疲倦地梳理整个湾区的情况，考察每个候选校址的水资源、交通情况、土地价格、距离城市的远近、气候以及其他条件，由此他大力推荐一块位于纳帕谷（Napa Valley）的地块。但当它最终卖出的时候，董事们却对这块正对金门大桥的140英亩地皮保留了意见——起初他们出于对供水条件的担心而放弃了它。

该地块的主人，退休船长奥林·西蒙斯（Orin Simmons）很快打消了他们的顾虑。他在草莓溪岸边的牧场范围包括了现在的赫斯特希腊剧场（Hearst Greek Theatre）和加利福尼亚纪念运动场（California Memorial Stadium）。西蒙斯向他的好朋友杜兰特解释说，只要在溪中拦一道坝并开凿泉水，学院的供水问题就可迎刃而解。董事们被说动了，于1858年3月1日签下了购地协议，将这块地方作为加利福尼亚学院的永久校址。两年之后，威利、杜兰特和其他董事齐聚在校区北部一块露出地面的岩石旁。后来这块石头被命名为奠基者之石（Founders' Rock），献给新的学院校址。

这里曾是奥龙人（Ohlone）[①]的扎营地，是1820年路易·玛利亚·佩拉塔（Don Luís María Peralta）上士因长期效忠西班牙国王而获封赏的近4.5万英亩土地的一部分。佩拉塔的第四子荷塞·多明戈·佩拉塔（Jose Domingo Peralta）继承了这片名为桑·安东尼奥（Rancho San Antonio）牧场的西北部分——

① 奥龙人，又称科斯塔诺（Costanoan）人，北加州土著部落，自公元6世纪起居住在旧金山和蒙特利湾一带。18～19世纪遭到西班牙殖民者的掠夺屠杀。

包括现在的奥巴尼城、伯克利城和奥克兰的一部分——并最终卖掉了他几乎全部的1.9万英亩土地。

为了建设学校,董事们四处寻求捐助。但在美国南北战争时期,面对加州其他募款企业的竞争,他们收获寥寥。作为一个变通方案,即校园地基联合会(College Homestead Association)于1864年成立。学校买下了现在称为"南区"(Southside)周围的160英亩小块地皮,并想卖出其中原定新大学城内的一些1～5英亩的小地块来营利。此时加上先前五位伯克利先驱签下的土地,校区已经覆盖到草莓溪的东侧和南侧。纵横交错的地块和道路都已经铺开,董事们开始把注意力投向大学的规划了。

1866年,奥姆斯特德方案

同年,景观设计师弗雷德里克·洛·奥姆斯特德(Frederick Law Olmsted, 1822～1903)受托对奥克兰占地200英亩的山景陵园(Mountain View Cemetery)进行设计。作为资深的中央公园总监和美国卫生委员会主席,这位原居住在波士顿的设计师于1863年底来到加州,接手马力波萨工业区(Mariposa Estate)金矿主矿脉的管理。在他管理工业区期间,奥姆斯特德和学校董事们以及弗雷德里克·毕灵斯(Frederick Billings)律师结下了深厚的友谊,于是被请求为新校区作勘察和规划设计。然而在1865年春天勘察过校址之后,他深感挑战严峻,就像他曾经面对加利福尼亚贫瘠的土地设计山景陵园时那样。"真是个鬼地方,"他对他的助手卡尔维特·沃克斯(Calvert Vaux)说,"树也没有,草也没有,想要保证美感谈何容易。"

奥姆斯特德的构想是一个"校区公园",这是受到了位于纽约西奥兰治(West Orange)郊区那风景如画的400英亩卢埃林公园(Llewellyn Park)的影响。这座公园由建筑师亚历山大·杰克逊·戴维(Alexander Jackson David)和景观园艺师尤金·保曼(Eugene Baumann)设计,于1853年落成。奥姆斯特德在一个很正式的中心区周围设计了一组非正式的区域,其间绿树葱茏,蜿蜒小径交织错杂。这让人想起了他在1858年为纽约中央公园做的规划中正式的街区和非正式的休闲区的对比关系,虽然规模上小了很多。他把两座学院建筑放在了一块林间小径尽头的坡地上，它们的中轴线正对金门大桥。这片区域向西延伸形成一片曲线包围的中心区域，一个非正式的“公共地块”。这片非正式区域向南以草莓溪为界，在中心建筑区旁留出了未来教学建筑扩建的空间。他还在东侧、西侧以及南侧的草莓溪和地基联合会地块之间留出了“住宅用地”。出校区沿现在的皮埃蒙特大道(Piedmont Avenue)向南，奥姆斯特德设计一条蜿蜒迂回的林阴干道，通往称为“伯克利房产”的著名住宅区。

1866 年回到纽约后，奥姆斯特德完成了校区的设计终稿。但在南北战争之后的大萧条中，校园地基联合会的地块无人问津，新校区建筑的建设前景也日渐黯淡。除了后期整体完成的皮埃蒙特大道两侧的设计，他的设计方案被丢弃。然而有四个重要的的元素让他的设计得以最终扎根在这片校园——一条中轴线、面朝金门、独到的溪旁景观以及“校区公园”的概念——它们对随后的规划产生了深远的影响，今天的校园就是明证。

1868年，加州大学的诞生

为响应 1862 年《联邦莫雷尔赠地学院法案》(Morril Land Grant Act)，加利福尼亚州在 1866 年设立了农业、矿业和机械技术学院。这个由佛蒙特州

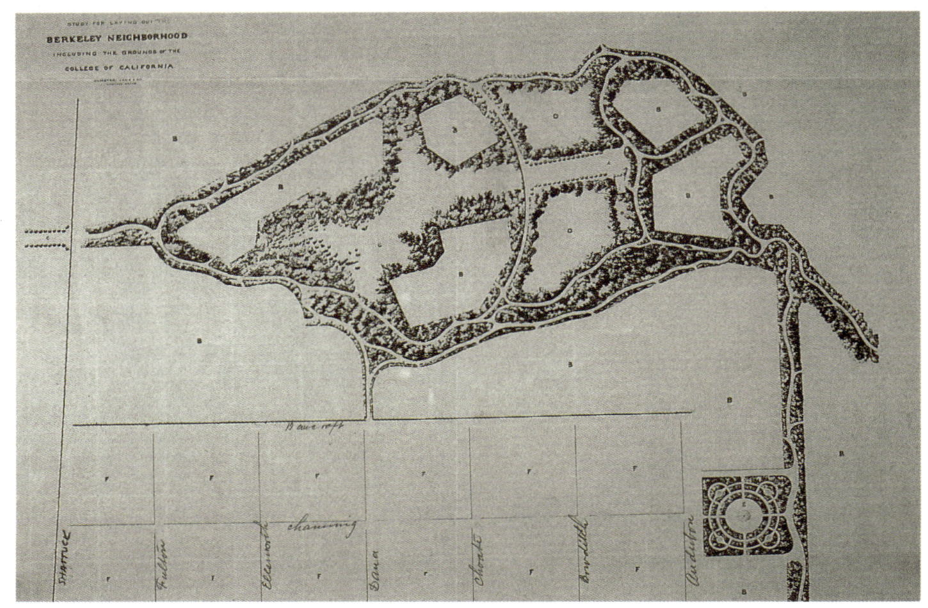

加利福尼亚学院和伯克利周边设计计划(奥姆斯特德—沃克斯公司，1866)

立医院的贾斯汀·莫雷尔提出、亚伯拉罕·林肯总统于1862年7月2日签署的法案批准在美国建立68所“赠地学院”。各个学院或大学都会从公共土地销售的投资收益中获得一笔资金支持,条件是每个州至少有一所高校要加强农业和机械技术的教学,并且课程中包含军事战略的训练。

首先计划的新的州立院校位于加利福尼亚学院校址以北一英里处,但在1867年开始实施时,州长弗雷德里克·洛(Frederick F. Low)提议,加州的资源必须与资金匮乏的加利福尼亚学院的地产结合起来建立新的院校。学院董事们很不情愿地同意了这个提议,并于1867年10月9日投票同意将校区捐赠给加州并解散校董事会,前提是他们的学院要成为新大学的文学院(College of Letters)。

经董事会和议院通过后,州长亨利·海特(Henry H. Haight)于1868年3月23日签署了组建加州大学的法案,也就是现在所称的《加州大学建制法案》,这一天也被定为学校的“宪章日”。这一法案规定了大学应成立技术学院(包括农业、机械技术、采矿、土木工程)、文学院、医学院、法学院和其他专业学院。法案还规定成立加州大学董事会作为实际的管理者,授权他们采纳这样一个方案:“建筑物应当根据不同用途分开建造,但又应根据一个全局方案加以组合,使日后将耸立于此的更大的中心建筑可以融入,并使整体达到和谐。”此外,他们还应“立即着手并坚持对大学的校园进行修葺和绿化”。

1868年,怀特—桑德斯方案

四个月后,新成立的校董事会决议尽快建造一座“具有足够空间容纳学生的大厦”。这座建筑马上就会供“农学院、机械技术学院、矿业学院、工程学院和文学院”使用,并“将来在学院有需要时,成为更大的整体建筑群的一部分”。他们为这一建筑项目举行一次新方案竞标,并于1868年10月选定了旧金山建筑师约翰·怀特(John Wright)和乔治·桑德斯(George H. Sanders,另作Saunders)。一年前,这个著名的设计所设计了加州聋哑及盲人学院的第一座建筑,在大学校址南约半英里处,即现在的克拉克·克尔(Clark Kerr)校区。怀特和桑德斯超越了奥姆斯特德规划中的小学院,针对更大的布局提出了一个

加州大学怀特—桑德斯方案(1868 年制订)

五座主楼且形式对称的方案。它同奥姆斯特德的规划一样建筑面朝西方,但坐落在草莓溪旁更靠南的位置上。这一方案的特色是为文学院和图书馆修建一个大型中心建筑,门前是阶梯状的西式广场,四个小的学院楼环绕在周围——都暗示着哥特—罗马复兴式风格,这也是事务所作品的特点。事务所在东面的山坡上规划了药学院和法学院楼,还有教工住宅和一个小的"地磁台"楼。次年 6 月,校董事会积极采纳了这一方案,并投票批准尽快建造农学院大楼和另外两个小建筑。然而两个月之后,由于对设计费用不满意,两名建筑师收回了他们的校区和建筑规划。

1869年,克尼泽—法夸尔森方案

校董事会并没有采纳设计竞标第二名的方案,而是在 1869 年 8 月同大卫·法夸尔森和亨利·克尼泽签约,委托他们完成新的规划,包括图纸设计、规范制定、一级施工监督。因为校董事威廉·拉尔斯顿(William C. Ralston)与这两位旧金山建筑师相熟,建筑师曾经为他设计过加州银行大楼,该楼于 1867 年完工。新的设计于 9 月被校董事会采纳,特点是有六座错落排列的"宽敞优雅的建筑",仍然维持了奥姆斯特德那面对金门大桥的轴线——向南侧平移后正对着怀特和桑德斯提出的面前有广场和草坪的中心主楼。然

加州大学克尼泽—法夸尔森方案(1869 年制订)

而加州中心礼堂却没有采用对称设计,而是北侧翼有矿业、土木和机械技术学院,西南侧溪边设置文学院和农学院。1870 年克尼泽和法夸尔森解除合伙关系后,法夸尔森继续履行学校的合约并被委以重任。他的工作包括大学的第一座建筑——孟莎顶①的农学院楼,后来改称南楼(South Hall),就是他于 1873 年完成的设计。法夸尔森同年还设计了第二座建筑,即文学院(北楼,North Hall),但后来规划有变,北楼被改做南楼正北方向的建筑,即现在的多伊附楼(Doe Annex)。1874 年还建造了八幢一层的学生宿舍木屋,其中六幢位于现在的爱德华体育场(Edwards Stadium)和伊万斯棒球场(Evans Baseball Diamond)以北,另外两个在现在的教工俱乐部附近。

1874年,霍尔规划

1873 年 3 月,南楼和北楼均已在建,董事会开始处理《建制法案》中规定的"整地及栽种树木和灌木的事宜"。当年 9 月学校即签约旧金山金门大桥

---

① 孟莎顶(Mansard),又称复折式屋顶。

公园的工程师和负责人威廉·哈蒙德·霍尔(William Hammond Hall),以便“筹划整饬大学中可能马上要投入使用的大量的土地”。虽然霍尔未能看到奥姆斯特德的规划终稿,很显然图纸在当时已经丢失了,但他对于伯克利校址的看法和奥姆斯特德不谋而合。他受到奥姆斯特德别具一格的小学院方案的影响,但他的规划迎合了州立大学更大更多的要求。他将几座建筑随意地散布在自然的轮廓上,用一条蜿蜒的环路连接起来。北楼和南楼附近以梯田为主, 正与奥姆斯特德在校园中心的幽谷尽头处规划两座建筑的方案相合。他还在校园西北角建立了农业和园艺试验区,并在中央谷建立了植物园和温室,用这些设施对后来的开发决策产生影响。

19世纪晚期的开发

尽管有了这些规划,到了 19 世纪末时,校园依旧呈现出某种杂乱的格局,缺乏一所重要大学应该具有的协调和秩序。1895 年,伯克利的招生规模已经超过 1 300 人——差不多是 1873 年学校初建时的 7 倍——学生在七座主要建筑中学习[①]。法夸尔森的法国第二帝国风格的北楼和南楼、山顶上俯瞰金门大桥的维多利亚—哥特式砖石结构的培根艺术和图书馆大楼(Bacon Art and Library Building ,约翰·雷默设计,1881)构成的三角形是学生生活的中心。东面矗立着荷兰—哥特式砖结构化学楼(克林顿·戴设计,1891)以及有孟莎顶的砖石结构的矿业和机械技术楼 (阿弗莱德·班纳特设计,1879)。北边的峭壁上是有古典山墙的砖结构的机械和电气工程大楼(威廉·克莱特设计,1893), 而西侧溪边隐约可见的木结构八边形哈蒙体育馆(Harmon Gymnasium,1879)也可作为一个主要的集会礼堂。按照霍尔的建议,位于中心洼地的植物园(1890 年修建)栖息在天文台山脚下,植物园里有玻璃钢结构的维多利亚温室(Victorian Conservatory,罗德和伯纳姆设计,1891),山上是小圆顶的学生天文台(约翰·雷默设计,1886)。草莓溪两条支流汇合处附

---

① 1895~1896 年,另约有 400 名学生进入大学在旧金山的附属学院就读,包括牙医学院、内科学院、药学院以及旧金山艺术学院。

达纳街口入的加州大学校园景观(1897 年)

近是椭圆形的煤渣跑道(Cinder Track ,1882),桉树林(Eucalyptus Grove ,1877 年栽种)保护着跑道不受风蚀。农业试验田和法夸尔森设计的一排一层楼的学生宿舍木屋(1874)则伫立在中央大街入口处。霍尔那条非正式的环路和毫无章法而纵横交织的木制、砂砾、沥青或是水泥的人行道把所有这些都连接起来。

1878 年正式建立的伯克利城也在迅速地发展,人口从 1890 年的约 5 000 人增长到 1900 年的 13 000 人——而 1873 年，从海岸小镇奥申威(Ocean View)到校园周围的农田一带只有散居的 450 位居民。

1897 ~ 1899年,菲比·赫斯特建筑规划国际竞赛

一位杰出的女性,菲比·艾珀森·赫斯特(Phoebe Apperson Hearst,1842～1919)来到了这座风景变换的校园,她让这所成长中的大学旧貌换新颜。随后的 20 年间，她和大学另外四位卓越的人物——校长本杰明·艾德·惠勒、校董事雅各布·莱茵斯坦(Jacob B. Reinstein)以及建筑师伯纳德·梅贝克和约翰·嘉伦·霍华德——的贡献一起铸就了这座享誉全球的“学习之城”。

正是加利福尼亚和内华达的金矿，使她的丈夫、参议员乔治·赫斯特(George Hearst)积累了巨额的财富，并在1891年去世时将这笔财富留给了她。1895年，也就是在她被任命为校董事之前两年，这位遗孀会见了校长马丁·凯洛格(Martin Kellogg)，提出要为矿业学院建造一座大楼以纪念她的丈夫。凯洛格向教师中唯一的建筑师、画法几何教员伯纳德·梅贝克寻求帮助，从此开创了在校园规划和设计中坚持邀请建筑系教师参与的传统。在凯洛格位于北楼的办公室中，梅贝克的设计草图展示在窗帘和盆景的背景下。赫斯特女士对此大加赞赏，随后提出在校园何处建造大楼的问题。

这个问题引出了梅贝克的建议——应当先准备一个新的规划，并让赫斯特女士于1896年10月致函校董事莱茵斯坦，表明了她将大力支持对学校进行"全面而永久的建筑和场所规划"。除了将资助兴建两座建筑——赫斯特纪念矿业楼(Hearst Memorial Mining Building)及用于接待和妇女社交的赫斯特楼 (Hearst Hall)——她还提出将无资金限制地资助一场校园规划的国际竞赛。"这件事中我只有一个愿望，"她强调说，"采纳的规划应当配得上这所伟大的大学……〔并且〕与之和谐，甚至要赋予它更多的美……〔并且〕要为这个州增光添彩，这个州的文化和文明都将在它的大学中培育和发展。" 对于竞赛管理，她建议成立一个特殊理事会，由州长詹姆斯·巴德(Governor James H. Budd)代表加州，威廉·凯利·琼斯(William Carey Jones)教授代表学校，莱茵斯坦代表董事会。最后，她请求批准梅贝克休假，这样就可以由她出资请梅贝克协调这一活动。

梅贝克(1864～1957)出生于纽约，曾在巴黎就读美艺学院(École des Beaux-Arts)。从19世纪中期理查·莫里斯·亨特①开始，这里就是很多美国人在法国建筑师的画室里接受培训的地方。它的设计思想的影响——古典主义、宏大雄伟、历史和象征手法的装饰、轴向构成、对称、层次分明——都在这次竞赛的流程和参赛人员中得到了体现。

接下来几个月，莱茵斯坦和梅贝克周游了美国东海岸和欧洲的主要城

---

① 理查·莫里斯·亨特(Richard Morris Hunt,1827～1895)，美国著名建筑师，曾设计大都会艺术博物馆、自由女神像基座，并创立美国建筑师学会和纽约市政艺术协会。

《位于伯克利的州立大学建筑方案》(出自 1896 年 4 月 30 日伯纳德·梅贝克所绘图纸)

市,遍访"一流建筑师、艺术家和景观园艺家",并着手组织一个分两阶段进行的加州大学菲比·赫斯特(Phebe Hearst)建筑规划国际竞赛(自此次竞赛之后,赫斯特女士的名字一般被拼做 Phoebe)。1897 年 8 月公布的一份策划书将该项目描述为"建造一所至少有 28 座建筑的综合型大学"。现有的校园建筑一概忽略,延伸至山岭中的地皮也都被看作是"充满统一、美丽而和谐的图景的空地,如同画家将要涂满他的画布一般",对艺术的追求将优先于经济的考虑,"建筑师只管设计,成本是其他人的事情"。

当年 12 月,一个由伯克利的教师和规划理事会共同策划、主要由巴黎美艺学院朱利安·高德(Julien Gaudet)教授和梅贝克执笔的计划以英、法、德三种语言印行了 8 000 份。计划包含一份地形图,在建筑学会中也摆放了伯克利校址的石膏模型和照片以供建筑师们研究。建筑师们在 1898 年 1～6 月准备他们的方案。除大学自有的 245 英亩地皮外,竞赛还允许参赛者将规划扩展到周围约 60 英亩的地区,包括草莓溪南侧的希里加斯地块(Hillegass Tract)以及校园北侧的狭长地带。

梅贝克组织的知名的国际评审团包括法国的让·路易·帕斯卡 (评审团主席)、英国的理查·诺曼·肖(在决赛阶段,理查·诺曼·肖因病由英国建筑师约翰·贝尔切代替)、德国的保罗·瓦罗特(Paul Wallott)、来自纽约的沃尔特·库克(Walter Cook)等建筑师和校董事莱茵斯坦。1898 年 9～10 月,评审团齐聚比利时安特卫普的皇家美术博物馆，评审 105 份匿名预赛作品。几乎所有的作品都规模宏大，具有中轴结构并体现了美艺学院的设计原则。评审团从中挑选了 11 位决赛入围作品——美国 6 件、法国 3 件、荷兰 1 件、瑞士 1 件——参赛者被邀请到加州进行实地考察并进行最终角逐。最后的评审以及校董事赫斯特组织的盛大宴会于 1899 年 9 月在旧金山的码头大厦举行。决赛中的主导原则有四个：以建筑概念来代表一所大学；学术区设置合理便捷，不会过分拥挤且留出未来扩展的空间；15 座教学楼分工明确；采用的建筑形式保留了自然的美感。

经过一个星期的评审之后，1 万美元的大奖授予巴黎建筑师昂利·让·埃米尔·贝纳德(Henri Jean Émile Bénard)，他华丽恢弘的表现形式让公众为其艺术美感所倾倒，但也招致了铺张浪费的批评。接下来的四名都由东岸的美国公司获得：第二名是纽约的豪威尔—斯托克斯—霍恩博斯特；第三名是波士顿的德斯普拉德尔和科德曼；第四名是纽约的霍华德和考德威尔；第五名是纽约的罗德—休利特—豪尔。

埃米尔·贝纳德和1900年赫斯特规划

还在美艺学院就读时，贝纳德就于 1867 年获得了著名的罗马大奖(Premier Grand Prix de Rome)。在罗马学习 4 年后，他在他的家乡勒阿弗尔和巴黎开始了自己的职业生涯。他是在第二阶段评审前没有来过伯克利的两名决赛入围者之一，直到获奖后大约两个月才第一次到访伯克利校园。在逗留了 6 个星期之后，他勉强同意修订他的计划，以缩减规模并调整部分建筑的位置，减少建筑和梯田所要搬运的土方数，并更好地保留草莓溪的自然风光。校方还要求他要在计划中加入一座校长官邸（大学邸，University House)，该楼于 1900 年由旧金山建筑师阿尔伯特·皮希斯(Albert Pissis)设计，皮希斯曾就比赛计划向校方献言。这座楼成为唯一按照贝纳德的规划定位建造的建筑。

贝纳德这个被称为“新项目”的修订后的规划是在巴黎完成的。法国—罗马风格的建筑群沿着学院大道的东西中轴线。入口的庭院之后是一个大

赫斯特规划修订版鸟瞰图(埃米尔·贝纳德 1900 年设计)

的图书馆广场，沿草莓溪和自然区域而建造的学院楼形成了南北向的交叉轴线。在这一楼群东侧,主轴线上建有匀称的中心植物园,植物园两侧的楼群则又形成了一条南北向的交叉轴线。在所有这些建筑的南侧,较平坦的希里加斯地块——如同其他很多参赛规划一样——用来建造运动场馆。山麓有一个天然的圆形露天剧场,从这里沿小路上山,可到达山顶的天文台,周围梯田上则预备建造住宅、医院和学生宿舍。

在提交规划时,贝纳德极力向校董事会保证,他的规划十分灵活并可以继续修订。他还加上了三张新的远景图来描绘他的"整体大规划"。虽然校董事会于 1900 年 12 月采纳了他的修订稿,但在前一年到访学校时,贝纳德就已经不再受学校欢迎。他缺乏交际能力,不适合担任建筑总监。但贝纳德的规划——与获得第四名的建筑师约翰·嘉伦·霍华德的规划有一些相似之处——这成为了霍华德掌舵赫斯特规划的开端,在接下来 30 年中引导校园的建设。

建筑总监约翰·嘉伦·霍华德以及1908年和1914年赫斯特规划

约翰·嘉伦·霍华德（1864～1931）在波士顿附近出生，在麻省理工学院学习建筑学，之后在伟大的罗马复兴主义建筑师亨利·霍布森·理查森（Henry Hobson Richardson）及其继任者约翰·谢普利（John Shepley）、查尔斯·鲁坦（Charles Rutan）和查尔斯·柯立芝（Charles Coolidge）设在波士顿的事务所实习。他曾在洛杉矶工作了约一年，对加州很熟悉。这期间他四处游历并对教堂和砖房写生，这些让他日后提交的加州大学的设计融入了当地的风格。他曾多次前往欧洲，意大利最能激发他的灵感。他在首次欧洲之行归来后就职于一流的麦金、米德与怀特（McKim，Mead and White）设计事务所，先是在波士顿，后来去了纽约并参与了麦迪逊广场花园的设计。在查尔斯·麦金的资助下，霍华德于1891年重返欧洲并进入美艺学院，在建筑师维克多·拉鲁（Victor Laloux）的工作室工作三年。他随后于1894年在纽约与工程师萨缪尔·米尔班克·考德威尔（Samuel Milbank Cauldwell）合作开设了自己的工作室。工作室承接的项目大部分在纽约地区，有市政厅、住宅、公共建筑、宾馆

1899年赫斯特建筑规划竞标四等奖方案（霍华德及考德威尔）

等,包括复兴大厦和艾塞克斯大厦。在赢得赫斯特规划第四名的两年前,事务所在著名的纽约公共图书馆竞标中屈居亚军,中标者是卡莱尔和黑斯廷斯(Carrère and Hastings)。

当初采纳贝纳德的规划时,校董事会建立了一个由四名来自东海岸的杰出建筑师组成的顾问团,其中就包括了霍华德、他早先的雇主和赞助人查尔斯·麦金、赫斯特规划大赛第三名得主德齐雷·德斯普拉德尔 (Désiré Despradelle),以及战胜霍华德和考德威尔赢得纽约公共图书馆的约翰·卡莱尔。规划制订好后,菲比·赫斯特的注意力就回到了那座纪念她已故丈夫的建筑上——也许是受了梅贝克以及几位海湾地区建筑师的影响,他们喜欢霍华德获第四名的方案超过贝纳德,她委托霍华德来设计并监督矿业楼的建造。霍华德开始在纽约的办公室进行设计研究,但 1901 年春现场勘查时,他发现贝纳德的选址不精确,并意识到规划需要修订才能更好地符合地形。当年 12 月,把贝纳德和他自己的规划中的多处建筑都实地标定之后,他提议移动规划中的中轴以减少挖填量,并能够与"自然水系线"相吻合。"非常有意思的是",霍华德发现,"这样设计出来的中轴线正好与已建好的主楼平行"。面对金门大桥的方案由奥姆斯特德于 1865 年首次提出,在 1873 年法夸尔森南北两楼的建造中得到体现,这次在新的方案中又一次被确立。校董事会被霍华德掌控局势的能力所折服,认命他为建筑总监,"以保证校园未来的建筑行为和改造浑然一体并与周边相和谐,且符合最上乘的品位"。霍华德很快结束了他东海岸的项目——包括为 1901 年布法罗泛美博览会建造的电力塔——并前往伯克利,将他的矿业楼与修订过的赫斯特规划融合起来。

随着 1899 年本杰明·艾德·惠勒就任大学第八任校长,赫斯特规划竞赛且和霍华德规划不谋而合的充满新世纪乐观主义获得了更多的能量与活力。作为康奈尔大学的比较哲学和希腊语教授,惠勒对文物的热爱使他能够欣赏霍华德在美艺楼群中融入的希腊和罗马元素。惠勒具备的大学所需的沟通能力及募集私人和公共资金的能力为建设项目提供了关键的支持。对于霍华德来说,惠勒当校长的 20 年——加之这一时期菲比·赫斯特的支持,她承担了霍华德的部分薪资——是他作为建筑总监最为高效而多产的时期。

霍华德的规划是保留贝纳德规划的基本框架，但只把它看作一个初步的规划，需要针对现有条件加以调整。他的规划也同时保留了自己和考德威尔在竞赛中规划的一部分。与贝纳德的规划类似，霍华德原先的规划也是围绕着一条东西向的中轴组织起来的，但轴两侧的建筑排列得更为对称整齐，设计风格相似并顺应地形的。山脚下宏伟的圆顶礼堂采用了托马斯·杰斐逊(Thomas Jefferson)为弗吉尼亚大学设计的风格，成为了轴线一端的焦点。圆顶礼堂后的山坡上是放射状排列的宿舍楼，山顶上的小圆顶则是天文台。和贝纳德一样，霍华德也将体育设施放在了希里加斯地块宽阔的高地上。虽然评审团承认这一方案“大体合理”，但却认为长排的建筑太单调，而且宿舍楼的分布和整片楼群都未能充分表达他们对大学的构想。

重新调整中轴的方向后，霍华德修订了贝纳德的规划，并改进了他自己原先的设计思想。在他看来，校区自然形成了四个部分，他将其比作“一座庄园，西侧是前庭或称为花园，东侧是僻静的隐居之所，南侧则是运动场”，最重要的部分——沿“庄园”的主轴——则适合“建造恢弘壮丽的建筑群”。霍华德把图书馆放在建筑群的中心，而贝纳德是将其连同附属的人文学科建筑都放在了校园的西北角。作为“校园的知识中心”，图书馆被置于北楼西侧的中心位置，人文学科建筑群紧挨着放在东西两侧，各个院系的学生均可便捷地出入。图书馆耸立在两条交叉轴线的正中——一条是由塔楼和休憩广场构成的轴，另外一条是萨瑟路(Sather Road)——俯瞰着中央花园，并可在将来向南侧扩展(即现在惠勒楼所在处)。在主轴北侧的天文台山上，为了与图书馆相呼应，霍华德提议建造一个与艺术、自然史、民族学等院系相关的大博物馆。

博物馆的东侧，他在现有的机械和电气工程大楼周围布置了一个工程楼群，与塔楼和休憩广场周围的楼群形成交叉轴线的平衡。这一楼群是霍华德实用方法的典型代表——吻合的轴线使之更容易实现——即承认现有的学科院系布局，在旧的建筑周围进行规划，而随着时间的推移将旧建筑逐渐拆除或替代。通过非对称的组合实现交叉轴线的平衡也体现了他更大的灵活性以及贝纳德规划的影响。

1902年,在矿业楼的更东侧开始修建主楼群中的第一座,这是位于矿业圈(Mining Circle)对面,成为"矿业楼的垂饰"的物理和化学楼,位置基本和

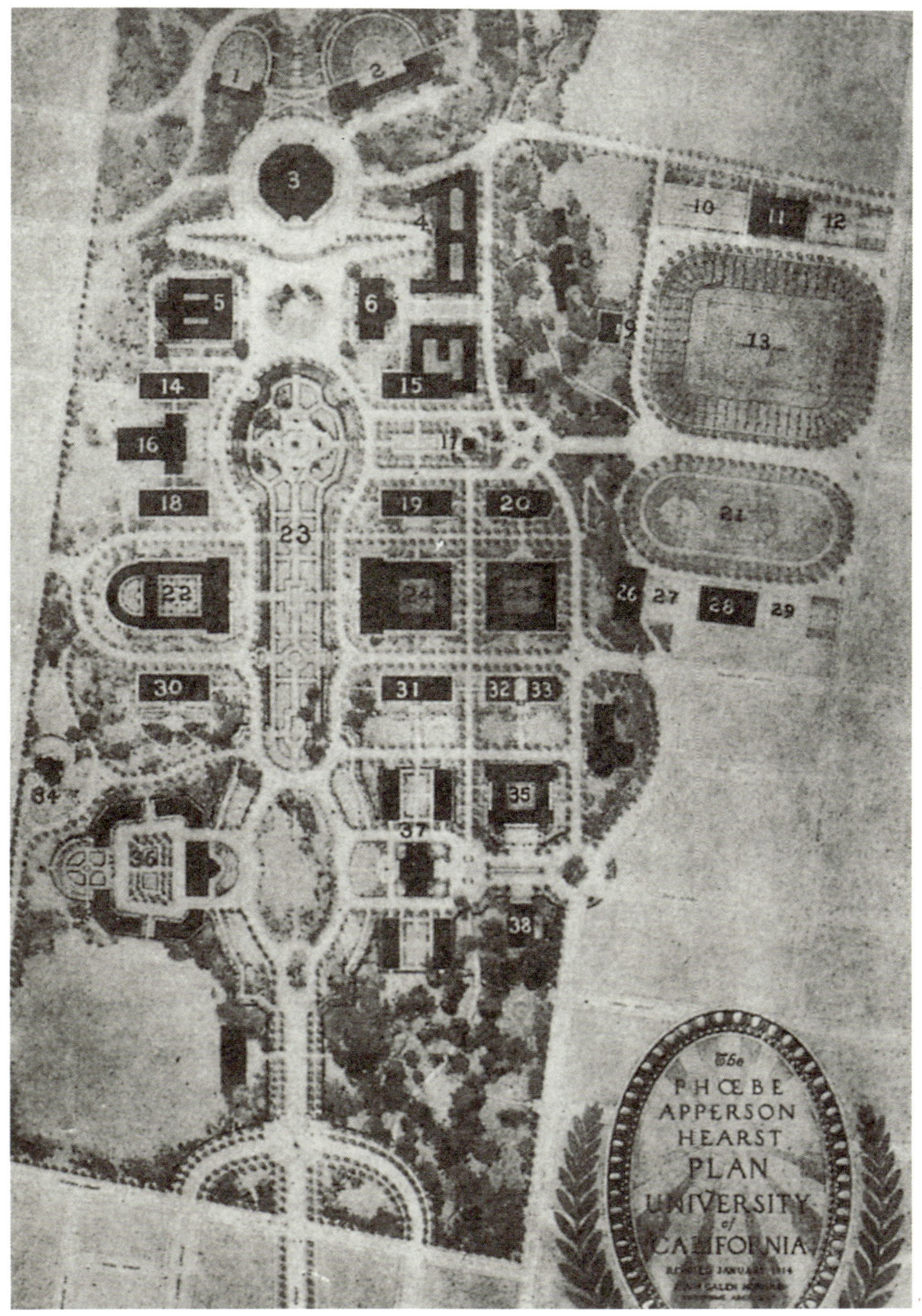

赫斯特规划(约翰·嘉伦·霍华德于1914年1月修订)

贝纳德规划相近。在主轴一端,霍华德保留了他的圆顶大礼堂,但在他 1908 年第一个被采纳的规划中也包含了另一种方案，即将这一地块用作开放式大厅。于 1903 年完工的赫斯特希腊剧场盘踞于山脚下,是落成的第一座由霍华德设计的建筑。霍华德本来保留了山坡上的宿舍楼,但将放射状排列改为沿等高线排列,而主轴则一路向上延伸直至天文台。但在他 1908 年的规划中,他将宿舍楼移到了校园的西端,以形成一条“大学和城镇之间的边界线”。

博物馆西侧,他规划的农业楼群(即现在的威尔曼、希尔加德和贾尼尼厅)与自然科学楼群(日后由乔治·凯尔海姆建成的单栋瓦利生命科学楼)在一片椭圆形的草坪两侧遥相呼应。葱茏的小溪和桉树林得到了精心的保护,它们自大学道和中心大街等入口处勾勒出了新月道(Crescent drive)。

到 1908 年霍华德的规划第一次被校方采纳时,楼群的核心部分已见雏形。除了希腊剧场外,加州楼(California Hall)和矿业楼也已落成,图书馆的一期工程正在施工,而鲍尔特(杜兰特)厅、萨瑟门和桥则准备动工。此时落成的还有他的砖结构电力楼(老画廊)和高年级厅(Senior Hall),后者是教工空地(Faculty Glade)旁一个为学生团体金熊会(Order of the Golden Bear)准备的简朴的木屋。他也搭建了一些临时建筑,包括欧几里德大门(Euclid entrance)附近的木瓦结构的建筑(北门厅, North Gate Hall),这是他自己的学院所在地,以及希里加斯地块上临时的加州球场(California Field)。

1914 年修订的规划中最显著的变化就是去掉了西侧校园周边的宿舍楼,这反映了校董事制订的不在校园内修建住宅的政策。主轴起始处的大礼堂被再次确认,而大厅方案则被放弃。在希腊剧场北侧的小山上加上了另一个较小的圆形剧场。农业楼群得到了更明确的规划,并且在新月道附近、现在马尔福德厅(Mulford Hall)的位置上规划了一个不知名的建筑。霍华德还重新调整了矿业圈南侧的楼群,交给化学、物理和数学学科使用,并将现在的瓦利生命科学楼南侧的空地改成校友礼堂和学生社团。矿业圈的规模被缩减，而西侧的中心花园在萨瑟休憩广场的交叉口增加了一个大的下沉式椭圆形广场。永久的田径场则被建议放在草莓溪南侧的希里加斯地块上。

大部分在两次规划之间完成或动工的建筑——多伊一期工程、鲍尔特、萨瑟门、萨瑟塔——都反映出惠勒校长在募捐方面的巨大成功。通过州内债券融资的农业楼(威尔曼厅,Wellman Hall)是一个著名的特例,而下一阶段的工程则主要靠公共资金。霍华德于1914年公布的修订规划被用于一个校友宣传活动,以图说服选民投票支持在11月发行的180万美元的大学建筑债券。学校确实需要新的设施以改善诸多陈旧设施过时且拥挤不堪的状况。20世纪初,招生规模已经从2 500人增长到7 000人,使学校一跃成为全国第二大的大学,而教室和其他空间却没有相应增加。发行债券的措施获得通过,这让另外四个霍华德设计的建筑得以落成,包括用做教室和人文学科的多伊楼和惠勒厅,为化学系而建的吉尔曼厅(Gilman Hall),以及农业楼群中增加的第二座楼——希尔加德厅(Hilgard Hall)。

到1919年惠勒退休时,赫斯特规划中的11座永久建筑已经落成,另外5座则将由霍华德在20年代早期完成——学生会的斯蒂芬厅(Stephens Hall)、物理系的勒康特厅(LeConte Hall)、教育系的哈维兰厅(Haviland Hall)、工程系的赫塞厅(Hesse Hall)以及加州纪念体育场。然而,惠勒离任加上菲比·赫斯特于同年去世,霍华德失去了重要的支持。他本人的独裁风格以及曾经与校董事会进行艰难的合同谈判的过去让局势雪上加霜。这一切终于

萨瑟塔及中央轴线规划(约翰·嘉伦·霍华德 1914 年设计)

在 1922 年爆发出来，他的体育馆选址意见没有被采纳，而且建造巨大场馆以纪念菲比·赫斯特的项目也被伯纳德·梅贝克接手（原定仅建造一座赫斯特体育馆）。次年坎贝尔（Campbell）校长上任后，霍斯特递交了辞去建筑总监职务的辞呈，而后又在坎贝尔允诺支持他后收回。但问题并未解决。1924 年 11 月，霍华德与校董事会的合同被突然终止。

现存的 22 座霍华德建筑是他辉煌成就的明证，大多数建筑多年来备受赞誉，并构成了这个使大学独一无二的美艺建筑群的一部分。他的成就还体现在他于 1903 年创立的建筑学院（他继续在学院中授课直至 1931 年去世），学院为湾区培养了很多一流的建筑师。

建筑总监乔治·凯尔海姆和沃伦·佩里的1933年规划

虽然报道称乔治·凯尔海姆（Goerge Kelham，1871～1936）立即接替霍华德担任建筑总监，但实际上他直至 1927 年才正式获得了加州大学伯克利分校的职位。两年前，他在新的洛杉矶分校（UCLA）也担任了类似的职务，负责校园的规划并设计几座主要的建筑。同霍华德一样，凯尔海姆也出生于马塞诸塞省，但他在哈佛大学学习，之后于 1896 年就读巴黎美艺学院，两年后在纽约开始了他的职业生涯。当时他为乔布里奇—利文斯顿公司（Trowbridge and Livingston）工作，被派往旧金山监督皇宫饭店（Palace Hotel）的施工，该饭店是在一座毁于 1906 年地震和火灾的饭店上重建的。1909 年饭店完工后，凯尔海姆留在了西海岸并开办了自己的设计公司。由于整个城市需要在瓦砾和灰烬上重建，他迅速成为非常成功的大型商业建筑设计师之一。他在商业区和市政中心的很多建筑在今天仍然是耀眼的地标，诸如美艺式的前旧金山公共图书馆（1916）、哥特式的鲁斯大厦（Russ Building，1927）以及现代风格的贝壳大厦（Shell Building，1929）。

凯尔海姆尊重霍华德的作品。1913 年，当霍华德对旧金山市政中心建筑的处理受到美国建筑师学院旧金山会议一些成员抨击时，他曾出面支持，并于 1917 年发表在《建筑师》杂志的一篇关于伯克利校园的文章中，盛赞霍华德将贝纳德的规划转变成一个“具有大美且有实际实施价值的最终方案”。

在担任总监期间，凯尔海姆设计了 9 座永久的校园建筑并扩充了一座。所有这些建筑都屹立至今——除了其中两座，一是在 20 世纪 60 年代被拆除的克罗克辐射实验室(Crocker Radiation Laboratory)，另一座是哈蒙体育馆(Harmon Gymnasium)。哈蒙体育馆部分被拆除后，在 20 世纪 90 年代重建为哈斯馆(Haas Pavilion)。他建造的戴维斯厅计划于近期拆除。只有瓦利生命科学楼(占据了原定五座较小建筑的地方)以及对赫塞厅的扩充完全符合霍华德的规划。其他一些建筑，诸如在小山上提供住宿的鲍尔斯厅(Bowles Hall)以及与斯蒂芬厅共同形成一个都铎式[①]组合的摩西厅(Moses Hall)都基本上符合霍华德的思想。虽然凯尔海姆宏大铺张的生命科学楼群以及兼收并蓄的折中风格受到了一些人的批评，他的许多建筑还是经受了时间和审美的考验。

然而，由于校董事会想要比霍华德时期更多地控制"最终方案"，凯尔海姆的规划职责不多，在整个任职期间也未提出新的校园规划。校长罗伯特·戈登·斯普劳尔(Robert Gordon Sproul)在 1931 年成立了一个新的校园开发和建筑选址顾问团。斯普劳尔希望重要的选址决定应体现"那些不仅熟悉建筑标准，而且了解大学生活和需要的人"的研究和思考。继霍华德之后担任建筑学院院长的沃伦·佩里(Warren C. Perry，1884～1980)担任顾问团主席[②]。佩里是霍华德最早的学生和制图员之一。1907 年大学毕业后，他于 1908～1911 年在巴黎美艺学院学习。很快他就在学校建筑学院中教书，直至 1950 年作为院长退休。顾问团选定在西南侧来建造凯尔海姆的哈蒙体育馆和旁边的棒球场以及佩里的爱德华体育场(Edwards Stadium)，并影响了之后斯普劳尔厅(Sproul Hall)的选址。

在 1933 年建筑停工的一段时间里，佩里重新研究了校园的中心区域，并制订一个反映校董事会希望"开发(有时候是恢复)霍华德赫斯特规划的伟大特色"的规划。佩里的规划强调草莓溪两条支流之间的"学术区域"，重

---

① 都铎式(Tudor-style)建筑流行于中世纪都铎王朝，四个都铎拱是其最突出的特征，并喜用凸窗，一般有突出的交叉骨架山墙。

② 由三名成员组成的顾问团还包括大学主管会计路德·尼科尔(Luther A. Nichols)和工程学教授鲍德温·伍兹(Baldwin M. Woods)。

新确立了霍华德设计的中轴线周围建筑楼群的总体模式，然而他建议在生物楼群和矿业圈之间将中轴向南移动约16英尺，以便对两年前凯尔曼在工程群楼中建造麦克劳林厅(McLaughlin Hall)所造成的拥挤做出补偿。这个移动中轴的提案——从未实施过——将会侵占中央下沉式花园，但却按照原始规划的精神，为建造北侧的建筑腾出了更多空间。和霍华德的规划类似，这个提案还可以在天文台山上容纳由四座建筑构成的“北侧中央”楼群，用于博物馆或未来人文学院的扩建，因此“这就沿主轴线与图书馆确立了联系，从设计的角度来说是合理而有效的”。规划还建议保留校园的自然特征，并建立新的正规场地，对步行区加以保护以防止汽车驶入。虽然这一规划确定了工程、自然科学和人文楼群的扩建，并且保留了霍华德预想的规模和密度，但它却无法预见接下来20年间学校的成长。

建筑总监小亚瑟·布朗和1944年总体规划

1936年乔治·凯尔海姆去世后，校董事会起初迟迟未能委派新的建筑总监，因为凯尔曼的副手哈里·汤姆森(Harry Thomsen)负责处理正在进行中的工作，否则建筑项目就会半途而废。但随着规划进展到建造新宿舍(斯特恩厅，Stern Hall)和行政楼(斯普劳尔厅)，斯普劳尔校长开始敦促校董事会指定接班人。1938年5月，建筑师小亚瑟·布朗(Arthur Brown, Jr., 1874～1957)从九名候选人中脱颖而出。

布朗出生于奥克兰，1896年从伯克利土木工程系毕业，1901年毕业于巴黎美艺学院。他是美艺学院最出色的美国学生之一——同他的前任约翰·嘉伦·霍华德一样师从维克多·拉鲁。他和校友小约翰·贝克威尔(John Bakewell, Jr., 1872～1963)1905～1927年合作建造了一系列杰出的建筑，包括伯克利市政厅(1908)和旧金山市政厅(1915)——也许算得上是美国最伟大的美艺建筑。在旧金山市政中心，布朗还携手阿尔伯特·兰斯伯(Albert Lansburgh)设计了战争纪念歌剧院(War Memorial Opera House)和老兵礼堂(Veterans Auditorium, 1932)。他在伯克利校园的建筑作品包括同贝克威尔合作的教工空地中的1910级学生桥(Class of 1910 Bridge, 1911)，以及大学

1938 年加州大学伯克利校园鸟瞰图,“二战”后期扩建前的约翰·嘉伦·霍华德美艺建筑群清晰可见

医疗服务部门使用了 60 余年的新古典主义风格的考威尔纪念医院(Cowell Memorial Hospital,1929～1930)。霍华德对布朗并不陌生,他也曾参与了市政中心的开发,并于 1919 年聘任布朗担任建筑学院的代理教授。

虽然只有一些关于招生规模、建筑规模和风格、土地购置、停车、学生住宿和娱乐的模糊政策,但是布朗进行了一系列“关键规划”的研究,这是根据以下一些假设而来的:1900 年贝纳尔规划已被废弃;1914 年霍华德规划已被更改;过去 35 年间建造的永久建筑必须视为规划的核心;校园的建筑和景观应当被看作是完整的建筑群;若不配备电梯,建筑高度限制在四层以内。

布朗保留了霍华德的东西向主轴,但将其缩短,这样就在它与南北向轴线上的萨瑟休憩广场的交叉口以东又规划了一座新的数学系及图书馆建筑(现伊万斯楼处)。他放弃了矿业圈,在矿业楼和草莓溪之间规划了一个小的南北向轴线。在老的主轴两侧,工程和物理学楼群的扩建计划和凯尔曼规划与佩里的方案有些相似。针对战后学校的发展,布朗将学校西北角规划给林业、农业和家政学,而将法学、人类学和艺术学院规划在东南角。

根据佩里的建议, 布朗也保留了霍华德关于在主轴另一侧平衡多伊纪念图书馆的想法，提出在天文台山上扩建图书馆和建造建筑学院楼，同时在多伊楼东侧建造多伊附楼(Doe Annex)，该楼在战时确定为优先建造的项目。这些保留开放式主轴以及关于附楼选址的提案引起了布朗与原霍华德的助手、现任斯普劳尔校长的校园开发及建筑选址委员会主席、建筑学教授威廉·哈斯(William C. Hays)之间的争论。

哈斯的委员会和一个处理图书馆问题管理委员会建议舍弃主轴的设计，他们认为多伊楼北侧的开阔地是一片“浪费且难看的疏忽”，应当建造附楼。委员们受到当时旧金山新潮的带地下停车库的联合广场(Union Square，蒂莫西·弗吕格设计，1942)的影响，提议在地上的景观下建造地下书库，这一构想实际上在大约50年后由加德纳书库(Gardner Stacks)实现。然而除此之外，他们还建议在主轴上建造一个新的主图书馆，并在主轴北端的天文台山上建造一个新的建筑以和多伊楼取得平衡。他们认为这个新的设计可以形成“一个美丽的人文庄园(可以算是战争纪念碑？)”，这个概念与日后修建的纪念草坪(Memorial Glade)惊人地相似。然而，布朗坚持说他为附楼选定的地址足以满足工程需求，认为主轴和天文台山可以用做未来扩建之需。斯普劳尔校长和校董事会同意了这一方案，于1944年批准了“老北楼地块”，

1948年加州大学伯克利校园的规划模型，展示了亚瑟·布朗于1944年所做的总体规划，其中包括缩短后的中心轴线以及低层建筑群

这导致了哈斯的不满并辞去了委员会主席的职位。于是主轴——已经加上布朗规划的数学楼——暂时搁置下来以备将来之用。但这个经过向赫斯特规划开了第一枪,标志着在面临即将到来的战后扩建时,保留规划的原始特征正变得越来越艰难。

布朗在其任上自己设计的新古典主义瓦顶建筑——斯普劳尔厅、多纳实验室(Donner Laboratory)、米诺厅(Minor Hall)和多伊附楼——都和霍华德的楼群在风格、材料和规模上大体相近。然而学校正处于发展的转折期,低楼层的美艺建筑几乎是在超负荷运转。在区区 178 英亩的中心校区内,布朗那种既要保留旧有构思,又要完成扩建的愿望看起来只是一厢情愿。在他于 1944 年最终被校董事会采纳的整体方案 K-18 中,局促的公共开放空间中散乱地布满了低楼层的建筑。

布朗的方法遭到了哈斯和学校建筑员工的反对，大家认为它无法满足现代需要。这时他与学校的合同遇到了一些麻烦,这让管理层也不支持他。年届古稀的布朗不再拥有曾经的大型工作团队，他未能成功续约并于 1948 年辞去了建筑总监的职位。

除自己设计的建筑之外，布朗的规划还对很多建筑的选址产生了影响,如工程院的柯里厅(Cory Hall)、数学系的伊万斯楼、化学和物理系楼群、校区中央的人文系的德文奈尔厅(Dwinelle Hall)以及西北角和东南角的楼群。布朗的规划同时还表明,学校需要更全面的规划来解决战后发展的压力。

建筑师和工程师办公室的1951年校园规划和战后建设

布朗离任后,学校的建筑师和工程师办公室(A & E)承担了监管校园规划和建设的职责。该办公室于 1944 年成立,由首席建筑师罗伯特·埃文斯任主任,并于 1951 年发表了一份校园规划的研究报告。该报告作为校园自然规划报告的一部分,为下一次 1956 年的正式规划打下了良好的基础。该报告和布朗的美艺思想不同,反对“盲目追求不合时宜的浮夸政策和理念”。报告中提到,这种思路会“把生机勃勃的大学束缚在死板的建筑里……将会让校园失去它开阔的空间，丧失其自然的美感和真正的恢弘”。

A & E 的研究假定伯克利的招生规模为 20 000 人，并强调通过大部分校园的建筑密度来达到开阔空间和建筑群之间的平衡，并提出总建筑占地不超过 20%～30%，用这个原则来限制建筑的高度，而不是布朗采用的统一的无电梯的楼层高度。该研究还明确了将具有相关功能的建筑组合在一起的原则，以保证 10 分钟的课间休息足以更换教室，而将周边的地区用于较为独立的项目。用一句现代主义的宣言，报告认为新的建筑“应当利用可用的材料真诚地进行设计，以反映使用者的有机需求，并在其内部创造出最大的实用灵活性”。

根据城市规划师德明·提尔顿(L. Deming Tilton)主持的 1948 年校友会规划研究的建议，A & E 研究中提议建造一座新的学生中心，并购置约 45 英亩土地(主要在南侧) 以建造高层住宅楼。1952 年——也就是校园管理的主要职责从校长转移到伯克利的第一任名誉校长(Chancellor)克拉克·科尔(Clark Kerr)的同一年——校董事会原则上采纳了这一建议，制定政策，政策规定大学自有的宿舍将为 25%的学生提供住宿，并批准了购地计划。

战后开展的大规模建筑项目是从一个 1941 年州立公共设施就业计划演变而来的，原计划为大学拨款 110 万美元用于准备规划中的开发。到了 1951 年，伯克利项目中的建筑工程总耗资约 2 700 万美元。战后大建设中的第一批建筑仍然沿用了布朗的简化新古典主义[①]的过渡风格，与霍华德的宏伟建筑保持庄严的和谐。化学系的刘易斯厅、林业系的马尔福德厅、布朗设计的多伊附楼、物理系的勒康特厅扩建，甚至是人文学院自由伸展的德文奈尔厅都属于这一模式。法学院楼成为了通往现代的桥梁，而其他的诸如工程院的柯里厅、公共卫生系的沃伦厅和斯坦利厅以及主轴起点的病毒实验室都引入了平顶甚至是不知名的形式。大型现代主义建筑的涌入已经无可避免。

---

① 简化新古典主义(stripped neoclassic)是 20 世纪 30 年代晚期出现的一种现代主义风格，常用于美国和英国的公共建筑和学校建筑，它去除了古典主义建筑上繁复的装饰。

威廉·威尔逊·伍斯特和1956年的长期发展规划

为了将 A & E 的研究变成新的长期发展规划，1955 年，校董事会委任一个高层校园规划委员会来履行建筑总监的职责。这个三人领导小组由校董事唐纳德·麦克劳林(Donald H. McLaughlin)担任主席，成员有名誉校长克拉克·科尔以及时任校园顾问建筑师和建筑学院院长的威廉·伍斯特(William Wilson Wurster，1895～1973)。伍斯特于 1950 年接替退休的沃伦·佩里担任院长，并对美艺项目进行改革以同东岸大学的现代派思想抗衡。他出生于斯托克顿(Stockton)，曾师从霍华德、哈斯和佩里，于 1919 年从伯克利毕业。他还有哈佛、耶鲁和麻省理工学院的工作经历，曾在麻省理工学院任建筑和规划学院院长。

身兼数职的伍斯特对于规划原则、建筑选址、建筑师选聘和楼宇设计都产生了巨大的影响。面临着战后增长的压力，伍斯特仿效沃尔特·格罗皮乌斯[①](Walter Gropius)对哈佛和包豪斯学院的影响，开始推进高层建筑的建造以达到保留空地并“恢复校园旧有的雕塑形态”的目的。

战后招生规模的剧增带来的现实需求超出了布朗的预计，急需一个新的规划来指导校园的建设。招生人数在 1944～1945 年的战时低点约为 11 000 人，但受到《美国退伍军人权利法案》(GIBill)的影响，大量退伍老兵回到校园，1948～1949 年学生数达到了前所未有的 25 000 人。1956 年长期发展规划颁布时，学生数稳定在 19 000 人左右。

这个规划基于预计招生数为 25 000 名，并根据 A & E 的研究调整了几条原则。它再次确认中央校园为学术用途，相关学科聚集在一起，保证 10 分钟的课间足以在多伊纪念图书馆为中心的范围内更换教室。建筑应当“充分利用占地所允许的规模”，并明确了校园内整体的建筑容积率为 25%。校园的自然、景观和历史特征都应保留，人行区域和机动车道分开，并建造地下

---

① 沃尔特·格罗皮乌斯(1883～1969)，德国建筑家，国立包豪斯学院(Staatliches Bauhaus)创立者。包豪斯学院于 1919～1933 年在德国开办，后被纳粹政权关闭。之后格罗皮乌斯前往哈佛设计研究院任教，1969 年于波士顿逝世。包豪斯学院对西欧、美国、加拿大和以色列的艺术及建筑潮流均有重要影响，其在德绍和魏玛的校址被联合国教科文组织列为世界文化遗产。

或多层停车场以节省空地。规划还包括为需要靠近中央校区的建筑购置土地,特别是南侧的高层住宅楼和休闲设施。

规划保留了布朗关于缩短中轴的建议，但在矿业圈的西侧建造了一个本科生图书馆。主轴的其他地方——当时人称“T 楼”的临时海军营房占据——仍然空着,作为一个休闲的草坪而非轴线明确的美艺式结构。虽然对占地面积有了新的规定，但规划颁布后初期许多建筑的规模仍然受到合理的约束。这包括音乐系的莫里森—赫兹厅(Morrison and Hertz Halls,加德纳·戴里设计,1956～1958) 以及学生中心一期，而天文系方方正正的坎贝尔厅(Campbell Hall)则努力和它那四坡瓦顶协调起来。周边的建筑则高高耸立,包括牛津街上的大学楼以及南侧最初的两栋宿舍楼。六层楼的地球科学楼(现麦康厅)则预示着中央校园将出现更大的建筑。

1962年的长期发展规划和20世纪60年代的大幅增长

为了反映环境和需求的变化,1962 年,扩充的校园规划委员会修订了长期发展规划。委员会先后由名誉校长格伦·希伯格(Glenn T. Seaborg)和爱德华·斯特朗(Edward W. Strong)领衔。除身兼二职的伍斯特外,委员会还包括

加州大学伯克利校园长期发展规划(1956 年模型),其中展示了为应对战后扩招而建的高层楼群

顾问景观建筑师托马斯·切奇(Thomas D. Church)、建筑师和工程师办公室的校园建筑师路易斯·德蒙特(Louis A. DeMonte)以及其他四位学校官员。新的规划重申了1956年确立的主要原则,总结过渡时期的发展,并在三个主要方面扩充了规划的范围。它和加州1960年采纳的"加利福尼亚州高等教育整体蓝图"联系起来。这一蓝图确立了公立初级学院、州立大学体系和加州大学的角色。之后由现任校长克拉克·克尔制订的"大学发展规划"成为学校学术发展的指导。"大学发展规划"中特别限定了招生规模,伯克利到20世纪60年代中期最多不超过27 500人,还利用了草莓谷和山区以及先前未曾考虑的较为偏远的校园地产,并包含了丘奇为中央校区规划的几个景观方案。

规划颁布后的校园建设确实满足了关于密度和占地的硬性要求,但整个校园却显示出缺乏统一的建筑或城市设计的问题。其中最著名的例子是哈迪森(Hardison)和德马斯(DeMars)设计的学生中心,完全依赖建筑师自身的力量而没有一个强有力的建筑总监。赫斯特规划已被抛弃,但新发展的格局未能提供一个连贯统一的建筑方案,而仅仅是草草定下了一个各自选址的建筑集合以满足日益增长的研究和招生的需要。

现在高层建筑如雨后春笋般拔地而起,改变着校园的规模。数学系的伊万斯楼(嘉登纳·戴利设计,1968~1971)是对霍华德规划最明白直接的挑战,它在矿业圈西侧的位置上堵住了主轴,而布朗原先的建议是在这个地方建一栋较小的楼。这座十层高的庞然大物让霍华德的矿业楼群黯然失色,在这个历史地标华丽的立面以及矿业圈葱翠的斜面上投下了长长的阴影,这对霍华德的规划不仅是中伤,简直是侮辱了。校董事、前董事会主席麦克劳林看到这个影响的时候已经太晚了,意识到伊万斯楼"在压力下最终长成了一个巨大的建筑,对周边来说是一种痛苦的入侵"。

校园西侧,霍华德规划俨然已经举起了白旗。对主轴的蚕食愈演愈烈,墨菲特本科生图书馆(Moffitt Undergraduate Library,卡尔·沃耐克和建筑事务所设计,1967~1970)的落成标志着对1956年规划的一个重要改动,这里加州厅和哈维兰厅之间的交叉轴线关系也宣告终结。大约20年后,生物楼的扩建(MBT建筑事务所设计,1986~1988)也同样侵入了主轴,于是农业楼群和瓦利生命科学楼之间建立的长期平衡也被打破。

在校园的东南部分,环境设计学院的新家,九层高的伍斯特楼在艺术区中占据了主要的位置。再往西,布朗的斯普劳尔厅后八层高的巴罗斯楼(Barrows Hall, 阿历克·威尔逊 & 建筑事务所设计,1962～1964)——用于工商管理、政治学、经济学和社会学——成为教工和设计专业人士之间争论的焦点。托马斯·切奇反对说,它会挡住湾区的景观,站在电信大道上再也无法看到钟楼。学生中心的建筑师弗农·德马斯预见到从学生联合会的露台上看它会显得隐约而阴森。其他的环境设计学院教工也反对它,但却无法说服担任院长和顾问建筑师的伍斯特, 因为伍斯特觉得这个地点正适合建造高层建筑以节约空地。这让麦克劳林再次感到懊悔,声明巴罗斯楼成为"校园建筑史上发生的最坏的事情……无可饶恕", 而他试图降低楼层且铺设红瓦屋顶的努力也没有成功。

总而言之,20 世纪 60 年代的中心校区一共建起了 17 座主要建筑。在周边还建造了另外几座楼——工程系的艾切维利厅、大学(伯克利)艺术博物馆(马里奥·齐安皮设计,1967～1970)、3 号宿舍楼(约翰·卡尔·沃耐克联合建筑事务所设计,1961～1964), 此外还有几个停车场。山上也由安申(Anshen)和艾伦(Allen)设计了两栋楼:劳伦斯科学楼(Lawrence Hall of Science, 1965～1968) 和西尔维空间科学实验室 (Sliver Space Science Laboratory, 1964～1966)。

到这一时期结束时, 校园的建筑面积已经大约比第二次世界大战结束时翻了一番。大多数新建部分都与研究的重视程度增加有关——在冷战时期经常受到联邦资助——在战前和战时聚集了厄内斯特·O·劳伦斯(Ernest O. Lawrence)、格伦·T·希伯格、J·罗伯特·奥本海默(J. Robert Oppenheimer)等一流科学家, 产生原子时代的突破性发现。在社会变革和时代动荡的同时,新的巨大建筑也让校园环境变得密集,似乎正象征着所反对的官僚的当局和匿名的权威。

20世纪晚期的整顿、填充和重建

与战后 20 年间彻底改变了校园的建设不同, 由于受到资源的限制,20

世纪70年代学校的建设有所放缓。名誉校长阿尔伯特·鲍克尔(Albert H. Bowker)称其为“稳定态”。他关注的重心转向较为老旧的设施,并在1973年向校董事会报告“现在我们的设施年久失修,正变得越来越过时”。为了让加州的立法者和可能的捐助人亲眼目睹不安全且样式老旧的设施,他举办了一个形象的“简陋肮脏之旅”让大家参观诸如凯尔海姆的生命科学楼等象古董一样的实验室、教室和空地等。

与此同时,各地、州和全国又出台了节约能源、方便身残障人士、针对地震和其他生命安全隐患的整改、环境影响和保护历史建筑等新要求,他们也受到了社会上激进分子的影响。对空间的迫切需求也导致了一些不谨慎的行为,诸如在20世纪60年代末毁坏了霍华德的加州厅的内部结构。但学校和社区反对拆除另外两座霍华德的建筑的提议——1973年是高年级厅,1976年是海军建筑楼——让设计和规划的决策更为周到谨慎。

环境设计学院院长理查德·本德(Richard Bender)对流程产生了重大影响——正如沃伦·佩里在半个世纪之前那样——他在长期缺乏规划的时候能够提供指导。在快速增长的时期,校园的变革开始觉醒,院长领导的一个学院小组进行了一系列城市设计研究和历史资源调查,以保持建筑的整体性和历史延续性来指导未来的建设。这一努力对建筑设计产生了影响,使很多楼宇、建筑、自然和人文景观得以于1979年列入国家历史遗迹名录中和成为州地标(在钟楼路起点可以看到记述将校园历史核心区列为加利福尼亚州历史地标的铭牌)。

到了20世纪70年代末,扩建后的校园已经拥有约30 000名学生。这十年中新增的建筑仅有眼科系对布朗的米诺厅进行的时髦扩建(麦克尼尔设计,1977～1978)和贝克特尔工程中心(Bechtel Engineering Center,乔治·松本设计,1978～1980),后者曾经富有想像力地更改选址以保留霍华德的海军建筑楼。

同时,为缓解学生宿舍严重短缺的规划也启动了,大学购置并重复利用了原加利福尼亚聋哑和盲人学校的50英亩住房。以校园自然规划协调员多萝茜·沃克尔(Dorothy A. Walker)为先锋,该处的25座建筑得到了修复(多名建筑师完成,1982～1984)并建立了克拉克·盖尔校区。这是20世纪60年代建造高层宿舍后第一片主要的住宿区,可容纳800余名学生。

除了对名誉校长鲍克尔最初指出的那些破旧设施进行翻新之外，接下来的10年中,学校各方齐心协力,见证了最前沿的技术进步,诸如生命科学中的DNA重组研究和计算机科学等。回想起大约80年前惠勒校长进行的有声有色的募捐努力,名誉校长伊拉·迈克尔·海曼(Ira Michael Heyman)发起了一场学校历史上最大的、规模达4.7亿美元的“信守诺言”(Keeping the Promise)募资活动,以对日新月异的教学和研究环境进行升级。

20世纪80年代及90年代初,1962年规划中的最后几栋楼终于尘埃落定。科什兰厅(Koshland Hall)及其姊妹楼即基因和植物学教学楼(海默斯、奥巴塔和卡萨邦设计,1986～1990)作为生命科学楼群的一部分,占据了赫斯特大道前的空地并让建筑密集的校园西北角变得明朗。山麓学生公寓(Foothill Student Housing)重新沿用了湾区的传统,占据了赫斯特和拉洛玛(La Loma)计划用来安排高层建筑的地点,建在了斯特恩厅(Stern Hall)后面,约可容纳800名学生。化学系的陈氏楼(Tan Hall)最终勾勒出了矿业圈南侧的休憩广场。

此外还慢慢增加了一些原规划中没有的建筑。为了减轻哈蒙体育馆的重负，沿班克罗夫特街建造了休闲体育设施。为了完成生命科学的部分项目,在瓦利生命科学楼和桉树林之间增加了生命科学附楼。

1990年长期发展规划

为了给2005年之前的建设提供指导，校董事会在1990年采纳了一个新的长期发展规划。该规划由大学的自然和环境规划办公室和来自旧金山的罗马设计公司(ROMA Design Group)的顾问完成,一个由教工组成的委员会提出一些建议。

该规划以学术计划为前提,并预计秋季入学人数由1988年的约31 360人减少到2005年的30 000人。对于建筑已经十分密集的中央校区,规划再次确认了将相关项目集中在指定的学术专区内，确认了要保护的历史和自然资源,并提议将未来的建设集中在某些城市化的区域内,以保持空地面积和步行区中传统的公园式的格局。

受到20世纪80年代拆除成千上万私人住宅的影响，另一个雄心勃勃的可以满足学生日益增长的住宿需求的计划产生了——选定了新的宿舍用地，主要在南侧，也可能扩展到南沙塔克走廊(South Shattuck corridor)一带。这些选址更提升了规划中的"城中大学"的主题，确认大学将为社区提供学术、自然、历史和文化资源，而校园则会在它公园式的中心区域外进一步拓展。

主图书馆设施的修复和扩展以及将主轴部分修复为草坪集中体现了该规划的特征。建造地下的加德纳书库和纪念草坪(理查德·哈格和景观设计所，1997～1998)恢复了霍华德规划中的一个元素，并重新强调多伊纪念图书馆作为"大学知识中心"的宏伟和符号意义。另外一个重大改变是拆除了旧的考威尔纪念医院以及相邻的原联谊会会堂，沿着加莱路—皮埃蒙特大道建起了隐秘幽僻的哈斯商学院(Haas School of Business)。校园周边的建筑包括北侧的计算机系的索达厅(Soda Hall)，以及南侧的为大学健康服务代替考威尔医院而建造的唐氏中心(Tang Center，艾伦和安申设计事务所设计，1991～1992)。后者加上化学系的陈氏楼以及未来建造东亚中心的计划，反映了名誉校长田长霖(Chang-Lin Tien)在募集亚洲资金方面卓有成效。

根据规划还完成了对现有建筑的扩建，包括扩建德文奈尔厅、法学院楼和米诺厅。

面向21世纪的规划

正如校园在"二战"之后经历的扩招大潮一样，由于战后婴儿潮一代的子女入学需求以及州内人口的增加，在新世纪最初的10年又出现了第二次"浪潮"。学校综合考虑了招生人数增加引起的需求，采纳了一个新世纪计划作为总体战略框架以制订新的长期发展规划，包括翻新或更换抗震性能差的建筑，升级老旧的实验室、教室和基础设施以及安置新项目等等。

规划首先是5亿美元的健康科学项目，这是一个融生物、物理、化学和生物工程的交叉学科项目，其中包括关于拆除两座过时的战后建筑的提案。

替换迈克尔·古德曼的分子、细胞生物学和病毒实验室(斯坦利楼,1950～1952)的新的分子工程楼群(齐默·冈苏尔·弗拉斯卡建筑事务所设计),这将成为开发矿业圈东侧主轴起点的另一个机会。在校园的最西侧,公共卫生系的沃伦厅将被替换为新的生物医学和健康科学中心。

其他的学术发展项目或已投入施工,或已有计划。戴维斯楼北冀将会被一个新的微控制中心替换,而这个中心将会成为全加州科学与创新研究院的一部分。校园北侧,在勒罗伊大道和赫斯特大道路口的建筑(建筑资源集团公司,2001～2002)可为古德曼公共政策学院(Goldman School of Public Policy)提供更多的教室和办公室。在莫里森厅(Morrison Hall)南侧规划了一个新的音乐图书馆(斯科金·伊兰和布雷设计)。此外,在防震改造的楼中进行的项目将迁入校园西北角牛津地块上的多功能楼(海勒·马努斯设计,2001～2002)。

受到了联邦紧急管理机构(FEMA)的资助,几栋在20世纪60年代迅速扩张时期建造的主要建筑都在大面积的翻修工程中进行了必需的防震改造,包括中心校区的巴罗斯楼、巴克楼、伍斯特楼,拉提默—希德布兰德厅和麦康厅,以及山上的西尔维空间科学实验室。

学校还出色地完成了几个校园历史地标的地震修复工程,最近完成的是在世纪之交对霍华德的赫斯特纪念矿业楼(NBBJ,1998～2001)的翻新,以及此前完成的包括法夸尔森的南楼、皮希斯的大学邸和由汉森、村上、绘岛翻新的另外三座霍华德建筑,即惠勒厅、加州楼群和多伊纪念图书馆。霍华德的勒康特厅和加州纪念体育馆的翻修也已经排入日程。

同时进行的还有建造可容纳约870名学生的新宿舍楼,这将整合到南侧的规划中,并兼顾1990年规划中提到的一些需求。工程包括在学院路和杜兰特路(Durant Avenue)的东南角建造可容纳120名学生的公寓,在一号和二号宿舍楼周围建造的套房和公寓,以及在钱宁路(Channing Way)—鲍蒂奇街(Bowditch Street)处建造的公寓。上述后两个项目之前还将在钱宁路—鲍蒂奇街建造餐饮中心和办公设施(坎农·德沃尔斯基建筑事务所设计,2001～2002)。

校园规划“不是一个死板的崇拜对象、一个僵硬而一成不变的形式”,约翰·嘉伦·霍华德在1903年预言道："它是个有生命的有机体，一个忠诚的仆人，能够在今天、明天以及世世代代，对大学的需求作出迅速的反应。"霍华德可能并未预见到今天那改变了他"学习之城"的扩张规模，但他那"绿树环绕中美丽的白色建筑"的理念则时时回响在人们的耳边。在进行让伯克利保持伟大学术地位的变革的同时，对那些让伯克利傲立于世的宝贵建筑、自然和文化特征的维护也不可或缺。

漫步路线一

中心校区古典核心区

1 萨瑟门和萨瑟桥
2 南楼
3 萨瑟塔(钟楼)和萨瑟休憩广场
4 多伊纪念图书馆、多伊附楼和加德纳书库
5 纪念草坪
6 墨菲特本科生图书馆
7 加州厅
8 杜兰特厅
9 德文奈尔厅
10 惠勒厅
11 斯蒂芬厅、摩西厅以及 1925 级庭院

1920 级长凳(莫拉创作)

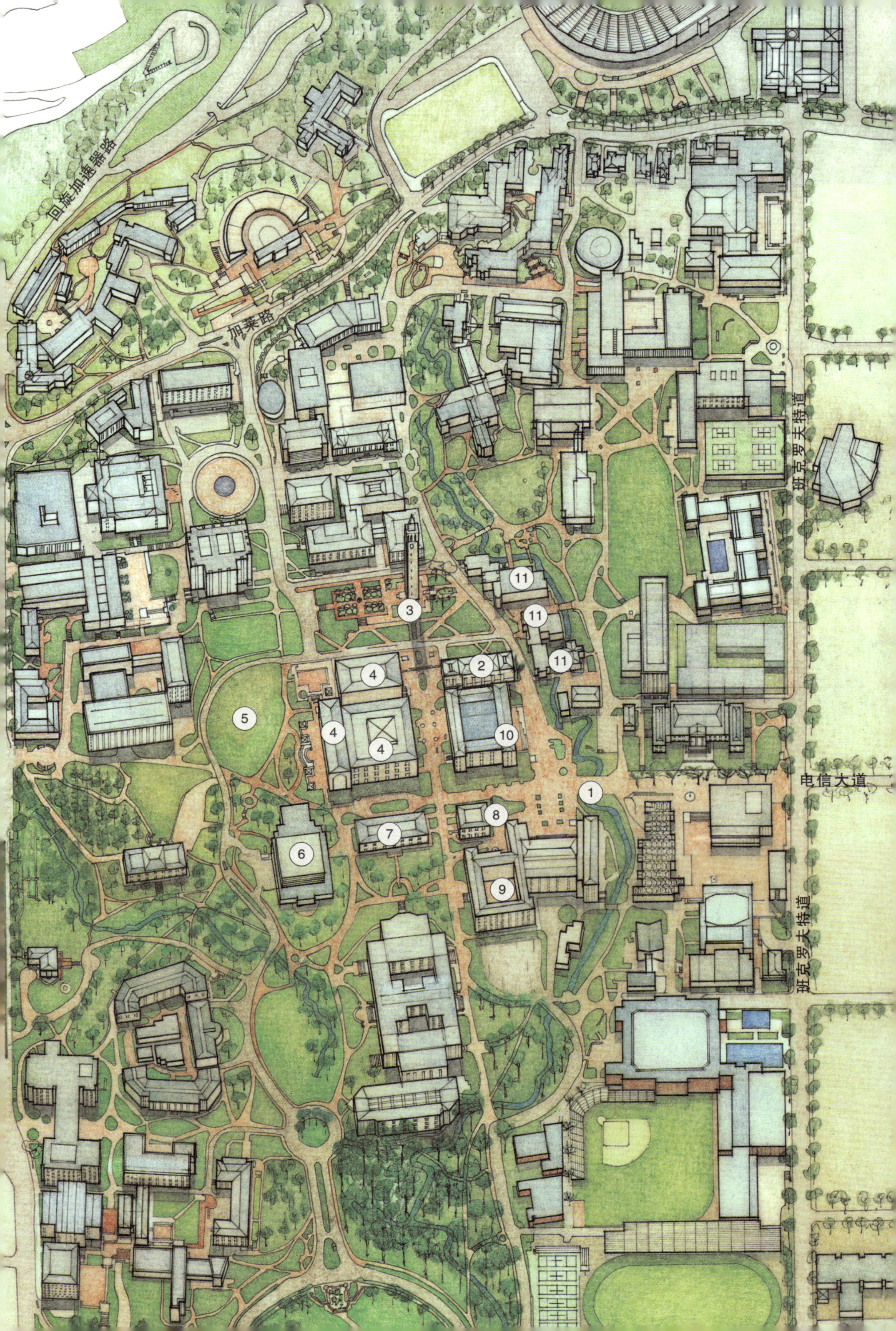
回旋加速器路
加莱路
班克罗夫特道
电信大道
班克罗夫特道
1
2
3
4
4
4
5
6
7
8
9
10
11
11
11

约翰·嘉伦·霍华德的"学习之城"的心脏

走进萨瑟门的青铜拱门,这条路线将围绕着赫斯特建筑规划中约翰·嘉伦·霍华德未完成的美艺建筑群的紧凑核心展开。这是校园中唯一可以整体欣赏到他那具有古典式花岗岩外墙、红色的半圆形小筒瓦屋顶及铜制天窗和顶饰的建筑群的地方。加州厅、杜兰特厅、惠勒厅、多伊纪念图书馆和萨瑟塔完整地保留了这一切。霍华德楼群的其他建筑——赫斯特纪念矿业楼、农业楼群、吉尔曼厅、勒康特厅、哈维兰厅和赫塞厅则分散在校园各处,中间被植被或大规模的现代建筑分割开来。

两大学术区域——图书馆和行政区，以及人文和社会科学区——霍华德所强调的将图书馆和相关的人文建筑建造在校园中心的重要性在这条路线中都会涉及。这一区域包括美国的两个大图书馆:主图书馆区,包括多伊图书馆和其连接到墨菲特本科生图书馆的加德纳书库，以及附近的多伊附楼中的班克罗夫特图书馆。

在这庄严宏伟的古典核心区，可以看到霍华德在保持建筑主题统一的同时又能让各个建筑风格各异的杰出能力。希腊—罗马式的多伊纪念图书馆、加州厅和杜朗厅，威尼斯式的钟楼和法国—巴洛克式的惠勒厅各具特色,却又都和谐地反映出霍华德主导的形式和材料。这些建筑于 1903 年至 1917 年之间建造,都贴有从雪乐山(Sierra foothills)上采下的同样的白色雷蒙德大理石,而霍华德之后的古典式建筑上涂覆的则是水泥和灰泥。

风景如画的纪念草坪位于多伊纪念图书馆门前，代替了原先霍华德在他的美艺图书馆和北侧设想中的博物馆之间设计的正式的主轴花园。然而从西侧新月道一直延伸到矿业环楼的连绵空地却被中断了。钟楼路(Campanile Way)是一个小的东西向轴线,它仍保持完整,从钟楼一直穿过楼群的中心。在它同萨瑟路的交叉口处,霍华德建筑的群组结构最为明晰:图书馆、加州厅、杜兰特厅和惠勒厅占据了路口的四角,路的东侧尽头处则耸立着萨瑟塔。

在这条路线上,还有伯克利的第一座建筑——历史悠久的南楼,从中可以看到大学的维多利亚时代起源。同时还可以看到霍华德在溪畔所建的前学生联合会建筑——斯蒂芬厅,以及与其相对的都铎式的由乔治·凯尔海姆所建的摩西厅。它们是学生自治和学生组织留下的遗产,在20世纪60年代加州学生中心落成之前为其服务了将近40年。

1. 萨瑟门和萨瑟桥

约翰·嘉伦·霍华德,1908～1911

作为电信大道通往校园的大门,萨瑟门不但是迈入“学习之城”的象征,更是走进其建筑遗产的入口。紧挨着萨瑟桥和草莓溪南支流——它们是最早的校园南区的边界——北侧矗立着霍华德名垂青史的美艺建筑群,萨瑟门则是其中的一个关键元素。

萨瑟门

当1973年秋季,第一届学生入学时,一座用弓形的橡木铺成的木质人行桥就架在了河上。桥两侧装上了尖桩栅栏,桥边就是一条马拉街车线路的终点站,这条线路到奥克兰大约要一个小时。1885年,旧桥被“哈金斯桥”(Huggins Bridge)取代了。这座桥是以其设计者、刚刚从学校毕业的查尔斯·哈金斯命名的,他之后成为了不断发展的伯克利社区的城市工程师。这时的马匹已经换成了小蒸汽机车,又很快让位给了奥克兰和伯克利快运公司的电气机车。

哈金斯桥一直是学校南侧的主要出入口,直到1908年由简·克罗姆·萨瑟(Jane Krom Sather)出资兴建了供马车和行人通行的新水泥桥以及宏伟的大门。萨瑟是这所发展中的大学的主要捐助人之一,富有的她是彼得·萨瑟(Peder Sather)的遗孀。彼得曾是旧金山一位银行业的先驱,也是加州学院的董事。她在校长惠勒的帮助下,将她的遗产捐赠给伯克利。除了拥有古典文学和历史学的两个教授职衔之外,她还让四年后落成的塔和休憩广场都以她的名字命名,而萨瑟门则是以她的丈夫命名的。

当霍华德被告知大门和桥得到了资助的时候,他只能找到被1906年地震之后的大火毁坏的旧金山办公室中留下的一张远景图和一套旧的习作。这张图可能是1905年完成的法国巴洛克式图纸,随后他在1908年12月又补充了一些关于古典和巴洛克主题的构想。他的最终设计中体现了一些和这一早期研究的相似之处:四个水泥支撑的花岗岩支柱,上面装有可以发光的玻璃地球仪,支柱的间隔形成三个装饰性的青铜通道。门的周围则是古典式花岗岩栏杆,这些栏杆同时围住了横跨草莓溪的水泥桥。桥的四个角则用装在基座上的花岗岩的瓮“镇住”。

萨瑟门上的浮雕板(梅尔文·厄尔·康明斯创作)

宽阔的中央大门部分呈拱形,拱

形上雕刻有门的名称以及一个椭圆形的月桂花环。花环中间是一个光芒四射的大学五角星，象征着发现和知识的传播。五角星下刻有大学校训"Fiat Lux"("要有光"),这是由校长惠勒加到设计中的。两个较小的平顶门则朝向原来桥上车道两旁的人行道。在四根 12 英尺高的门柱上,正反两面共镶了八片刻有裸体寓言人物的白色意大利大理石浅浮雕，象征着大学的八种学术追求。四位女性分别代表农业、艺术、建筑和电力,而四位男性则代表法律、文学、医药和矿业。

这些 3 英尺高的浮雕反映了一系列具有希腊悲剧色彩的怪诞事件。这些浮雕和上面的四个装饰瓮都是由雕塑家梅尔文·厄尔·康明斯(Melvin Earl Cummings,1876～1936)设计的。康明斯是建筑系的造型教师,其作品还有位于加州蒙特里的斯洛特准将纪念碑以及金门公园和旧金山加州荣勋宫(California Palace of the Legion of Honor)中的人像。康明斯曾在旧金山的马克·霍普金斯艺术学院(Mark Hopkins Art Institute)师从道格拉斯·提尔登(Douglas Tilden),并在菲比·艾珀森·赫斯特的资助下到巴黎美艺学院学习。他曾为霍华德进行了其他一些校园建筑的设计，包括多伊纪念图书馆入口处的雅典娜青铜胸像、赫斯特希腊剧场中的荣誉席位(见漫步路线六)以及赫斯特纪念矿业楼中的纪念匾(见漫步路线二),并得到了霍华德的高度评价。

起初校长惠勒希望萨瑟门上的浮雕板用花岗岩来制作，但霍华德坚持使用大理石,正如他一贯对建筑细节和建筑质量非常注重;他在 1909 年写道:"这种材料非常适合精细而微妙的人像雕刻，特别是尺寸较小时比花岗岩要好得多。花岗岩上的斑点或瑕疵可能正好让一个眼神变得邪恶,或是在鼻孔或嘴唇上来一下。这种危险让我对花岗岩是否适合制作浮雕心存疑虑,只有完美无瑕的雕琢和材料才能体现出它的美感。"

但惠勒一直密切关注着创作的进展。当他前往康明斯位于旧金山的工作室视察模型时,他毫不犹豫地提出批评"'农学'雕像把她赤裸的手臂靠在冰冷的镰刀上肯定感觉不舒服",或是要求艺术家"把'法学'雕像手里的书拿掉"。康明斯对自己的作品同样非常挑剔,花费了大量的时间来创作这些浮雕,并且毁掉了几个版本直至臻于完美。校董事约翰·布里顿(John A. Britton)曾来到工作室,随后向校长报告说:"就从西部各州的情况来看,这些作品可称作是艺术上的一大飞跃。"但他也预见到这些裸体人像可能会广为诟病。"考虑到它们将成为大学建筑一部分这样的事实",他补充道:"我们对艺术的欣赏应当非常大胆而自信来地面对可能出现的各种批评。"

布里顿的预言最后成了真。浮雕于 1909 年 12 月安装好之后不久,就发现男性雕像被精准地粘上了树叶。当时这些雕像用来装饰南侧的立柱,其下是大门的铭文 "由简·萨瑟竖立"。当时萨瑟夫人正因病在奥克兰的家中修养,得知了这一事件并看到了照片。她坚持要去除浮雕,告知校长惠勒"她的人生观反对使用裸体来装饰萨瑟门"。虽然很多人觉得她这种反应是故作正经,但似乎她更多地是考虑到高雅艺术最好能够远离公众的视野,而不是被那些她认为无教养而不会欣赏的人玷污。

霍华德强烈呼吁将浮雕保留原位,辩称"对那些树叶加浆糊的不负责任的人,把他们白痴般的肤浅举动太当回事就犯了大错"。他提醒说,拆除浮雕可能会损坏立柱,如果一定要拆,可以把人像削平再换上新的。然而他又补充道,这样极端的措施对康明斯来说是非常不幸而且不公的。这位坚定的艺术家于 1910 年 3 月向霍华德提供了一份将浮雕换为披有衣物的新雕像的报价,但也是徒劳无功。4 月,霍华德被责成"尽快拆除浮雕",并用花岗岩平板代替。雕像最终于次月被拆除,学校报道称其"和其他建筑物的建筑风格不协调"。8 月,霍华德被告知萨瑟夫人希望为大门制作新的浮雕,但却不是由卡明斯负责,而是由一位"有才华的雕塑家——无论是美国人,还是欧洲人"。虽然霍华德和他的手下也考虑过几位雕塑家,但 1911 年 12 月萨瑟夫人去世后,这件事显然就被淡忘了。

这场闹剧终于收了场——或者还没有?最好能有一个机缘巧合的结局。1910 年 5 月这八片大理石浮雕被拆除之后,它们被放在学校的库房里。随后的 70 年间,它们从一栋楼搬到另一栋楼,直到 1977 年初人们把爱德华体育场露天看台下堆放的杂物搬到里士满的学校库房时,传奇又重新开始了。洛维(Lowie,现称赫斯特)人类学博物馆的馆长在这里发现两片女性人像浮雕。大发现的新闻传到了位于奥克兰的阿玛多(Amador)大理石公司,在它堆满了墓碑后院里找到了另外六片浮雕——可能是差不多 20 年前从一个拾荒者那里买来的。大学将它们重新购回后,终于团聚的八片浮雕被陈列在博物馆中展出，并且于 1979 年 12 月——当初短暂展示的 70 年后——又被重新装到了萨瑟门上。但这次的男性浮雕被策略地装到了北侧，正好看不见另一侧的铭文。

康明斯也许会觉得他的浮雕再也不会重见天日，他的四个花岗岩装饰瓮的设计也同样面临反对。它们的檐部原本设计有寓言人物的雕带环绕，分别代表人生的四个时期：少年、青年、成年和老年。但是学校对于使用大理石还是花岗岩犹豫不决，导致工期拖延了将近九个月。康明斯雕刻好了这些瓮，每个瓮上最多有 15 个人物，但尽管这些人物都披上了衣服，萨瑟夫人再也不想让他们面临和浮雕一样的争论了。随后有人提议在瓮上装饰玫瑰、葡萄、橡树和月桂花环，但最后只有月桂被选中用来装饰这四个瓮。

自萨瑟门于 1911 年落成之后，门前铺石的椭圆形广场就自然而然地成为学生活动、散发传单和各种其他活动的聚集处。从 20 世纪 30 年代到 50 年代，它也成为政治集会和演讲的场所——建立了演讲自由和集会的规则，直到 1961 年将电信大道改建为斯普劳尔广场(漫步路线四)。此后，作为主广场的北侧终点，萨瑟门的地位愈发显要了。

萨瑟门和萨瑟桥均被列入国家注册历史遗迹，在伯克利的校园指南中列为加州注册历史地标，列入加州历史资源库，并且是伯克利城的地标性建筑。

2. 南楼

大卫·法夸尔森，1870～1873；约翰·嘉伦·霍华德，扩建，1913；柯贝克、考德威尔和克里斯托弗森，改建，1968～1970；埃什里克、荷姆西和戴维斯，抗震改建和修复，1986～1988；冈萨雷斯建筑事务所，改建，1996～1997

南楼是大学奠基精神的化身。它是校园中落成的第一座建筑，也是建筑师大卫·法夸尔森唯一现存的主要作品。南楼是法夸尔森按照他的 1869 年的校园规划设计的，现在它是信息管理和系统学院所在地。

南楼起初称作农学院楼——1870 年 4 月开始破土动工，但次年 1 月即告中止，因为校董事会发现缺乏资金。几乎完工的地下室被封了起来，直到

南楼

1872年六月才继续施工。这还得益于从州立法机构那里挪用了一笔资金，以及合约价格发生了变化，部分缓解了初期的预算问题。当年10月，一拖再拖的奠基仪式终于在共济会(Masonic Order)和要塞区第四军团的帮助下举行了。大约一千人见证了州长牛顿·布思(Newton Booth)从承包商手中接过花岗岩石块，并交予法夸尔森检查，后者则称其"周正真切，稳固坚实，具力具美，堪作基石"。在石中还放有谷物的样品、各种文件、旧金山市政厅奠基石的一片以及美国护卫舰"宪法号"(Constitution)上的一片橡木。

南楼最后于1873年11月完工，而法夸尔森的第二座建筑——文学院(北楼)则在两个月之前落成。北楼是一座风格类似的木制建筑，于当年年初开工，在没有建筑师监督且饱受争议的情况下完工了。北楼起初容纳了人文学科、社会学科、数学和工程学以及校长和记录员办公室、学生活动室等。南楼中则有农学、物理和自然科学的实验室、图书馆以及校董事会秘书处办公室等。

南楼富有第二帝国的风格。这座四层砖结构建筑最标志性的就是其石板孟莎顶,上有铸铁顶饰,嵌入的天窗上有装饰性的窗檐,阁楼上有牛眼窗[①]。多个装饰性的砖石烟囱以及早先实验室的烟道让立面和屋顶更为醒目。半地下室铺有粗面福尔松花岗石,作为上方水平分隔的一楼和二楼的地基。两层楼都装有铸铁窗檐,第一层呈弓形,第二层则是圆拱形。微微凸出的北翼和南翼则在第二层装有铸铁浅浮雕,表现的是加州的谷物和水果——让人联想到建筑的农学基础——檐口梁托下则是口含落水管的萨梯神(Satyr)头像。建筑四角和门廊处的铸铁壁柱可不仅仅是装饰:法夸尔森意识到湾区可能出现的地震风险,于是用它来加固砖砌墙中的钢筋。

建筑内部用漆过的白雪松装潢,胡桃木和月桂木则用来装潢实验室和讲堂。中央敞开式楼梯柱上雕刻的植物图案又一次暗示着南楼的源起。二楼的两个"大讲堂"现在用做教室和计算机实验室,早先还有拱顶和天窗,并备有阶梯座椅和弧形的实验室长凳。其中一间是神学、自然史和植物学传奇教授约瑟夫·勒康特(Joseph LeConte)的教室,他在南楼开张之日起就在这里教书,直至 1901 年去世。

南楼的历史价值直到 20 世纪晚期才被完全发掘出来。在赫斯特规划中,它和北楼一样是要被东侧紧邻的一个古典式建筑所取代。1913 年,霍华德在北侧增建了一栋一层楼的混凝土附楼,以供物理系车间加工之用。起初这个附楼遭到了校务选址及建筑委员会的反对,他们担心,随着钟楼的建造,"校园可不要被附楼给毁了"。附楼后来被改做高材生俱乐部和就业安置中心,现在则是高等研究中心所在地,虽然早在 1944 年时就已经决定要拆除它了。

南楼曾于 1964 年被腾空,工商管理学院以及经济、政治和社会学系均搬入了巴罗斯楼。接下来三年间,由于大学和它的这些旧建筑都快要过上百年华诞,南楼前途未卜,呈现出一片破败的景象。校友杂志轻轻地敲了下警钟:"现在看来,南楼还是个独特而美丽、颤颤巍巍、容易失火的老建筑。但在

---

① 牛眼窗(oeil-de-boeuf window),一种圆形或椭圆形的小窗,窗棂呈车轮状。

建校百年后,随着时间流逝它会越来越可能为学校的发展方便而牺牲。”

在名誉校长罗杰·海恩斯(Roger Heyns)的支持下,作为校园历史建筑更新系列中的第一个行动,学校做出了要保留南楼的承诺。在20世纪60年代末进行的初步翻修中(柯贝克、考德威尔和克里斯托弗森设计),东侧入口处的门廊装上了双分楼梯(西侧门廊和楼梯被拆除了)。1986年通过发行州债券让南楼得以完成更为完整的抗震加强(埃什里克、荷姆西、道奇和戴维斯设计事务所),工程采用了一项创新的方法,使用钢材及一种聚酯树脂和砂浆来加固砖砌体墙。1997年,建筑师埃文·冈萨雷斯(Irving Gonzales)用钢材复制了门廊和楼梯,并用玻璃纤维加强混凝土更换破旧的混凝土尖顶饰和其他一些装饰元素。曾经改建得更为现代的入口又被重建为更接近原始风格的形式。新的装饰铸件是由迈克尔·卡西(Michael H. Casey)完成的,他谨慎地在修复的立面上加上了一只雕刻的小熊,如同他在电报大道和班克罗夫特路拐角处的格拉纳达(Granada)楼上所做的一样。

南楼被列入国家注册历史遗迹,在伯克利的校园指示中列为加州注册历史地标,列入加州历史资源库,并且是伯克利城的地标。

3. 萨瑟塔(钟楼)和萨瑟休憩广场

萨瑟塔(钟楼) 约翰·嘉伦·霍华德,1913～1914

萨瑟休憩广场 约翰·嘉伦·霍华德、约翰·W·格里格和麦克洛瑞—麦克拉伦,景观设计,1915～1916

“我等不及了”,捐献者简·克罗姆·萨瑟在1911年2月致校长惠勒的信中写到:“要安排在伯克利校区建造一座钟楼,并要将它命名为‘简·萨瑟钟楼’。”[①]约翰·嘉伦·霍华德也同样焦急。受到威尼斯圣马可(San Marco)大教堂钟楼的启发,他自1903年2月起就开始研究塔楼的设计了。1911年,他探索了一些受到罗马风格和法国巴洛克风格影响的概念,也做过让塔楼可以

① 虽然校董事会于1911年依照捐献者的书面请求,正式采纳了“简·萨瑟钟楼”(Jane K. Sather Campanile)这一名称,但学校在其建成后不久就开始使用其原名“萨瑟塔”和“萨瑟休憩广场”,而“钟楼”仍是一个更为常用的非正式名称。

萨瑟塔

居住的尝试——包括学生或教工的住宿——但霍华德并未采纳这一设计，因为他希望窗户越少越好，这样塔楼就不会看起来像是一座公寓。霍华德还收到过一些创新的想法：在塔底建立一个住宿合作社，并在原先北楼处建造敞开的凉廊；物理系提议设计一个楼梯井以便进行“竖直实验”；或在尖顶上插上大学校旗、风速计或是风向标。最后，校董事会同意了霍华德的美学考虑，批准他把内部设计成“一通到底”。

霍华德选定的塔址在东西方向上可以形成一个小的轴线，其南北方向的轴线则与主轴上的下沉式花园相交。这个地点是一个神圣的区域，是木旗杆的所在，这里多年来一直标志着由培根楼、北楼和南楼围成的校园生活的中心。(原有的旗杆因钟楼的建设而迁到了位于莫拉加(Moraga)的圣玛丽学院(St. Mary's College)，后来被 1927 级学生赠送的钢制旗杆所取代，新旗杆位于加州厅西侧。)正是在这里，1899 年 10 月 3 日，校长惠勒就职当天早上发表了他著名的首次演讲。他站在一个有蓝色顶棚的平台上，面对围拢在身边的学生和军校学员，他鼓舞着他们的精神：“这座大学应当是一个家庭中和蔼可亲的祖母，你们会喜欢围坐在她的壁炉旁。要爱她。热爱高尚的东西对人有益，把他的生命奉献于高尚的事业……为她欢呼；会益于你们的肺…… 爱她；会益于你们的生活和心。”

霍华德的塔也要变得高贵。“我希望钟楼拔地而起，纤细而简单明快”，他设想到，“在顶端迸发怒放，就像一朵巨大的白色百合花”。塔基 34 英尺见方，塔顶的铜灯罩尖端的高度有 303 英尺多。这座塔比圣马可教堂的那座要窄 8 英尺，低 20 英尺。为了强调塔的纤细苗条，霍华德在四角设计了细细的壁柱，每个立面中央都开有狭长的窗户。为了取得期望中的透视效果，他让塔身逐渐向内收缩，在望景楼处缩小了 3.5 英尺。随后垂直上升，直至柱顶的勾线和鸢尾栏杆处，也就是陡峭的金字塔形尖顶的底部。四角的方尖石塔上的青铜火焰形顶饰以及点亮的灯罩象征着对

在建的萨瑟塔(1914)

光明启迪的渴望。钟楼本身也是这一象征的化身。它高高的耸立在海拔 250 英尺的地方,方圆数英里都可以看到它。它是学校恒久的标志,也是一块“吸引学生自豪感和依恋情结的磁石”。

塔楼通过结构钢架和加强混凝土墙壁支撑，地板和顶部用雷蒙德花岗岩铺就。尖顶的金字塔用白色阿拉斯加大理石覆盖,这是霍华德出于经济考虑而选用的材料,他舍弃了早先倾向的铅或铅包铜的方案。钢架打入地下 10 英尺深处,锚固在一个钢梁格栅上,格栅嵌入一块 48 英尺见方、8 英尺厚的加强混凝土板中。地基建在地下 18 英尺的硬质地层上。塔上每隔一层就采用钢筋剪力墙以便安装窗户，但更多的是为了结构上的伸展性以抗地震和风力负荷。霍华德的顾问工程师、土木工程学院院长小查尔斯·德莱思(Charles Derleth, Jr.)[①]用坚硬的橡树和柔弱的柳树的寓言来描述塔的结构:“橡树会在暴风雨中折断,而柳树虽然不那么坚硬,但更能伸展,因此能够历经风雨而不折。”1913 年 11 月吊装第一根钢柱时,全国的报纸都报道了这一激动人心的时刻，描述说“杂技艺人般的技术工人攀附在屋顶上”,并预言这座钟楼将成为世上最著名的塔。次年春天，为了庆祝 500 吨框架结构的完成,德莱思和校长惠勒乘坐吊车到达未封顶的望景楼上,作为贵宾参加了钢铁工人的庆祝宴会。

然而德莱思的“狭长窗户”可不让人省心。1927 年人们首次发现了钟楼花岗岩外墙上的裂缝。到了 1951 年,裂缝已经蔓延到全部 2 800 块石头中的四分之一,导致不时有碎片落下——开始时这个问题难倒了调查员,并引发各界对起因的五花八门的猜测。1955 年,终于确定塔楼出现了在其他高层石面钢架结构中同样发现的问题，也就是本应由钢结构承担的负荷被转移到了坚硬的石质外墙上。另外发现锚固的锈蚀也有一定影响,这也解释了为什么大理石块会从金字塔尖顶上脱落。校方采取了一些临时措施来解决落石的危险:尖顶被箍上了紧身的钢网,在塔基周围也安上了木制的围栏。1958 年,作为更长期的防护方案,塔底周围用花岗岩建起了花池以及一个青铜和混凝土的天篷（瓦尔特·T·斯提尔博格)，以保护入口和从塔西侧移过来的

---

① 除德莱思外,旧金山土木工程师埃勒·科普(Erle L. Cope)也曾参与塔的结构设计工作。

萨瑟塔中的拱窗

1920级长凳(Class of 1920)。(天篷的内拱面上有一件奇特的怪事：大学校训是反着刻在上面的——这是由于建筑师和承包商之间的误解导致的。)1976年,在由建筑工程师杰克·科希茨基(Jack Kositsky)指导的维护中,由一支高空作业队剥除并重新填抹灰缝以防止塔身受到潮气的进一步侵蚀。

如今，每年有7万余名观光者——比1914年时校长和院长舒服得多了——通过电梯到达七层，随后通过台阶登上望景楼。塔内还有一个共有316级的旋转的楼梯。底楼大厅上方的四层楼本来是为居住而准备的,现在则被其他物种——应该说是他们的残骸占据了。这部分U形的空间不对公众开放,存放着大约50吨恐龙和其他动物的骨骼,大部分都是从洛基山的拉布雷亚沥青坑(La Brea Tar Pits)拉过来的。这一研究宝库的藏品可以追溯到2亿年前,自从1915年起就由古生物学系保存在这里。

望景楼是一个古典风格装饰的钟楼,四面均有三个拱窗,透过它可看到湾区全景。拱窗高22英尺,由一对柯林斯柱[①]支撑,角上有一对壁柱,拱上雕刻有玫瑰形花饰,下方是古典式的栏杆。望景楼里安放着一套排钟,这是一种源自比利时和荷兰低地的独特的钟铃类乐器。排钟演奏家坐在一个玻璃围起的演奏室中,按动短棍形的按键和踏板,这些按键和踏板通过钢丝连接到钟锤上,带动钟锤敲击在镶板的天花板下悬挂的61个大钟的内缘上。

简·萨瑟资助钟楼的灵感来自她小时候对纽约恩典堂(Grace Church)钟声的回忆。1911年临终前,她要求萨瑟塔的钟声应当由真正的钟,而不是铜

---

① 柯林斯柱(Corinthia Order)是古希腊建筑基本柱式之一,柱身较为纤细,上有凹槽,柱头是用毛茛叶(Acanthus)作装饰,形似盛满花草的花篮。雅典的宙斯神庙(Temple of Zeus)采用的就是科林斯柱式。

排钟（萨瑟塔）

棒或铜管发出。1915年，由英格兰拉夫堡的世界知名铸钟公司约翰·泰勒家族用铜锭和纯锡块铸成了12个“萨瑟钟”。这一作品由大英博物馆的一名铸钟专家监制。他报告说，在采用了新的机械化方法将钟顶收细以精确调音后，这些钟具有“完美的音调及和弦”。临近1917年初，也就是美国参加第一次世界大战前的几个月，这些钟被装上了一艘驶往旧金山的美国船。船“安全地在潜艇之间穿行”，于4月抵达。这些钟在等待英国铸钟厂的专家来进行安装之前被保管起来，于10月被送往学校进行安装。大钟受到了聚集在萨瑟休憩广场上的学生的热情迎接，他们目睹了它从包装箱中脱胎而出。这些钟重349至4 118磅不等，每个钟上都镌有大学的印章和捐赠者的姓名。其中最大的钟上刻着一首由希腊语教授艾撒克·弗拉格(Isaac Flagg)创作的铭文：

欢唱，谐响，哀鸣，	We ring, we chime, we toll,
寂静留赠予你，	Lend ye the silent part,
心中几许应和，	Some Answer in the heart,
灵魂几多回响。	Some Echo in the soul.

萨瑟钟排列成一个圆环，牢牢挂在钟楼的天花板上。1926年装上了第13个钟和计时装置以供报时之用。这座钟以校董事威廉·阿什本纳(William

Ashburner)命名。它自1899年起就在培根楼上鸣响,此次为了防震将楼上的钟楼拆除,就将它搬了过来。萨瑟钟于1917年11月3日,学校与来访的华盛顿大学在附近的加州球场上进行橄榄球比赛时首次鸣响。

有关萨瑟塔的一位名人是玛格丽特·默多克 (Margaret E. Murdock),她自1923年起就演奏排钟,达60年之久。她已经成为学校传奇的一部分。第一件轶事是1933年,她发现老哈蒙体育馆的碎石堆里着了火,为了告知全校,她临时奏响了《苏格兰着火了》(Scotland's Burning,Look Out,Fire,Fire.)的曲调。10年之后的"二战"期间,她收到了副校长兼教务长门罗·多伊奇(Monroe E. Deutsch)的郑重申诉,质疑为什么法西斯"赞歌"《青年赞》(Giovenezza)这首美国敌国的国歌被连续演奏了好几天。深感歉疚的默多克回信说,完全一无所知的她是在"斯蒂芬联合会的合作商店找到这首曲子的……实际上我很高兴把这首曲子加入排钟的曲目,也肯定是饶有兴致地演奏了这首'赞歌',因为它听起来像一首欢快的民歌"。信的最后以外交口吻结尾:"再不会有重复演奏的机会了。"钟楼底层西侧的台阶就是为纪念默多克而修建的。

1979年,最初的12个钟的组合变成了全尺寸排钟——这是一种至少有23个钟的键盘乐器——1978年由来自法国阿讷西的皮埃尔·帕卡尔(Pierre Paccard)新铸了36个青铜钟。1928级学生将它作为建校50周年的礼物献给了学校。新造的这些钟的重量从28磅到3 000磅不等,并配有资金以供购置新的键盘并建造演奏室和展示室。

五年之后,排钟再次增加,达到了61个钟,新增的13个钟也是由皮埃尔·帕卡尔铸造的,重量从高音钟的20磅到最低音"大熊钟"(Great Bear Bell)的5吨半不等。这个庞然大物——5英尺多高、直径7.5英尺——上面饰有熊的浮雕以及15位同大学相关的重要人物的名字。接下来的三个最大的钟——"快船钟"(Clipper Ship Bell)、"淘金热钟"(Gold Rush Bell)和"探险家钟"(Explorer Bell)——上面都刻有同它们各自主题相关的人名。这些钟是由校友杰里·钱伯斯(Jerry Chambers,1928级)及夫人埃文琳·海明斯·钱伯斯(Evelyn Hemmings Chambers,1932级)捐赠的。他们还提供基金以供学校设置排钟演奏师,增加练习室和键盘,设立铸钟学图书馆并开展排钟节(Carillon Festival)，这是一个为期一周的活动，让全世界最好的排钟演奏家一展身手。

从最初的排钟被装好开始，学校就定期举办音乐会，在特殊的传统时期还会有特别演出。期末考试前上课的最后一天会演奏阴郁不祥的《他们明早就要吊死丹尼·迪佛》(They're Hanging Danny Deever in the Morning)，而在橄榄球赛季则会有鼓舞人心的《我们是加州之子》(We're Sons of California)、《蓝金色欢呼吧》(All Hail, Blue and Gold)、《金色大熊》(The Golden Bear)，有时也能听到一些其他的校园歌曲。

钟楼如此引人注目，使之成为展示各种活动的舞台——无论是官方活动还是其他——多年来让它的面貌有诸多改变。世界大战期间，巨大的大学参军横幅悬挂在钟楼西侧，以表彰英勇入伍的学生、校友和教师。其他各种各样的活动，包括互助会制作的米老鼠表盘、灯罩尖顶上神秘出现的复活节兔子和万圣节南瓜、动物权利游行或是一个拼凑蹩脚的斯坦福标志，挂着一个巨大的红色字母"S"——这就肯定是"大赛周"[①]了。

萨瑟休憩广场

钟楼—萨瑟休憩广场的整齐规划是由霍华德构思的，希望它成为"学生露天机会的好去处，在北楼拆除后代替高年级长凳[②]的位置"。霍华德在1915年提出了两种方案，其中一种是比较复杂而昂贵，在北侧建有雕塑喷泉和瓮。休憩广场是用建造惠勒厅时挖出的土修建的，它形成了萨瑟塔的基座，并呈现出一个交叉轴线，将钟楼和北侧的中轴线花园连接起来。

休憩广场上有一个垫高的草坪，六排修葺过的法国梧桐（悬铃木，*Platanus X acerifolia*）威严整齐，中间间隔的砖砌小径交错排开。平台周围设有古典式的栏杆和围栏，入口处则有宽阔的砖砌和花岗岩楼梯与周围相连(2000年装上了由诺尔 & 谭建筑事务所和铸造师迈克尔·邦迪设计的铜扶

---

① 大赛周(Big Game Week)是伯克利和斯坦福大学之间一年一度的美式橄榄球比赛周，双方轮流主场。红色是斯坦福大学的标志色，而伯克利则是蓝色和金黄色。

② 高年级长凳(Upper Class Bench)由1908级和1909级学生捐赠建造。

萨瑟休憩广场设计图(约翰·嘉伦·霍华德,1915)

萨瑟休憩广场

手)。霍华德曾就多球节树种的使用请教景观园艺学教授约翰·格里格(John W. Gregg)。这一设计同旧金山市政中心的做法类似,而市政中心当时就是由最初以霍华德为首的顾问团规划的。园艺学家约翰·麦克拉伦也曾在1915

年旧金山巴拿马—太平洋国际展览会上使用这一树种。1916 年,这些树由麦克拉伦的公司从会场搬运到学校并移栽到休憩广场上。法国梧桐在校园其他地方也被广泛种植,特别是在斯普劳尔广场、萨瑟路和钟楼路两侧以及慕福德楼和农业楼群周围。

休憩广场和周围矗立着几个别致的体现学校历史和传统的纪念碑。钟楼前砖铺的人行道上镶嵌着一块大的花岗岩石板,上面的青铜铭文纪念 1931 年去世的霍华德。这块石板是由建筑学教授斯塔福·乔利(Stafford L. Jory)和沃伦·佩里设计的,后者是接任霍华德的建筑学院院长。两人都曾经是霍华德的学生和员工。建筑校友联合会出资修建了这块石板并设立了一个永久的奖学金。除纪念霍华德建立建筑学院以及教学之外,石板上还列出了他那些屹立在学校中的建筑。这份令人动容的纪念最后写到,"你在四周见到的他的伟大建筑"(His Greatest Monuments You See About You)。这一措辞是由校长罗伯特·戈登·斯普劳尔建议采用的,毫无疑问是受到了 1903 年希腊剧场启用典礼上霍华德本人的讲话的影响:"作为一名建筑师,我觉得,当他已经把他想说的东西用他自己的艺术表达出来之后,应该不用语言再说什么了。他完全可以引用克里斯多佛·雷恩爵士[①]的墓志铭:'Si monumentum requiris, circumspice……如果你想要的纪念碑,就看看四周吧。'所以我也可以说,'如果你想要听演讲,就聆听这座建筑吧'。"这座纪念碑于 1932 年揭幕,有霍华德夫人到场,钟楼同时奏响了特殊的钟声。随后在"方舟楼"(the Ark,北门大楼)这个霍华德曾教学 30 年的地方举行了霍华德作品展。

梧桐树林的中央屹立着米歇尔纪念碑(Mitchell Monument),它包括一个花岗岩的加农炮弹形球体,以及一个带青铜饮水喷头的基座。这座纪念碑由霍华德设计,以纪念约翰·米歇尔(John Mitchell)。他有着八字形胡须,于 1895～1904 年担任大学军训的武器修护员,并曾在印第安战争中获得国会荣誉勋章。在此期间的大部分时间里,米歇尔的武器都存放在附近的北楼的地下室中。这座纪念碑另一方面是为了纪念校园军事教学的起源,这是根据《1862 年摩利尔赠地法案》(Morrill Land Grant Act of 1862)的条款而设立的。

---

① 克里斯多佛·雷恩爵士(Sir Christopher Wren),英国天文学家、建筑师,曾在 1666 年伦敦火灾后重建 51 座教堂以及肯辛顿宫、汉普顿宫和格林威治天文台等建筑。

米歇尔纪念碑

当时约有 1 000 名军训学员——约占本科男生的三分之二——在现在的休憩广场处参加了纪念碑的落成典礼。

萨瑟塔入口处的顶棚下是一条由1920 级学生捐赠的大理石长凳,“以纪念在大战中牺牲的英雄的大学之子”。长凳由该级学生莱昂纳尔·普利斯(Lional H. Pries)设计,最初在 1920 年时背靠钟楼西侧,面朝金门,但在 1958 年被移到了现在的地方以躲避前文提到的萨瑟塔上剥落的碎片。长凳两侧有一对哀悼的熊的雕塑,是由旧金山多产而知名的西部主题艺术家约瑟夫·哈辛托·(“荷”)·莫拉[Joseph Jacinto (“Jo”)Mora,1876～1947]用天然洞石雕刻的。莫拉最受推崇的作品包括旧金山金门公园的塞万提斯雕像、旧金山波希米亚俱乐部的布莱特·哈特①雕像,以及卡梅尔的圣·卡洛斯教堂中的萨拉石棺②。他还为茱莉亚·摩根的洛杉矶检查报大楼(Los Angeles Examiner Building)设计了大厅装饰,以及伯纳德·梅贝克设计的厄尔·安东尼(Earle C. Anthony,安东尼楼的捐赠者)在洛杉矶的住宅中的石雕。

钟楼南侧,巨大的亚伯拉罕·林肯总统的青铜半身像是格桑·博格伦(John Gutzon de la Mothe Borglum,1867～1941)的作品。他以南德科他州罗斯摩尔山上史诗般的总统雕像而闻名。这一青铜像是用博格伦完成的在华盛顿特区国会大厦中的大理石雕像翻模铸成的,最初是由校友小尤金·迈尔(Eugene Meyer,Jr.,1896 级)于 1909 年赠送给学校的,准备放在多伊纪念图书馆中(当时还在施工)。最后,铜像被放在了钟楼的基座上(基座由旧金山的拉尔夫·基尼捐赠),并由校长大卫·巴罗斯(David P. Barrows)于 1921 年揭幕。这座铜像让人回忆起林肯在签署《1862 年摩利尔赠地法案》中的贡献,

---

① 布拉特·哈特(Bret Harte),美国作家、诗人,以其加州文学而闻名。

② 石棺用以纪念弗雷·胡尼佩洛·萨拉(Fray Junípero Serra),西班牙圣方济会修道士。

这一法案让学校建造了专供农学和机械教学的建筑，并最终促成了加州大学的建成。据此，林肯像的摆放非常讲究：面向摩西厅——大学最初两座农学建筑的旧址，并稍微向西顾盼眺望南楼，也就是早先的农学院所在地。

林肯雕像(格桑·博格伦创作)

林肯像对面是一个新古典主义风格的长凳，是由 1955 级学生作为“捐助的受惠人”在 1994 年捐赠的，同时他们还捐赠了 40 万美元以设立一个教职。1915 年，在长凳南侧较低的平台上放置了一个白色大理石基座的青铜日晷，与钟楼轴线对称。日晷是由 1877 级学生捐赠的，后又由 1996 级工程系学生翻新。它由克林顿·戴(Clinton Day,1846 ～1916,1868 级，1910 年获法学博士学位)设计。戴是加州学院创始人之一、土木工程师谢曼·戴之子，曾担任八座 19 世纪校园建筑的建筑师。如今保存的戴的校园建筑只有位于吉尔曼厅和希德布兰德厅(Hildebrand Halls)之间化学楼的穹顶，以及天文台山上洛伊什那天文台(Leuschner Observatory,1886)的遗址。他有一座商业建筑，金穗面包房(Golden Sheaf Bakery,1905)，在伯克利市中心，爱迪生街 2071 号留存至今。

1877 级日晷

休憩广场和多伊附楼之间是 C 形的周年纪念长凳(Jubilee Bench)，它是由 1897 级学生在毕业 25 周年之际捐赠的，“以表达对母校的感恩和忠诚”。1922 年，这个大理石长凳被安放在大约是“四年级 C”(Senior C)的旧址上，

1897 级周年纪念凳

该旧址原是由 1898 级学生建造的一个巨大的木质纪念碑，用作四年级学生集会的地方，但很快就发现这个活动让人不快，因此应者寥寥。1899 年的一天晚上，这个木质的“C”被盗了。学生们给嫌疑人——斯坦福学生会发了一封感谢信。1908 年，北楼外建起第一个四年级生长凳后，这一传统又得到了恢复，随后在惠勒厅对面的钟楼大道上，以及摩西厅（后称埃什尔曼厅）前陆续建起了四年级生长凳。捐赠长凳的班级提议将这个大理石的周年纪念长凳作为“周年纪念场”的第一个元素，其他年级的“银婚纪念”（25 周年）礼物也将放在这里。

萨瑟塔被列入国家注册历史遗迹和加州历史资源宝库，并且是伯克利城的地标。萨瑟塔和休憩广场在伯克利的校园指南中列为加州注册历史地标。

4. 多伊纪念图书馆、多伊附楼和加德纳书库

多伊纪念图书馆　约翰·嘉伦·霍华德，1907～1911以及1914～1917；小瓦尔特·拉特克里夫，莫里森图书馆内部改造，1927～1928；建筑师—工程师办公室，内部改造，1953；柯贝克、考德威尔和克里斯托弗森，内部改造，1964；伯纳迪和埃默斯、西奥多·伯纳迪，东阅览室修复，1975；埃什里克、荷姆西、道奇和戴维斯设计事务所，信息中心内部改造，1992～1994；汉森、村上、绘岛，抗震改造，1996～1997；

多伊附楼　小亚瑟·布朗，1948～1949；斯凯迪莫·欧文斯和梅里尔建筑事务所，内部改造，1973；

加德纳书库　埃什里克、荷姆西、道奇和戴维斯设计事务所，1992～1994

从多伊纪念图书馆的初期工程到如今相通的图书馆楼群，整个20世纪，主图书馆几乎都在不断进行扩建。最初的三角形屋顶的多伊楼北翼贯穿始终，一直都是校园坐标和思想的中心，也是图书馆最具标志性的建筑。

这就是霍华德古典楼群的希腊—罗马式中心。坐落在垫高的陡壁上并稍偏向主中心轴一侧，这个225英尺长的侧面如同帕特农神庙之于雅典卫城般引人注目。霍华德曾遍访诸多欧洲和东岸的图书馆，多伊楼的设计围绕着一个中心书架展开，“这是有机体的中心，向所有的读者辐射出书本的生机和血脉”。为此，他将图书馆设计成两个相通的大楼：阅览室位于北翼，而

多伊纪念图书馆

几乎是正方形的南翼则设有中心书架，周围东、南、西三侧环绕着讨论室和其他功能区。

旧金山商人查尔斯·富兰克林·多伊(Charles Frankin Doe)不期而至的地产捐赠让图书馆的建造成为可能，但随着1906年地震和火灾导致的地产贬值，一切又变得不确定起来。这一灾难几乎让霍华德旧金山办公室中的图书馆规划毁于一旦，幸亏他的一名制图员亨利·波色(Henry A. Boese)在大火当天早晨冲破警察封锁，冲进禁入的蒙哥马利街，爬上六楼去拯救图书馆的图纸，以及赫斯特规划和其他珍贵的文档。

项目推迟后，校董事会要求霍华德缩减开支，并着手准备分两期建造图书馆。第一期只是一部分，而完整的运营设施则要待资金充足后于第二期完成。对工作范围的改变导致了校董事会和霍华德之间关于费用的纠纷，因为霍华德在地震前夕几乎已经完成了整个建筑的投标计划。霍华德不得不同三个由校董事会成员组成的委员会以及一个教工图书馆委员会一起工作，使得局势变的愈发复杂。这让他深感沮丧，抱怨说："我有时候觉得我的研究永远搞不出什么结果了。"

虽然困难重重，一期建设还是于1907年破土动工。但在次年，由于从东岸运送钢架的拖延，工程被迫中断了几个星期。地震之后，对东部的钢材依赖愈发强烈，东部的供应商开始对本地公司压价以便控制市场。为了让工程继续下去，学校雇佣了石匠来打造雷蒙德花岗岩，虽然这种石料的投标不是最低价，但还是采用了它以便和赫斯特规划中的其他建筑匹配。克服了这些阻碍之后，1908年感恩节清晨，学校举行了大楼的奠基仪式，在北翼东北角打下了一块基石，这座希腊—罗马式建筑开始慢慢成型。

对于霍华德称为"图书馆的花朵"的庞大的北立面，建筑师设计了较小的底层阅览室作为柱基，宏伟的柯林斯柱廊勾勒出第二层上的主阅览室。然而巨大的古典柱式中间却断开了，主入口将立面对称地分为两侧。在断开处的两侧用成对的柱子标示出柱廊的终端，于是阅览室就体现为东西两厅。入口上方有两个较小的爱奥尼亚柱——标志着 雅典娜对于爱奥尼亚地区的权威——支撑着门楣以及一块刻有"大学图书馆"(The University Library)字样的铭牌。

柯林斯柱(多伊纪念图书馆)

东西两端的山墙上是巨大的罗马拱形窗,嵌入了三角墙的缺口,两侧则设有对称的柯林斯壁柱。古典式装潢体现出的韵律使立面浑然一体，富有寓意的雕刻更使之饱满充实。在巨大的柯林斯柱的柱头上，露出尖牙的小蛇翻开书本——这对于智慧和知识女神雅典娜来说是神圣的——小蛇们盘踞在半开的莨菪叶中。对于铜质屋顶檐口的装饰，霍华德本想采用猫头鹰和地球的雕像，但由于校长惠勒反对说，聪慧的鸟儿也应当在建筑的威严之下,最终还是采用了叶片的形式。二期工程完成南翼之后,中楣的装饰雕带上加上了知识之灯。

面立面(多伊纪念图书馆)

雅典娜本人(有时称作罗马弥涅耳瓦,Roman Minerva)的青铜像出现在青铜北门上方的镶板上,校长惠勒在塑像铸造前就对其关注有加。雕塑家梅

屋顶铜制装饰

雅典娜雕像(康明斯创作)

尔文·厄尔·康明斯(萨瑟门和萨瑟桥上浮雕和瓮的作者)的作品也被一名专家教师仔细彻查,后者在找到了"考古上令人满意"的黏土模型后对雅典娜的冠饰提出了建议。他的检查如此细致,最后连霍华德都替康明斯求情:"康明斯先生已经做这件作品好几个月了,急于脱手,塑像所需的精力一点都不比照看婴儿要少。在头部铸好之前他都不能连续几个小时离开这里,因为它必须一直保持湿润。"

走进大门就看到一个玻璃门厅,厅中有一块纪念查尔斯·富兰克林·多伊的精美的青铜铭牌。多伊祝愿图书馆"为生生不息的年轻一代所用"。往里走是一个走廊,原先是为底层的两个阅览室服务的:往西走是期刊室,后来变成了图书保管室,现在是莫里森图书馆;往东走是原先的班克罗夫特图书馆,后用作地图室,现在是图书馆的信息中心。这个走廊现在是伯尼斯·雷恩·布朗画廊 (Bernice Layne Brown Gallery,1989 年为纪念前加州州长的埃德蒙·帕特·布朗的妻子而建),它的白色大理石地板和墙面是受到了罗马法尼榭宫(Palazzo Farnese)中一条类似的通道的影响。

大厅的南端的大理石长凳和壁龛上,一条两分的楼梯通往二楼上的原档案和递送室,现在用作学习和计算机区域。时至今日,这个房间的拱形入口、卡恩石的柯林斯壁柱以及用进口猪皮包覆的门都几乎完好无损,只是原先装饰房间的地球吊灯和优雅的用伊斯特拉大理石和青铜装饰的递送台不见了。

通过这个前厅,宏伟的青铜门通往的就是艺术史教授洛伦·帕特里奇(Loren W. Partridge)所称"伯克利校园中最伟大的,也是美艺时期最伟大的建筑空间之一"。这里是一个 210 英尺长的主阅览室,长度占据了整个北楼。

主阅览室(多伊纪念图书馆)

室内高45英尺,桶形的拱顶天花板上镶有装饰板。这个阅览室设计可容纳400名读者(在当时,这个规模仅次于纽约公共图书馆),它的三个大天窗加上一大排书架上方的北侧窗以及高耸的罗马式拱形窗给这个巨大的空间带来了均匀的采光。当时必须要让校长惠勒相信,一个大的阅览室能够很好地为大学服务,而不是将阅览室按照男女分开。校长在希腊语方面的造诣很深,受此影响,还要说服校长东西侧的窗户应该采用大的罗马拱形窗来配合空间的规模,而不是采用希腊柱和线盘的结构。

室内装潢由旧金山设计所的亨利·阿特金斯(J. Henry P. Atkins)和同时任霍华德员工的建筑师亨利·加特森(Henry Gutterson)共同完成。当霍华德同校董事会之间因为合约产生纠葛时,阿特金斯的设计所承担起多伊楼以及附近的鲍尔特(杜兰特)厅的内部装潢工作,包括定制橡木家具、书架和大理石。这个决定让霍华德心怀不满,于是当工程未能达到他的标准时,他就觉得"这又是人多手杂要坏事。我实在不想老调重弹,但对于这种本来应该是建筑师一人管理的事情,却把两三个方面搞在一起,混乱实在是无可避免的"。

除主阅览室之外,整个建筑是按15英尺的方格来划分的。中心书架最后规划定为105英尺见方，顶上开有天窗，光线可以透过九排镶有一英寸厚磨砂玻璃的楼板。建造初期，这个区域中仅有北半边的五排建好了，其中的钢制书架可以容纳300 000册书。书被源源不断地搬进书架，但抱怨声也接踵而至，工作人员很容易被低矮的横梁上撞到头。霍华德大概是意识到对此无能为力，就挖苦到："我觉得如果这些工作人员稍微小心一点就没什么问题了。那些有特别活泼好动的倾向的人也许可以在阅览室里找到一份特殊的工作，那里的房间比较高。"

南侧剩下的空间中有三面环绕书架的讨论室。这些房间在初期建设时仅建了一层楼的高度，几年时间中都可以看到临时搭起的房顶上凸出来几根柱子。一期工程仅仅完成了整个规划的60%，并且预计还需要10年到20年才能建好剩下的部分。但是宏伟的北翼已经完成了。1910年8月，当油漆和大理石等最后修饰工作完成之后，校董事会秘书维克多·亨德森兴高采烈地向霍华德（当时在欧洲）报告说："房间那优雅的比例和华美的细节最令人赞叹。宏伟的青铜门和主入口处的青铜作品尤其美丽。雅典娜像高悬在入口上方。"

1914年，通过发行建设债券的方法，二期工程得以实施，完成了屋顶有天窗的核心部分以容纳书架，并在它的北半边加上了四排书架。南半边的九排书架是通过1926年又一次发行债券实现的，将容量扩展到了100万册，并在两个书库区中间留下了采光井。1953年中央采光井也补上了书架。书架周围的南翼又新建了两层楼和阁楼，西侧用作图书馆办公室，东侧则建起了更多的讨论室和图书馆中第二个大的阅览室，因为主阅览室已经人满为患，亟需扩容。

这个新的阅览室和期刊室是1914～1917年扩建中最重要的部分，它后来在1953年被改做外借室，现在则用作政府和社会科学信息服务。二楼的空间是按照意大利文艺复兴时期宫殿风格设计，有雕花彩色石膏吊顶、12盏吊灯，四周的雕带上刻有历史上出版商的标识以及15位著名作家和思想家的名字。大理石和青铜材质的北门上方铭刻着一句拉丁语——BENE LEGERE-SAECLA VINCERE："读好书就是征服了时间。"根据霍华德的样式，这间房间长135英尺、宽45英尺，足足有两层楼高。高大的窗户原先可以让房

东阅览室(多伊纪念图书馆)

间中的216名读者沐浴在东方的阳光下,但现在则是通过1949年建造的多伊附楼采光井来获得较为漫射柔和的光线。

由于采光减少,加上原有的吊灯作用有限,使用卡片目录的读者就需要更多的光照。1960年阅览室装上了一个现代的镶有固定装置的吊顶,掩盖了雕花的石膏顶,也削弱了整个美艺空间的整体性。如若不是15年后国家消防队要求安装喷淋系统,原有的屋顶可能就成为另一件失落的工艺品。但最终它还是得以重见天日,学校决定请来霍华德的建筑学院的1924级毕业生、建筑师西奥多·伯纳迪(Theodore C. Bernardi)来拯救它。伯纳迪精心去除了一些蔷薇雕刻,巧妙地将喷淋头和特殊设计的水银蒸气灯嵌入其中。

房间的南墙上展现了宏大的美国独立战争场景:《华盛顿在蒙茅斯集结军队》(*Washington Rallying the Troops at Monmouth*)是由杜塞尔多夫学院的画家伊曼纽尔·洛伊茨(Emanuel Leutze)于1854年创作的。这幅画与现存于纽约大都会美术馆的洛伊茨最著名的作品《华盛顿穿越特拉华州》(*Washington Crossing the Delaware*,1851)属于同期作品,原本是为国会大厦而创作,但最终由马克·霍普金斯(Mark Hopkins)夫人买下,并于1882年捐赠给学校。它最初是放在培根楼内展出,1911年多伊图书馆启用时被移到馆中,但后来却被移走,卷起来堆放在赫斯特体育馆地下室的贮藏间内,直至 1964 年清查时才被发现。这幅画经过修复后在大学美术馆(现加州大学伯克利分校美术馆)内展出了 20 年,直到 1993 年搬回多伊楼并安放在现在的位置。

多伊楼落成十年后,原先在霍华德办公室工作的建筑师小瓦尔特·拉特克里夫(Walter Ratcliff, Jr.)受邀将底层西侧的老藏书间重新设计为一个特别的阅览室,专门用来存放已故旧金山律师亚历山大·莫里森(Alexander F. Morrison)的藏书。这 15 000 卷藏书加上整修所需的资金都是由其遗孀梅·莫里森(May T. Morrison, 1878 级校友)捐赠的,她要求这间阅览室应该用作休闲阅读——同哈佛大学的法恩斯沃兹图书馆(FarnsworthLibrary)的概念类似。拉特克里夫同原先装潢多伊纪念图书馆的维克里、阿特全斯和托里合作,创造出一个引人入胜的静谧空间,雕花的石膏天花板上垂下铜质的烛台,墙上贴有金色的橡木墙裙,地面则用软木板交错铺成。这个优雅的房间再配上舒适的椅子和沙发、橡木桌台、地灯和波斯地毯,此外,在纪念英文教授约瑟芬·迈尔斯(Josephine Miles)的诗歌角处还装饰有福图尼(Fortuny)[①]挂毯。这个房间也作午间的诗歌朗诵和举办特殊活动之用。

于 1992～1994 年设计加德纳书库的同时,画廊的大厅对面的原班克罗夫特图书馆和地图室由埃什里克、荷姆西、道奇和戴维斯设计事务所改建为图书馆的信息中心。这个有信息台、目录终端和自习桌的房间有木质墙裙、定制的吊灯以及光亮的水磨石地面。它的柱廊也可以通往借书处和地下书库。

奥克兰建筑师汉森、村上、绘岛于 1996～1997 年对多伊楼进行的建筑改造拆除了九个危险的书架,并加固了四层中心书架以便将来可以重新使用这个空间,此外还建造了新的剪力墙和喷泉,并在北翼建造了一个隐蔽的屋顶桁架系统。

多伊纪念图书馆被列入国家注册历史遗迹,在伯克利的校园指南中列为加州注册历史地标,列入加州历史资源库,并且是伯克利城的地标。

---

① 马里亚诺·福图尼(1871～1949),西班牙时尚设计师。

多伊附楼

作为战后建设项目的一部分，多伊附楼主要用作著名的班克罗夫图书馆。这座图书馆是于1905年用加州书商和历史学家休伯特·豪厄·班克罗夫特(Hubert Howe Bancroft)的藏书建起的。这些藏书最初放在加州厅的阁楼中，在迁往附楼之前保存在多伊纪念图书馆。该图书馆是全美最大的手稿、珍本和特色图书的图书馆之一，大部分都关于美国西部和拉丁美洲的历史，并收藏有可追溯到约4 000年前的珍品，包括象形文字、纸莎草和中世纪手稿等。

建筑总监小亚瑟·布朗面临着艰难的挑战，要将一座巨大的结构和谐地融入霍华德的建筑中。此外，建筑还必须同钟楼和整个赫斯特计划的楼群相协调。考虑到附楼的规模，妥协是无可避免的了。霍华德原先计划多伊楼的东立面是应当可见的，并且可以由东阅览室两层楼高的窗户采光。布朗在将要拆除的北楼的东侧规划了一栋人文楼，在两栋楼之间留出了空地。由于北楼不复存在——木质的上层于1917年惠勒厅落成后被拆除，水泥地下室也于1931年被拆除——布朗面临的限制有所减少。

多伊附楼

他设计的五层加强混凝土结构体现了美艺的设计原则，裸露的新古典主义立面对称而有层次。从窄窄的地基向上，一层和二层安装着普通的窗户，而一层楼里是爱德华·海勒阅览室(Edward Heller Reading Room)，它的窗户要高一些。立面的四角由粗犷的立柱支撑，东立面上有一个凹进的中央入口，入口处用朴实的檐口简单地勾勒出来。入口门廊内的白墙上原本要刻上铭文，但从未实施。一圈凸出的屋檐把下层从阁楼分隔开来，阁楼上的窗户较小，间距也密。最后盖上简单的屋檐和协调的红瓦坡顶。附楼的西角稍稍收进，形成凹进的入口，通往连接多伊楼的公用走廊。昂贵的花岗岩无法再用，布朗只得采用赤陶贴面(与他在斯布劳尔厅所采用的相同)来试图搭配多伊楼和其他早期霍华德建筑的材质和色彩(1985 年，该楼用其他的贴面材料重新处理了外墙)。

大厅中休伯特·豪厄·班克罗夫特的大理石半身像是雕刻家约安·索夫斯·格列特(Johannes Sophus Gelert，1852～1923)的作品，由班克罗夫特之子于 1908 年赠给学校。大厅中紧挨着阅览室入口的是班克罗夫画廊，用图书馆的藏品举办各类展览。

加德纳书库

加德纳书库

在多伊纪念图书馆北侧建造地下书库的决定是在 1981 年旧金山建筑师卡普兰、麦克劳林和迪亚兹对图书馆进行了防震安全研究之后作出的。这个新的建筑是以学校第 16 任校长大卫·皮尔蓬·加德纳 (David Pierpont Gardner)命名的，作为分期建设项目的一部分，配合多伊楼和墨菲特本科生图书馆的防震改建以代替危险的多伊书库。建造这个四层书库挖掘了一个大约 50 英尺深、125 英尺宽、475 英尺长的长方形深坑，从西侧的墨菲特楼一直延伸到多伊附楼以东。

埃什里克、荷姆西、道奇和戴维斯设计事务所将该书库设计成两个相连通的部分以满足防震和防火的要求。东侧的天窗穹顶下是借书处和通往下面三层地下书库的天井阶梯。两个整层和一个部分夹层延伸至西侧，通过四个上达多伊楼大门入口台阶的天窗采光。这两个部分由一条在最底两层通往墨菲特图书馆的开放式环绕走廊连接起来。

通过地下的构造，西侧部分通行顺畅，采光井光照良好，而浅色的木镶板、白色的墙壁、天花底和天花板则让整个空间显得温暖。东侧部分中，四层高的天井周围是私密的学习室。混凝土环形楼梯和天窗张扬着野兽派风格，同建筑的其他部分，特别是母楼——霍华德优雅的多伊楼显得格格不入，幸亏雅典娜看不见这些。

由30个学生组成的队伍将原多伊书库中的150万册藏书以大约每天45 000册的速度搬迁到这个可以容纳约200万册书的地下书库中。书库是人文和社会学科的藏书中心，可容纳约400位读者。这个相互联通的图书馆楼群是世界上最大的学术建筑之一。

5. 纪念草坪

理查德·哈格(Richard Haag)，景观建筑师，初步设计；罗伊斯顿·花本·艾利和艾比事务所(Royston Hanamoto Alley & Abey)，景观建筑师，1997～1998

纪念草坪(Memorial Glade)覆盖在加德纳书库的地下结构之上。虽然书库只占据着草坪的地下一部分，但草坪是书库整体规划的有机组合，目的是使之再次成为中轴的组成部分，而这条中轴已经被木制的临时建筑(T-Buildings)阻隔了差不多50年的时间。

这片草坪的落成要归功于“二战”期间的1945级、1946级及1947级的校友，他们为了纪念在“二战”中服役的全校师生以及为伯克利国际经济圆桌会议(Berkeley Roundtable on the International Economy)建立基金，共捐款超过1百万美元。这份礼物显示了那些校友的人生哲学，在1945级校友迪克·赫吉(Dick Heggie)看来：“这两项工程彼此呼应，一项回顾战争，另一项则展望和平。”

剩余的6座临时建筑是1947年学校得到的18座美国海军残余建筑的

纪念草坪

一部分,这些建筑是为了缓解战后60年来由生源扩张所带来的用地、教室建设用地以及学生服务机构等方面的压力。他们把这些建筑与各色树木一同拆除——有些树木来自于植物园,而植物园从19世纪90年代至20世纪20年代就一直盘踞在这片区域——其效果立竿见影。这个举措使得多伊富有古典韵味的北侧重见天日,而这恰好契合了80年前霍华德的初衷。这片得以重生的空地并没有受到美艺规则的制约,而是在形式上变得生动活泼,与周围的现代建筑如东面的伊万斯楼(Evans Hall)、西面的墨菲特本科生图书馆(Moffitt Undergraduate Library)和北面的麦康厅(McCone Hall)相得益彰。

这片区域的重新规划是由斯凯迪莫·欧文斯和梅里尔事务所(Skidmore Owings & Merrill)的建筑师菲利浦·恩奎斯特(Philip J. Enquist)做的整体设计,这样的设计与加德纳书库的设计以及ROMA设计团队(ROMA Design Group)20世纪90年代的长期发展规划(Long Range Development Plan)一脉相承。它包括把大学路(University Drive)重新安置在轴线的左侧,如同公园里的一条弯曲马路一样。这条马路蜿蜒至矿业圈(Mining Circle),将空地重新整合在一起,在伊凡斯楼的基层上加入新的设计(那片地从此就纳入了重估的范围)。

来自西雅图的景观建筑师理查德·哈格(1950级校友)从恩奎斯特的规划里看出:“铭刻在人类集体回忆中的景观始貌——这是提供美好前景与庇护之地的景观。”他对于草坪的设计——由罗伊斯顿·花本·艾利和艾比事务所完工——“依据空地的顺序(草坪家族)把土地、树木和树阴有机结合,唤起了人们在这里举办大型活动、即兴朗诵诗歌或是冥思静想的愿望。”它包含三大元素:巨大的椭圆草坪和连排式的图书馆一道组成的宏伟背景、沿着滩肩生长的一小丛三角枫(*Acer buergerianum*)以及东西主干道对面、被海岸红杉(*Sequoia sempervirens*)包围的环形纪念木池。通向三条主人行道的入口以8英尺直径的巨型青铜浮雕徽章为标志,上面刻有题词及学校的标记。

这片小树林起初打算种植连香树,但因为它们的身形以及容易受到真菌和三角枫影响的特质,不免会让这里呈现出萧瑟秋意,所以最终被别的树木取代了。160棵树将整整齐齐地挺立于此,传递出烈士陵园和加州果园的感觉。然而,树木的计划栽种量遭到了迅速强占此地的日光浴爱好者、飞盘爱好者及排球运动员的强烈反对。反对的原因包括,这一举措将会带来空地的缩减,而且这些树木也会挡住多伊楼。考虑到大家的呼吁,树木的栽种量缩减为90棵左右,彼此的间隔也更加紧密随意。这里还加入了其他种类的树木,沿着东面的滩肩形成了两小片树林。

清浅的纪念水池倒映着黑色的抛光花岗岩,是对那些战时的班级以及在“二战”中丧生的伯克利师生的最好纪念。当环绕于此的红杉树长大成熟后,它会为“回忆和冥想营造出一个类似大教堂之类的场所”,这些正如一位校友所展望的那样:“这里将提醒着我们,正是因为有了无数加州人的英勇作战,我们才得以过上今天这样的生活。”

6. 墨菲特本科生图书馆

约翰·卡尔·沃耐克(John Carl Warnecke)与合作者们,1967～1970;埃什里克、荷姆西、道奇和戴维斯设计事务所,改建,1992～1993;斯沃特建筑室(Swatt Architects),改建,1999～2000

墨菲特本科生图书馆(Moffitt Undergraduate Library)是为了满足日益庞

墨菲特本科生图书馆

大的本科生队伍而建的，与重在学术研究功能的多伊图书馆不同，它是随着1949年哈佛大学拉蒙特图书馆(Lamont Library)的开放所引发的全国热潮而出现的。图书馆纪念了詹姆斯·肯尼迪·墨菲特(James Kennedy Moffitt，1865～1955)，他担任董事会董事长达37年。作为1886级校友，他热心于学生事务，曾是加州校友联合会(California Alumni Association)的主席。

随着学校越来越临近1968年的百年庆典，这座崭新的图书馆也越来越关系到校园的美化。具有讽刺意味的是，墨菲特图书馆的位置——如同它东面的伊万斯楼一样——扰乱了霍华德设计的中轴，而且还打破了哈维兰厅(Haviland)与加州群楼(California Halls)之间的交叉轴线。

图收馆起初选在今天以西大约140英尺的地方，但为了距离多伊更近一些并且能与周围的自然环境融为一体，它的位置被更改了。如今位于中心的选地为学生提供了方便的入口，学院大道也因此沿着轴线的北侧成为一条弯曲的路线。由于道路被重新组合，草莓溪(Strawberry Creek)旁边的红杉树受到了威胁，迫于人们的反对，这条道路又经历了重新的规划(漫步路线三)。

墨菲特图书馆是由国家债券赞助、斥资4百万美元建造的现代混凝土框架的图书馆,它拥有藏书 15 万卷,为 1 800 名本科生提供了学习阅读的地方。约翰·卡尔·沃内基与合作者们把这里划分为两个区域,即五层的阅览亭和稍微小巧一些的三层东翼教室办公区,两者彼此相连。为了和周围的自然环境相和谐,图书馆的低层部分设计得较为隐蔽,其主入口位于中层的南侧。开放的阅览室由网格板和梁柱结构支撑,其底层的下沉式西侧中庭融入到周围的景致之中,顶部的三层则修建了悬臂式平台和阳台。它突出的屋檐和水平的挑台颇有几分日式田园阁的轻盈韵味。

基于抗震的考虑,埃什里克、荷姆西、道奇和戴维斯设计事务所于 1994 年变更了阅览亭的开放状态,在北面和南面增加了四面带有窗户的剪力墙。其后由斯沃特建筑室完成的内部改建包括自由言论运动(Free Speech Movement,简称 FSM)餐厅,它为用作户外就餐之途的西面平台注入了新的生机。这座餐厅的资金来自校友史蒂芬·西尔伯斯坦(Stephen M.Silberstein)350 万美元捐款的三分之一,为的是纪念 FSM 和这场运动的领袖马里奥·萨维奥(Mario Savio)。该餐厅于 2000 年 2 月举行了落成仪式,距离当年那场震动整个斯布劳尔广场(Sproul Plaza,见漫步路线四)的游行示威活动已有大约 36 年。该校友的捐赠还包括成立马里奥·萨维奥 /FSM 基金以及在班克罗夫图书馆(Bancroft Library)建立 FSM 的档案。

7. 加州厅

约翰·嘉伦·霍华德,1903～1905;杰尔马诺·米卢诺(Germano Milono)与沃尔特·斯提尔伯格(Walter T. Steilberg),改建,1968～1970;汉森、村上、绘岛,抗震改建,1991

作为由霍华德设计的首栋投入使用的大楼,加州厅(California Hall)起初发挥着双重作用,即主教学楼兼校长惠勒率领下的繁忙的教务部。这座三层的钢结构建筑的外墙包裹着雷蒙德花岗岩,大大小小的花岗岩交错排列,把长达 200 英尺的大楼正面勾勒出水平的线条。大楼的基座之上,彼此对称的立面上各在其中央安置了一个通风口,侧面均整齐排列着木制的竖铰链窗。每层的窗户各不相同,第一层的窗户由花岗岩支撑,第二层稍小的窗户则和向外微突的窗台平齐。檐口下面一圈莲座状的圆形浮雕饰带在大楼的

加州厅

正面营造出水平的节奏感。设计师最初打算在西面设置一个精雕细琢的入口,但随着整个校园越来越朝向萨瑟门(Sather Gate),入口被转移到了没有繁复雕刻的东面。

在最初的规划中,加州厅的第一层包含一个宽敞的讲演厅、很多教室以及办公室,第二层则是教务办公室。地下室里存放着古生物标本、各种文件资料以及机械设备。霍华德对大楼内部的设计相当灵活,在房间之间用金属立筋和灰泥隔板,以 15×25 英尺的比例排列,这从内部的窗户上看得出来。

层列式的讲演厅大约可以容纳 500 名学生,它占据了第一层的北角。作为为数不多的早期大型会场,讲演厅通常用来上历史、英语、植物学等课程,或者用来召开教工会议,但因其音响效果糟糕而备受诟病。就这一问题,校方咨询了很多专家,也尝试了各种补救办法,比如在灰泥天花嵌板上安装电线以及在墙壁上贴防水帆布。一位哈佛的教授甚至建议在厅间里堆放丑陋的细条状毛毡和粗棉布, 这使得霍华德向校长惠勒大诉不满:“我们这些与校园建筑息息相关的人不得不挣扎在两难之间。如果采纳了能让这里变得完美的建议,那么那里就会陷入尴尬的死胡同。”这座建筑的北入口起初设在讲演厅的讲演台后面,到了晚上,当整座大楼的其余部分关闭时,这里依然能够举办讲座。

古典装饰(加州厅)

一楼的学生活动区域因带有外凸的结构和深象牙色的墙壁而显得朴实耐用,二楼的管理区域则营造出一种典雅的氛围。在这里霍华德设计了一个罗马中庭,宽阔的大堂走廊两侧都有托斯卡纳式廊柱,它们支撑着雕花的灰泥饰带和玻璃屋顶,白天外面的阳光可以从楼顶处照射进来。打开中央这间四围装有木制镶板的小室,会看到这里是为校长及其员工、系主任以及董事会成员准备的办公区域,同时这里还可以用作教员室及其他的管理用途。面对走廊的木制窗户使得办公室也能享受到阳光的馈赠, 这也为洽谈要事提供了一个绝佳的场所,它给人的感觉正如银行里的机要办公室一样。实心橡木及桃花心木装饰和软木地毯都被装点在这里,因而获得了“脚下如棉、悄无声息”的美誉。

阁楼区一经落成, 就立刻用来存放班克罗夫图书馆新引进的大约 5 万卷书籍及 10 万本文件了。然而,这个地域在通风、取暖和照明等方面都不够理想,这一情况直到 1911 年阁楼区被美术系征用后才得到改善。设计师毅然决然地用更为坚固的玻璃人行道取代了原先二楼的玻璃天花板, 这样一来,阁楼就有了双层地板。

由于机械系统到了世纪之交就常常失去效力, 所以阁楼并不是该建筑中唯一遇到通风问题的地方。霍华德被人们起初的抱怨弄得不胜其烦,比如:“校长惠勒和切内女士(Mrs. Cheney)不愿意关他们的窗户,声称只通过屋内的通风系统他们将无法自由地呼吸。”当霍华德建议只有把竖铰链窗关闭才能使机械系统正常工作时, 情况变得更加糟糕:“上周五我们试图关闭大讲演厅的窗子……让通风装置去发挥通风的作用。不到 15 分钟就有两个人晕倒了,不得不被抬出去。”

校长惠勒退休后, 加州厅又相继成为校长大卫·普雷斯科特·巴罗斯(David Prescott Barrows)、威廉·华莱士·坎贝尔(William Wallace Campbell)

和罗伯特·戈登·斯普劳尔(Robert Gordon Sproul)的办公场所,他们于1941年搬入了新建的办公大楼(见漫步路线四)。在20世纪60年代晚期——当时官僚主义不十分盛行——宏伟的中庭大厅和其他的内部空间被改造成供校长和研究生部使用的办公室。1970年后,校长罗杰·海恩斯 (Roger W. Heyns)、阿尔伯特·鲍克尔 (Albert H. Bowker)、伊拉·迈克尔·海曼(Ira Michael Heyman)、田长霖和罗伯特·伯达尔(Robert M. Berdahl)陆续使用过该楼。

1910年,霍华德在加州厅和多伊纪念图书馆之间的尽头增设了砖砌的人字形道路和拉长式道路。工程施工后,附近的路面成了众人关注的焦点。回车线中央的斜坡草皮跑道很快就被二年级的学生们占领,他们欺负闯入这块地盘的新生,哼着小曲嘲弄他们:"就算你被太阳晒得昏昏欲睡,你也不能躺在二年级师兄的草坪上。"为了还击,新生们会在晚上突袭这片草地,在草地上焚烧师兄们留下的班级名号。很快,这种戏谑行为被勒令禁止,草坪曾专属于二年级学生的那段历史也从记忆中烟消云散了。自从行政管理部门搬回到加州厅后,这片草地还偶尔用作政治上的游行示威之途。草坪对面是小巧玲珑的雕花大理石天使,天使中间是于1928年为了纪念阿尔伯特·米勒(Albert Miller)而安装的米勒钟(Miller Clock),米勒在1887~1900年曾任校董事会董事。

加州厅名列国家史迹名录(National Register of Historic Places),在伯克利校园里享有加州历史名迹(Registered Historical Landmark)的称号,它位列国家历史资源名录中(State Historic Resources Inventory),是伯克利城的地标建筑(City of Berkeley Landmark)。

8. 杜兰特厅

约翰·嘉伦·霍华德,1909~1911

杜兰特厅(Durant Hall)是供法学院使用的建筑,它是一座未完成的双体楼的北半部分,该双体楼原本是为了与钟楼对面的加州厅保持平衡而建造的。它是校园里最早的一批永久性建筑,于1882年为拉丁文教师威廉·凯

杜朗厅

利·琼斯(William Carey Jones)教授的罗马法律课程建造，这位教师后来成了第一任系主任。

杜兰特厅原名博尔特厅 (Boalt Hall)，为纪念法官约翰·亨利·博尔特(John Henry Boalt)而建，他是加州矿业法、合作法和专利法领域的早期权威，早在大学从奥克兰搬到伯克利之前，他就对这所学校产生了兴趣。他的遗孀伊丽莎白·乔斯林·博尔特(Elizabeth Josselyn Boalt)捐资 10 万美元，该楼三分之二的花费都由她出资，此外她还设立了两个教授职位。剩余三分之一的资金是加州的 75 名法官和律师共同捐助的 5 万美元，法律图书馆的主要阅览室——律师纪念堂(Lawyers Memorial Hall)的建造要归功于他们。

这座三层钢筋混凝土结构的建筑与加州厅的宽度一样，在设计规划上也几乎相同，两座建筑都打算以柱廊和桥梁来连接未来在南面将要兴建的同样大小的姊妹楼。校长惠勒起初打算只在博尔特楼里安置教室和办公室，把将来南面的半边布置成图书馆和一间大型的讲演厅。后来霍华德提出让第二座建筑用于哲学系；在规划中，除了南面向外突出的部分外，它在外形上完全是博尔特楼的双胞胎楼。两栋楼连接的入口处将以古典的山形墙构成。

花岗岩表面被分割成了半地下室，成为一楼和二楼的基座。上部楼层的东西两面的中央各有三个突出的部分，侧面各有两个角突。中央的这些外突结构由托斯卡纳式壁柱构成，一楼以带有装饰雕带和弯曲山形墙的单层窗区分，上面的双层窗以多利安式圆柱分隔。这些木制的双悬挂窗反映出1906年董事会成员们在建筑规划上的变化，他们不再沿用加州厅所使用的法式竖铰链窗。该楼的南北两面的尽头各有一个平顶，它们是由凹状入口处的双曲卷涡托台支撑的。橡木框架的双门通向地下室与一楼之间的斜坡，它们被金属莲花饰所装点，上方是橡木框架的横梁。杜兰特厅与霍华德在附近设计的建筑相似，楼顶装饰有古典的柱上楣构和红色半圆形截面瓦的四坡屋顶，最顶端装有铜制天窗。

人们期望霍华德能给建筑内部带来“俱乐部的气氛和风味——成为真正能够帮助法律专业学生激发智慧和陶冶情操的家园”。半地下室是供学生组织活动的场所，而一楼都是教室，穿过一条宽阔的中央大堂走廊就可以进入这些教室，走廊里还以橡木和意大利大理石点缀并设有拱形灰泥天花板。霍华德为这里和二楼设计了特别的“读书灯”，其底部还刻有学校的印章。宽敞无比的橡木框架门使得光线能够通过玻璃散射到走廊里。

装有“读书灯”的走廊(杜兰特厅)

带有铸铁扶手的大理石楼梯通向二楼的楼梯间，该楼梯间面向两个小型的会议室，通过一条内接门道就能来到律师纪念堂，那里拥有霍华德引以为豪的内部设计。这间阅览室由中央的天窗照明，天窗从锯齿状飞檐上方的凹圆线顶棚伸出，由陶立克式圆柱和西耶那大理石的半露柱支撑。天窗下方悬挂着四盏经典款的枝形吊灯，另有一些“读书灯”点亮周围的空间及通往大厅的楼梯间。原先的桃花心木书桌是由来自旧金山的维克里、阿特金斯和托里事务所(Vickery, Atkins and Torrey)的亨利·阿特金斯(J. Henry P. Atkins)负责布置的，他还设计了多伊纪念图书馆的内部装潢。大厅的南面、靠近教务办公室的地方放置着两排书架。

律师纪念堂(杜兰特厅)

中式石狮(杜兰特厅)

原先规划中的法律图书馆可以容纳大约100名读者和17 000卷书，但是到了20世纪30年代末这一需求翻了三翻，使得图书馆变得异常拥挤，人们迫切需要更大的空间。新的法律图书馆(见漫步路线五)于1951年在校园的东南角落成，博尔特的名称随即转移到了它的西翼。老楼则以伯克利的第一任校长亨利·杜兰特(Henry Durant, 1870～1872)的名字重新命名，这一名称原来属于1949年落成的米诺厅(Minor Hall)。

目前，这座大楼属于东亚语言系，在纪念楼里的东亚图书馆是一个集汉语、日语、韩语、满族语、蒙古语和西藏语于一体的资料库。除此之外，南面入口处还安放了一对石制的佛教狮(Buddhistic Lions)或称作天炉狗(Dogs of Fo)，这些动物在传统的佛堂里一般起到守门的作用，佩有织锦绣球的公狮与带有幼崽的母狮遥遥相望。这对狮子于20世纪80年代从老美术馆(Old Art Gallery)搬迁至此，他们是被艺术赞助商阿尔伯特·本德(Albert Bender)于1934年从一位旧金山进口商那里购得，本德也曾为这家美术馆集资。

杜兰特厅在国家史迹名录中榜上有名，在伯克利校园里享有加州历史名迹的称号，它位列国家历史资源录，是伯克利城的地标建筑。

9. 德文奈尔厅

韦伯、弗里克和克鲁泽(Weihe, Frick & Kruse)，艾克勃·罗伊斯顿和威廉姆斯(Eckbo Royston & Williams)，景观建筑师，1950～1952；西蒙·马丁—维格·温克尔斯坦·莫里斯(Simon Martin-Vegue Winkelstein Moris)，增建和改建，1996～1998

德文奈尔厅(Dwinelle Hall)里囊括人类学系的教室、礼堂和办公室，是为满足“二战”后扩招需求而建造的大楼之一。它的位置便于师生出入，反映出校园中心正在向南部的萨瑟门转移这一趋势。这座耗资350万美元的建

德文奈尔厅

筑是以董事会董事约翰·惠普尔·德文奈尔(John Whipple Dwinelle)的名字命名的,他作为州立法机关的成员于 1868 年为兴建伯克利引进了资金。

德文奈尔厅的南部拥有 3 层的教学楼,包含超过 85 间教室和 3 个大型的讲演厅,其北部则拥有 4 层的办公楼,包含大约 300 间办公室,学生在出入此楼时,不得不面对长达 1 英里的凌乱的走廊。德文奈尔厅很快被冠以"现代迷宫"的绰号,成为学生的谈资,正如作者威廉·罗达摩尔(William Rodarmor)所描述的那样,"以新生的身份走入德文奈尔,重见天日的时候就该毕业了"。校园里盛传德文奈尔要么是两栋匆忙连接在一起的分体楼,要么是两位互不相识的建筑师所共同设计出来的产物。但是欧内斯特·韦伯(Ernest E. Weihe)、爱德华·弗里克(Edward L.Frick)和劳伦斯·克鲁泽(Lawrence A. Kruse)于"二战"期间开始他们的合作之前,都曾为古典派的设计师小约翰·贝克威尔(John Bakewell, Jr.)和小亚瑟·布朗效力。

韦伯和弗里克都曾在巴黎的美艺学院攻读(克鲁泽曾在哈佛接受培训),他们在那里受到的浸润从德文奈尔厅的东面看得出来,因为东面有伸向德文奈尔广场的条状新古典式风格和对称的边翼。这些展开的边翼实际上形成了一个微妙的过渡:北翼连同周围的办公区与霍华德设计的中轴及建筑的古典核心相呼应,南翼则与亚瑟·布朗设计的斯普劳尔厅(Sproul Hall, 1941)及南面的城市网格相平衡。这种风格和红色的四坡屋顶使得该楼与霍华德设计的花岗岩能够浑然一体,被建筑师称为带有"加州风味"。花岗岩不再是唯一的选择,这栋钢筋混凝土楼是由灰泥覆面的。由艾克勃·罗伊斯顿和威廉姆斯为该楼做的景观设计包括德文奈尔广场、通向惠勒厅(Wheeler Hall)的铺砌而成的前院、萨瑟路(Sather Road)沿途隐蔽的长椅及重新修整的萨瑟桥(Sather Bridge)。

德文奈尔厅的北面坐落着伯克利第一任名誉校长克拉克·科尔(Clark Kerr)以及后来的名誉校长格伦·希伯格(Glenn T. Seaborg)、爱德华·W·斯特朗(Edward W. Strong)、马丁·迈耶森(Martin Meyerson)及罗杰·W·海恩斯(Roger W. Heyns)的办公室,他们于 1970 年迁至加州厅。1993 年,北面办公区的内部天井以加州美国土著组成的雅希(Yahi)部落的最后一名成员艾希(Ishi)的名字命名,他由人类学教授阿尔弗雷德·克勒伯(Alfred Kroeber)于 1911 年迁至位于旧金山的伯克利人类学博物馆,其目的是为了便于研究雅希部落的语言和文化。由西蒙·马丁—维格·温克尔斯坦·莫里斯事务所于 1998 年为德文奈尔设计的增建工程在没有扩大其占用空间的情况下把该楼的使用面积扩大了 20%。这项由加州投资 1000 万美元的工程给北面的办公区、毕业指导调查区增加了两层与之协调的建筑,把南面楼群的阁楼改为办公室。

10. 惠勒厅

约翰·嘉伦·霍华德(John Galen Howard),1915～1917;德马斯和威尔斯(DeMars and Wells),礼堂改建,1973;汉森、村上、绘岛,抗震改建,1988～1989

1915 年 6 月董事会把他们的新教室和人类学大楼命名为本杰明·艾德·惠勒厅(Benjamin Ide Wheeler Hall),打破了不以在世之人的名字命名的传统。这是给予校长的一份特殊赠礼,那时正值他作为学校行政领导第 16 个叱咤风云的年头。“在这座庄严的大楼里”,惠勒在后来的联合国宪章日(Charter Day)举办的奠基典礼上说,“每一代人都将把过去的经验教训传递给他们的后继者……老石头,现在请各就各位。担负起你们多年来的重

惠勒厅

担吧。”

阿波罗像(惠勒厅)

这座雄伟的大楼是霍华德设计的古典楼群中心的第四座,它有一个朝南的主入口，标志着校园方位从西面向南面的转变。它位于多伊楼的南侧，这里原本是为图书馆副楼预备的，而人类学大楼原来是打算建在北楼和南楼(North and South Halls)东侧的两栋建筑。它满足了师生急需教室、大型礼堂和办公室的渴望,这一需求是由学校扩招和原先的北楼拆除等状况所引发的,自从1907年西面的多伊楼破土动工后,原来的北楼就成了火灾的隐患之地。

这座新古典风格的建筑于1914年由州债券赞助，包括四层大楼和一个几近方形的地下室。周边的教室和办公室围绕着中央的核心区域,核心区原来打算设计成一个内庭,但是上面的三层都被迫切需要投入使用的礼堂占用了。法国巴洛克风格的外层面层次分明,这一特征在其南面结构上表现得淋漓尽致。第一层楼是粗面石工风格的地基，有7个拱形入口通往礼堂大厅，每一入口的尽头又通向走廊。再往上,中央的6根爱奥尼亚式的柱子有两层楼的高度,每根柱子顶端的壁柱状楼梯井上都装有拱窗,上面雕刻着阿波罗的头像,代表着真理之光。在阁楼部分,下方的石柱廊带着寓言的韵味,正如霍华德所描述的,6个“瓮状的照明灯光耀璀璨,象征着知识的亮光。这些灯由羊头装饰,象征着生殖的力量,而花环则象征着智慧的花朵”。

惠勒厅丰富斑斓的立面在阳光下灼灼发亮,是霍华德所设计的古典楼群中最引人注目的地方,它正好位于萨瑟门的里面,北临杜兰特厅、加州厅、多伊纪念图书馆,东临钟楼。尽管花岗岩开采者于1915年举行了游行,一度迫使董事会考虑以水泥饰面的混凝土取代花岗岩,但由雷蒙德设计的包裹在建筑钢架外层的花岗岩,与临近的霍华德设计的楼群还是显得异常匹配。必须从东海岸经船只输送钢筋的渠道也引起人们的担忧,因为“一战”期间巴拿马运河(Panama Canal)被封锁了。改道从麦哲伦海峡(Straits of Magellan)运送了一次后,董事会最终下令通过铁路运输。

礼堂的大厅带有交叉拱顶,通过入口拱门的扇形窗采光。最初拥有 1 000 个座位的礼堂中央设有天窗并带有八边形密闭板和莲座装饰构成的木雕天花板。但是到了 1969 年 1 月的某个晚上,它被一场大火毁损,虽然大家怀疑有人故意纵火,但并无实据。在此之前,除了作为该楼主要的礼堂,它还是学生用来集会和演出的场所,当时还是一名学生的演员格里高利·派克(Gregory Peck)就是在这里出演了他平生的第一个角色——剧本于 1939 年根据尤金·奥尼尔(Eugene O'Neill)的《安娜·克里斯蒂》(*Anna Christie*)改编而成。一位曾在那里授课的教授这样表达了大家对那场火灾的惋惜:"那个大厅对我来说几乎带有神圣的意味——我花了整整两天才从它被人恶意破坏的失落中恢复过来。"尽管大厅在外观上令人愉悦,但它却有几个不够实用的缺点。霍华德主要将它设计成举办讲座的场所,所以舞台上十分有限的设备使得这里很难举办演出。与霍华德在加州厅设计的大型讲演厅相比,这里的音响效果和视觉效果都不尽人意。由建筑师弗农·德马斯(Vernon DeMars)和约翰·威尔斯(John Wells)于 1973 年进行了重新设计,把座位减少到 800 个,但提升了其在通风、照明和演出等方面的条件。

大厅(惠勒厅)

1917 年 5 月的毕业典礼上，惠勒厅的落成仪式成为学校历史上一次具有里程碑意义的纪念活动，因为它的落成标志着北楼的寿终正寝，后者很快被拆除了（除了它的混凝土地下室之外，这个地下室一直使用到了 1931 年）。比起原先的木制旧楼，惠勒厅可以容纳 3 倍多的学生和 4 倍的教师，同时还设有学生活动中心和集会场所。校友的朝圣之旅从教工空地(Faculty Glade)出发至旧楼结束，在那里举办了告别活动，随后还举行了把“学子的传统之家移至惠勒厅”的仪式。虽然真正的学生活动中心直到 1923 年斯蒂芬厅的落成才得以实现，惠勒厅前撒满阳光的台阶却很快取代了原先北楼前的阶梯，成为学子的一大去处。依照传统的习俗，男生们把西面据为自己的地盘，而女生们则聚集在东角、原先的惠勒橡树下，这一绿荫葱葱的地方是在校长惠勒的要求下才为她们保留的。“北楼台阶前见”，逐渐变成了“橡树下见”。现在的橡树(1951 年栽种)旁的人行道上的一块纪念匾纪念着原来的橡树，后者于 1824 年就有记载但 1934 年的时候因病枯死。

惠勒厅名列国家史迹名录，在伯克利校园里享有加州历史名迹的称号，它位列国家历史资源名录，是伯克利城地标建筑。

11. 斯蒂芬厅、摩西厅以及1925级庭院

斯蒂芬厅(Stephens Hall)　约翰·嘉伦·霍华德，1923；乔治·W·凯尔海姆，改建，1936；杰尔马诺·米卢诺(Germano Milono)，内部改造，1964

摩西厅(Moses Hall)　乔治·W·凯尔海姆，1931；杰尔马诺·米卢诺，内部改造，1965～1967

1925 级庭院　乔治·W·凯尔海姆，1931；乔安娜·考夫曼(Joanna Kaufman)，校园景观建筑师，景观设计，1982

校长惠勒在 1900 年 11 月向加州州长做的第一次汇报中，优先描述了“即将成为师生和校友日常社交中心的校友厅”。惠勒展望了一幅模仿宾夕法尼亚大学(University of Pennsylvania)里的休斯敦楼(Houston Hall，1895)的画卷，该楼是全美首个学生会基地，它的设计方案经比赛产生，由当时还是学生的威廉·海斯(William C. Hays)和小梅达里(M.B. Medary, Jr.)摘得桂

斯蒂芬厅

冠，后来他们还被任命为工程的助理建筑师（巧合的是，海斯后来成为约翰·嘉伦·霍华德的初级合伙人以及伯克利建筑系的教授；他设计了贾亚尼尼厅，并且为多伊纪念图书馆和其他的伯克利校园建筑也出了一份力）。如同那座建筑一样，伯克利的大楼将仿照学生俱乐部的构造，设置休息厅、台球室、用餐设施、商店、学生联合会办公室、组织机构及校园出版社，它还被看作师生见面会晤和校友返校参观的场所。

自从 1873 年，一些活动选择在北楼的混凝土地下室举办，与大学候补军官的兵工厂共享一地。1917 年北楼的上面三层拆除后，地下室仍然继续使用，此时大家已经开始为建立一个真正的学生会基地而筹备资金，“一个普普通通的学生集会地点，在那里，民主精神能够茁壮成长”。1919 年备受师生校友尊敬的历史教授亨利·摩西·斯蒂芬(Henry Morse Stephens)意外过世，这一事件更加激发了工程的建设热情。斯蒂芬出生于苏格兰但在英国接受教育，他在牛津大学取得学位后即执教于此，后来还曾任教于剑桥大学。他于 1894 年转到康奈尔大学(Cornell University)后，成为惠勒的挚友和同事，后者于 1902 年邀请他进入了伯克利。在他任职期间，斯蒂芬为班克罗夫特图书馆的建立做出过重大贡献，同时他还是学生自治和名誉团体的坚定支

拱顶的走廊(斯蒂芬厅)

持者。在斯蒂芬去世后不久,惠勒在他任校长的最后一届毕业典礼上,把他的老友称为"激发年轻人开发自我潜能的不可多得的天才"。那些年轻的男男女女、师生校友们还决意成立斯蒂芬纪念馆(Stephens Memorial Union)。他们为此捐款将近22.5万美元，连同从学生联合会募得的17.5万美元,使得这一夙愿变为现实。

为了替斯蒂芬纪念馆选择合适的地点，霍华德遍寻了如今瓦利生物科学楼(Valley Life Sciences Building)以南的不少地方。最终的选址与他1914年的方案不同，原先的方案旨在保留从钟楼到草莓溪以南的运动场之间的开放式轴线。然而,如今把足球场放到草莓溪口的决定改变了这一布局,或许还影响到纪念馆的位置。

霍华德为该楼选择了都铎式或学院派哥特式风格，这样的风格也许可以把斯蒂芬与牛津和剑桥联系起来。这座混凝土建造的大楼以八角楼、凸窗和分组的烟囱著称。它的女儿墙起初带有装饰性的四叶饰和其他的装饰图案,但由乔治·凯尔海姆于1936年负责的结构改造中,原先的女儿墙被改为实体墙。这是霍华德为校园留下的永久性建筑中背离古典或美艺主题的唯一特例。但是他恰当地运用了这一风格,让随意的设计从上层的入口一直延续到蜿蜒的小溪和教工空地。他把这里分成两翼,由贯穿整座建筑的拱廊连接。这条拱廊有三个肋架拱顶，穿过南部的楼梯和横跨小溪的1923级桥(the Class of 1923 Bridge)通往教工空地的正门。

稍大些的五层西翼起初包含位于地下室和夹层楼之间的学生合作商店(the Student Cooperative Store)，现在这片区域已经划归种族学图书馆(Ethnic Studies Library)以及国际地区学教学项目(the International and Area Studies Teaching Program)。商店面朝通向西部的院子和通向东部的小桥,在那里有一个八角亭形状的“墨水井”(Ink Well)向外源源不断地输送墨水,这一景象已经持续了30年。上面的楼层如今用作学术研究中心,过去是男子俱乐部和“酒吧间”。从这里俯瞰小溪和空地的隐蔽露台当年曾是学生钟爱的聚会场所。带有小露台的楼上以前是女子俱乐部,现在用作学术教务办公室(Academic Senate office)和研究中心。稍小些的东翼起初被当作售卖赛票、出版图书、举办学生活动以及校友集会的场所,如今这里被各种各样的研究中心取而代之。

楼上的中心塔里即是斯蒂芬纪念馆，这里的内部设计是霍华德的杰作之一。它起初的装饰风格是为了配合某些特殊场合之需，但现在被用作美国大学优等生荣誉协会（Phi Beta Kappa）和研究生休息室（Graduate Lounge）。这个双层的空间仿照牛津大学的休息室而建，每层的尽头通过凸窗采光，与钟楼的南北轴线遥相呼应——这是霍华德为美艺建筑群和随意的溪边建筑设计的绝妙过渡。该纪念馆拥有一个步入式壁炉，壁炉的底部和周围铺着黑色的大理石，这是1921级学生赠送给母校的礼物。壁炉由熟铁的龙头柴架和枝状大烛台装饰而成。壁炉上面是斯蒂芬的肖像油画，它的橡木框与房间东西两侧的橡木壁板浑然一体。雕花的柯林斯式壁柱和莲座装点着壁板，这里也可以作为内阁使用。壁炉对面是雕刻精细的橡木楣构，由巨大的柯林斯式壁柱支撑，其侧门起初通向旁边镶着嵌板的学生会议室。房间里处处皆是色彩绚丽的木制装饰，还有一对黄铜的枝形吊灯。

橡木装饰（斯蒂芬纪念馆）

斯蒂芬纪念馆于1923年2月开放，3月的某日下午还举行了庄严的落成仪式，州长朋友理查德森（W.Richardson）和由州议会组成的600人的代表团出席了此次活动。1962年国王学生会（King Student Union）成立之前，这里一直是学生会的活动中心，国王学生会成立的第二年这里即更名为亨利·摩斯·斯蒂芬厅。

斯蒂芬厅名列国家历史资源名录。

摩西厅

摩西厅——最初叫埃什尔曼厅（Eshleman Hall）——是斯蒂芬厅的姊妹楼，主要供散落在各处的学生出版社使用。其中包括报纸《每日加州人》（*The*

摩西厅

Daily Californian)、《蓝金年鉴》(*The Blue and Gold*)、幽默杂志《佩利肯》(*Pelican*)、文学杂志《西方》(*Occident*)、《加州工程师》(*California Engineer*)以及学生联合记者站(the Associated Students' News Bureau)。这些活动使得整幢大楼洋溢着编辑、记者、广告经理和销售人员带来的新闻热情。与此同时还有学生联合乐队(the Associated Students' Band)、喜悦俱乐部(Glee Club)、高音谱号(Treble Clef)、小剧院(Little Theatre)以及辩论(Debating)带来的活跃气氛,它们在大楼里也享有一席之地。正如1943年版的《蓝金年鉴》所挖苦的那样:"住在埃什尔曼厅的人为了排练或是赶上最后期限可以整晚不睡,他们每天都在忙着大事,只偶尔去上上课。"

摩西厅由学生联合会和州政府拨款修建,为了纪念校友约翰·莫顿·埃什尔曼(John Morton Eshleman,1876～1916),该楼最初以他的名字命名。埃什尔

1925 级庭院

曼曾任学生会主席(1901～1902)和评议员(1915～1916),担任过州立法者、铁路委员会主席和副州长(1915～1916)。1963 年,在学生中心(the Student Center)的学生办公楼即新的埃什尔曼厅竣工之前,这座建筑被重新命名为伯纳德·摩西厅(Bernard Moses),为的是纪念历史政治学教授伯纳德·摩西,他被看作加州大学的社会科学之父。大楼的重命名反映出它在用途上的变迁,以前它是公共管理处,如今是政府研究机构(the Institute of Governmental Studies,简称为 IGS)和劳资关系机构(the Institute of Industrial Relations)。今天,IGS 和其他的机构项目连同哲学系一道共同享有该楼的使用权。

乔治·凯尔海姆把该楼放置在草莓溪和南大街(South Drive)之间,和横贯中央天井的斯蒂芬厅一起组成双楼的学生中心。这个天井——可以被称作“斯蒂芬联合院”(Stephen Union Court)或“埃什尔曼院”(Eshleman Court)——成为校园里的社交十字路,是学生杂志、舞会邀请、戏票出售、选举投票和特别拍卖的场所,堪称“小贩市场”(market place of hawkers)。1925 级学生曾在 60 年前捐款修建庭院里的台阶，以使它的景致得到改观，后来它于 1984 年被正式命名为 1925 级的庭院。

摩西厅在规划中被大致设计成 L 形，三层的东翼在中央的入口塔处与下沉的西翼相连。为了与斯蒂芬厅保持和谐一致,凯尔海姆采用了与之协调的都铎式或学院派哥特式风格，只在细节处有所不同。 他以雉堞女儿墙为入口塔和八角塔增加高度,在边翼的角塔上嵌入几何状的菱形装饰,为整座建筑增加了一分摩登的感觉。与霍华德为斯蒂芬厅设计的圆拱不同,凯尔海姆在入口处选择了稍带棱角的都铎式拱门。斯蒂芬厅主要以水泥抹面,而凯尔海姆则让水平模板的粗糙肌理暴露在外。这是他所设计的校园建筑的典型特征,此外它们还往往带有就地浇铸的精巧细节。入口的拱门上方就是一个例子，学校标志两侧的护板上带有印刷机的图样，代表着该楼原先的主人。上方的拱门和窗户也是采用了同样的方法。

虽然摩西厅内部的大部分装饰已经被重新修整了，一些著名的区域还是保存着旧貌。都铎式拱门贯穿了二楼的入口和三楼的凉廊,这里用天窗采光,还有以四叶饰装点的实体混凝土栏杆。三楼东北角处的小型礼堂已经改为研究生休息室和小型办公室，但是它的木制地板和木制舞台仍然原封未

豪伊森哲学图书馆(摩西厅,以前的埃什尔曼公共纪念图书馆)

动。大楼北侧的外墙即舞台墙壁的所在位置缺少门窗就是这个原因。

最为绝妙的地方——凯尔海姆著名的内部设计之一——是在三楼东南角的过去的埃什尔曼公共纪念图书馆 (Eshleman Memorial Publications Library)。如今这里变成了豪伊森哲学图书馆(Howison Philosophy Library),包括一个主阅览室,阅览室一侧附有开放式的夹层书架。该阅览室模仿了斯蒂芬纪念馆的构造,高达两层并带有凸窗,这样一来就形成了与斯蒂芬厅外部相似的凸肚窗。与斯蒂芬厅的房间一样,这里也有一个巨大的壁炉,壁炉以白色大理石制成,以橡木为框,壁柱上刻有叶饰柱头。刻有叶饰梁托上的拱形梁支撑着斜坡屋顶,从那里悬挂起三盏巨大的青铜枝形吊灯。带有灰泥叶饰雕带的柱子支撑起夹层一侧的梁托。从每端的小型楼梯口都可以进入开放的夹层书架,这一点很像莫里森图书馆和多伊纪念图书馆的微缩版。

漫步路线二

中央校园东北侧和北侧

12　吉尔曼厅、刘易斯厅和陈氏楼

13　勒康特厅

14　赫斯特纪念矿业楼、罗森坑道和矿业圈

15　伊万斯楼和杜纳实验室

16　贝克特尔工程中心

17　麦克劳林厅和赫赛厅

18　北门厅、海军建筑大楼、1954级毕业生大门和天文台山

19　奠基者之石

20　古德曼公共政策学院和克洛因庭院

21　索达厅

22　欧几里德大道社区和“圣山”

狮子雕塑(埃德蒙德·舒尔茨·贝克曼,近麦克劳林厅)

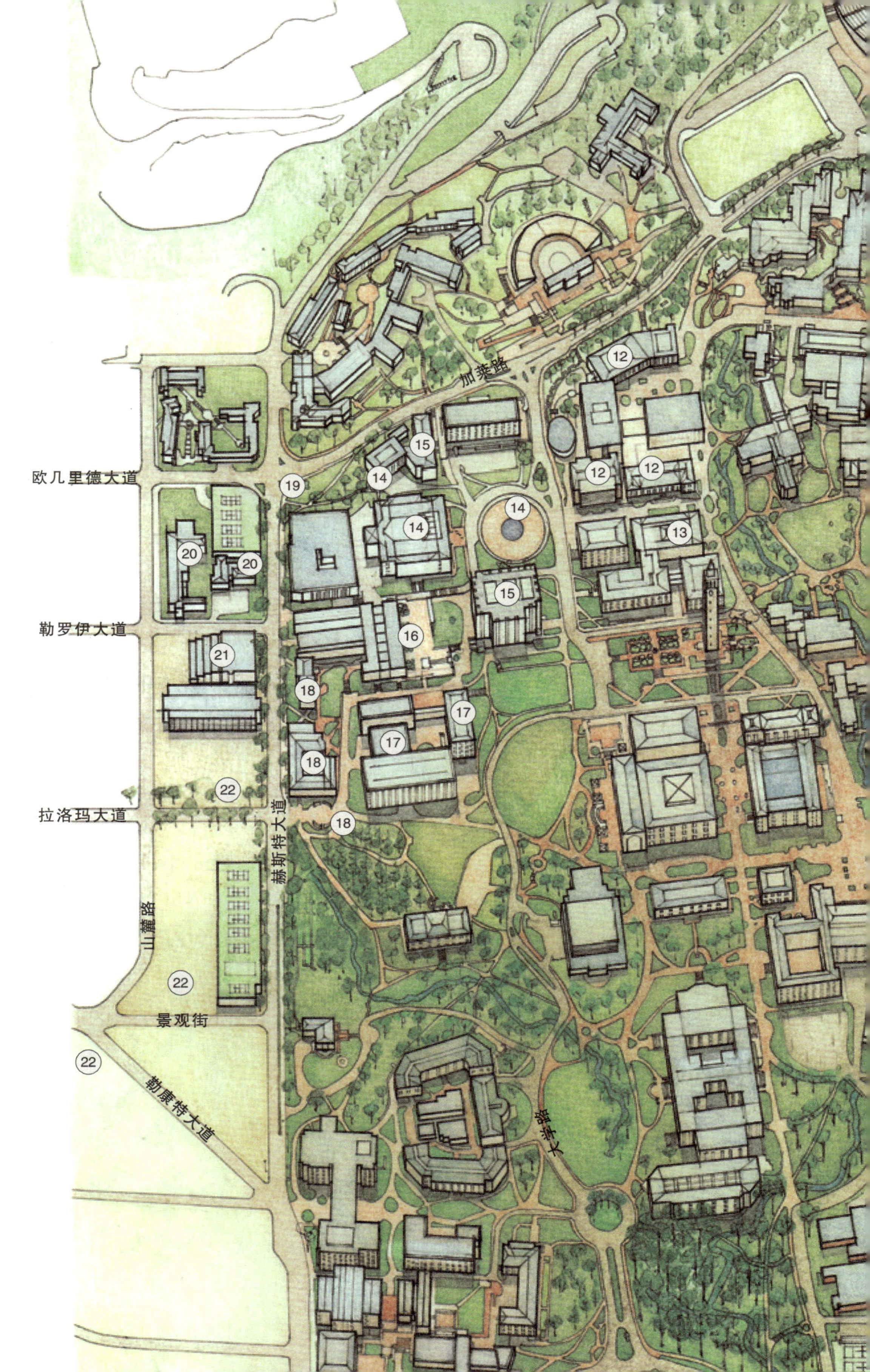

加莱路
欧几里德大道
勒罗伊大道
拉洛玛大道
赫斯特大道
山麓路
景观街
勒康特大道
大学路
12
13
14
15
16
17
18
19
20
21
22

由安申和艾伦建筑事务所(Anshen and Allen)设计的广场式复合建筑群由三栋大楼组成，即化学系的拉蒂默厅（1960～1963)、希尔德布兰德厅(1963～1966)及椭圆形演讲厅皮蒙特尔厅(1963～1964)。这一复合建筑群取代了曾见证过早期自然科学发展史的拥挤狭隘的老物理楼和化学楼。作为那个时代的一个丰碑式纪念物,克林顿·戴(Clinton Day)设计的化学楼(1891)中的木制穹顶是唯一得以留存下来的结构。这个穹顶被安置在吉尔曼厅和希尔德布兰德厅之间的广场之上。穹顶结构下广受赞誉的L形砖结构大楼为荷兰—哥特式风格(Dutch-Gothic),采用阶梯式山墙、双弯曲线屋顶和装饰性的砖结构扶壁、梁托和檐口结构。扩建在戴的化学楼之旁的是霍

老化学楼(1905)

华德设计的混凝土结构的化学礼堂(1913)。同样未能避免被拆除命运的还有那座老放射实验室(弗莱德里克·赫赛 1885 年设计建造;霍华德 1911 年进行扩建)。这是一栋木框架小楼,建成之初被作为金工实验室(1885～1907),随后又被用作土木工程测试实验室(1907～1931),直到最后一番改造后用来放置 37 英寸高的粒子回旋加速器,供劳伦斯在此开展先驱性的研究工作。另外一座被拆除的是霍华德设计的三层结构的木制实验室小楼——化学楼附楼(1915)。楼内源自化学教学实验室的各种有毒气体只能通过窗户这唯一的通风设施排出楼外,因此,楼里的研究生们亲切地将其称作"老鼠屋"。曾坐落于皮蒙特尔厅所在位置的则是放置劳伦斯那座高 60 英寸粒子回旋加速器的克罗克放射实验室(乔治·凯尔海姆设计,1937)和由霍华德设计的混凝土结构的一年级化学实验室(1915)。

穿过空地对面的坎贝尔厅(双沃耐克建筑事务所,1957～1959)是首座被扣上"麦克劳林式帽子"的现代方正建筑。时任校园规划委员会主席的董事唐纳德·麦克劳林为避免平顶的方正建筑外观,同时为保证新建筑能更好地与早期校园建筑融为一体,曾大力推行红瓦屋顶。"麦克劳林式帽子"的称谓便源于此。麦克劳林的想法虽然值得赞扬,但是在简约的方正建筑之上安置这样一顶"帽子",按照建筑评论家阿兰·提姆科(Allan Temko)的话说,就仿佛是"在新古典主义风格的纪念碑上采用夸张的修饰手法"了。尖顶方正建筑风格还将会延续至 1964 年建成的勒康特厅西侧的伯格厅(双沃耐克建筑事务所建造)和校园西北侧的贝克尔厅(伍斯特、伯纳迫和埃默斯建筑事务所建造)。不管怎样,麦克劳林对坎贝尔厅建筑外观的考虑是可以理解的,因为这座建筑坐落于矿业圈的南侧边缘这一显要位置,标志着化学群楼和物理群楼之间的南北步行区之所在。为了清理出这块区域,位于步行区北端校园中历史最悠久的建筑之一——四层高的砖石结构矿业和金工大楼(阿尔弗雷德·贝内特设计,1879,后期更名为土木工程大楼和人类学博物馆)也被拆除。

矿业、原子科学与“方舟楼”

本游览路线丰富多彩，涵盖了两个学术专用区——数学和物理科学及工程和地球科学，整个路线充满了令世人觉醒的重大科学发现、菲比·阿佩尔森·赫斯特的善心善行和约翰·嘉伦·霍华德所创造的传奇。

正是在这里，厄内斯特·劳伦斯(Ernest O. Lawrence)于1929年在勒康特厅发明了第一台粒子回旋加速器，开启了原子时代的新纪元。1941年，在旁边的吉尔曼厅中，科学家格林·西博格(Glenn T. Seaborg)和埃德温·麦克米兰(Edwin M. McMillan)共同发现了世界上第一个同位素——钚238。1942年，同样是在勒康特厅，在罗伯特·奥本海默(J. Robert Oppenheimer)领导下的理论物理研究组成功发现了原子弹的工作原理。置身于这两座外形相似的经典又朴实的建筑之间，游客们便不由自主地会联想到它们在自然科学史和世界发展中的崇高地位。

19世纪时，第一批为化学系和工程系而建造的大楼在这片校方指定的学术区域里开创了独特风格，并对后期的规划产生了深远影响。如今，这里已发展成为风格多样、兼收并蓄的建筑群落——有美艺风格建筑、新古典主义建筑、现代主义建筑和后现代主义建筑等，多变的风格体现了这片区域在整个20世纪中的发展和变迁。

化学群楼北面的赫斯特纪念矿业楼是霍华德所规划的美艺建筑群中最早建成的一座。这座楼屹立在整片区域的中心，是学校最可宝贵的历史财富之一。矿业楼及其前面的矿业圈是赫斯特规划中存留下来为数不多的建筑之一。而该规划中所定下的校园中央主轴线则非常不幸地被加登纳·戴利于20世纪60年代晚期所设计的野兽派高层建筑——伊万斯楼所阻挡。而斯坦利厅(米歇尔·古登曼设计，1950～1952)则只能称得上是对霍华德早期设想的中央轴线最前端那座穹顶大礼堂的一个不称职的替代品。但是，校方正在规划新建一栋分子工程学复合楼(齐默尔·刚索尔·弗拉斯卡设计)代替斯坦利厅，这一规划或许能够给在它所占据的位于矿业圈东侧的土地带来重获新生的契机。

中央校园的北侧边缘上坐落着由霍华德设计的两座风格迥异的建筑，多位旧金山海湾地区的建筑师们都曾在这里接受过教育，他们中许多人后来或进入学校任教，或承担校园建筑的设计工作。外墙覆有木瓦的北门厅(最初被称为建筑大楼或“方舟楼”)初步建成于 1906 年，其内是霍华德本人所在的建筑系和他担任赫斯特规划的监理工程师时的办公室。其旁那座海军建筑大楼(最初称为绘图大楼)于 8 年之后正式建成。和北门厅一样，它也是一座为改善校园建筑不够而建造的一座临时建筑。

这片区域对于与建筑师伯纳德·梅贝克和阿尔梅里克·考克斯海德(Almeric Coxhead)一样居住在北区(过去称为“北门”)的霍华德来说，无疑是非常的便利。这片区域还吸引了多位艺术家和知识分子入住。著名诗人和博物学家查尔斯·凯勒(Charles Keeler)就居住在这里。凯勒极力赞同美国工艺美术运动的主导原则，并通过使用自然材料、构建与伯克利丘陵和谐共存的建筑身体力行着这一原则。他所持的民居设计理念深受梅贝克简朴的家园风格影响，随着 1898 年山麓俱乐部(Hillside Club)的建成，他更加坚定了自己的理念，并于 1904 年出版了《简朴的家园》一书。到 20 世纪 20 年代时，校园北区已经从早先的维多利亚晚期风格社区完全转变成为在凯勒建筑理念影响下建成的居住区。这些住宅建筑由一流的海湾地区建筑师设计，采用棕色木瓦、烧制方砖，为整个社区带来了独一无二的风格；同时这些建筑在被称作“第一海湾传统”的建筑风格的形成过程中，也起到了举足轻重的作用。

然而，在 1923 年 9 月 17 日的那个燥热的下午，一场由野猫峡谷燃起的野火在大风的助势下肆虐了整个社区。短短几个小时里，近 600 栋大楼被烧毁，包括霍华德、梅贝克、茱莉亚·摩根、厄内斯特·考克斯海德和约翰·哈德森·托马斯等大师设计的房舍在内。大火几乎蔓延到校园边缘时方才被扑灭，那个时代建成的建筑也所剩无几了。幸免于难的建筑包括这个区域的两座标志性建筑，即霍华德设计的位于山麓路 2600 号的木瓦覆盖的克洛因庭院(1904)和由厄内斯特·考克斯海德设计的位于赫斯特大道 2607 号的英国都铎风格的兄弟会屋(初步建成于 1893 年，如今为古德曼公共政策学院)。

同样被挽救下来的还有位于克洛因庭院对面勒罗伊大道 1777 号的厄

内斯特·考克斯海德设计的那座“艾伦奥克庄园”。这座采用烧结砖材料建造的庄园建成于 1903 年，它曾是机械工程学教授罗伯特·希伯来及妻子卡萝尔·希伯来(Carol and Robert Sibley)温暖的家。罗伯特·希伯来曾担任加利福尼亚校友联盟的主任,同时他还是东旧金山湾地区停车系统的创建者之一。旁边不远处有一座弗莱芒式烧结砖材质房屋，这座房屋由第一海湾传统建筑风格(参见漫步路线四)的引领者阿尔伯特·施威因富(Albert C. Schweinfurth)于 1896 年设计。这座最初坐落在勒罗伊大道 1755 号名为“威尔太兰登(Weltevreden)屋”的房子如今被称为“特勒福森厅(Tellefsen Hall)”。自 20 世纪 60 年代中期,这里就被用作加州大学行进乐队成员的居所。另外幸免的建筑还有位于勒罗伊大道 1772 号的小屋。它建成于 1907 年,是梅贝克为摄影师奥斯卡·毛勒(Oscar Maurer)设计的工作室。

梅贝克在这座工作室中所采用的粉饰灰浆材料和屋顶处理手法在那个时代可谓是尖端潮流，对大火后周边建筑重建时的设计也产生了深远的影响。随着后期学校规模的迅速扩大,多座大型的灰浆外墙的公寓雨后春笋般在附近区域拔地而起,正如位于“圣山”之上欧几里德大道西侧联合神学研究院的那些密集的楼群一样。

学校于 20 世纪 50、60 年代获得了赫斯特大道沿街地区的所有权,并对区域内的建筑进行扩建。1964 年,六层高的新野兽派混凝土结构建筑埃切维里厅(斯凯迪莫、欧文斯和梅里尔建筑师事务所设计建造)的建成,标志着工程学院开始向校园北区扩张。在随后十年中,又有两座顶层为网球场的多层式混凝土结构停车专用楼(安申和艾伦建筑事务所设计建造)建成。20 世纪 90 年代,计算机科学系的索达厅(爱德华德·拉勒毕·巴恩斯与安申和艾伦建筑事务所合作设计建造)则在埃切维里楼与勒罗伊路之间的空地之上建成。

12. 吉尔曼厅、刘易斯厅和陈氏楼

吉尔曼厅(Gilman Hall) 约翰·嘉伦·霍华德,1916～1917;安申和艾伦建筑事务所,内部结构改造,1963

刘易斯厅(Lewis Hall) 杰弗里·班斯(E. Geoffrey Bangs),1946～1948

陈氏楼(Tan Hall) 斯通、马拉奇尼和佩特森建筑事务所,1992～1996

吉尔曼厅

作为在系主任吉尔伯特·刘易斯(Gilbert N. Lewis)监管下建成的“高规格新式防火化学实验室”，人们对吉尔曼厅用途的最初设想是在此开展化学研究，以支持资源丰富的西部地区的工业发展。“有了加州蕴藏的巨大的高山水力资源和廉价的燃料，”学校曾这样说过，“有了无数种原材料的大型供应商店，再加上近在咫尺的海路出口途径，在这里发展化学制造业有着不可限量的光明前景。”第一次世界大战也使得美国制造商更加意识到将科学研究转化为工业生产力的重要性，而德国人在战前就已经开始雇佣顶尖化学家了。在1914年州债券资助下建成的这栋楼以学校第二任校长丹尼尔·科伊特·吉尔曼(Daniel Coit Gilman，1872～1875年在任)的名字命名。正是在吉尔曼的提议和推动下，州立法会于1872年正式批准学校成立化学院。

约翰·嘉伦·霍华德将这栋楼规划为对大型美艺建筑群的第一次增建(作为西侧厅)。他将建筑设计为两个内部庭院，整体呈“8”字形。出于这一考虑，在最初设计时，吉尔曼厅朝向其中一个内部庭院的东侧外墙上鲜有建筑装饰，而且外观采用混凝土涂覆；而更为公众化的西侧、北侧和南侧外墙则采用花岗岩材质，以便与赫斯特规划中建成的所有永久性建筑达到相同标准。然而，由于债券资金被均分到四项建筑工程中，校董事们不得不采取折中之策，在吉尔曼厅整体使用混凝土材料，取代原计划中昂贵的花岗岩建材。这一决定意味着工程的质量将大打折扣，对于这个艰难决定，校董事们也踌躇良久。霍华德曾申辩道，吉尔曼厅建成后将成为中央轴线上正对北侧校园的主要建筑之一，因此购买花岗岩材料的那部分投入其实是完全合理的。大楼位于校园大门附近的学院大道，当时这里曾被认为是一个主要的永久性入口。此外，霍华德还曾预言道，这栋楼“将成为全国乃至全世界同类实验室中最精良的，而且将广为人知”。然而，是选择使用优质的建材(将建筑规模进行适当缩减)，还是选择达到系主任刘易斯所要求的所有空间这两个方案中，校董事们在经过一番权衡后，选择了后者，随后批示霍华德使用便宜的混凝土材料和灰浆粉饰完成建筑工程。

吉尔曼厅坐落于如今勒康特厅所在的木制东大厅(1898)和东面的砖结构化学大楼(1891 年建，1913 年霍华德又在其后增建了一座礼堂)之间，这都是由克林顿·戴设计的。这一选址与霍华德的 1914 修订版赫斯特规划大致相符。此前人们曾期待当老化学楼废弃后，最终的吉尔曼厅将会向东侧延伸一些。在这两座较早建成的建筑之间、吉尔曼厅的轮廓之下，圆形的“化学池塘”曾在这里随风荡起涟漪。早期，这里曾是学生们嬉闹戏水的地方。

吉尔曼厅是一座古典主义风格的三层建筑，其上为红色半圆形截面瓦屋顶。带有山墙屋顶结构的两座边厅位于中央厅的南、北两侧，中央大厅外墙上有 9 座凸台结构，一排爱奥尼亚附壁石柱构成了凸台结构的边界轮廓，石柱之下的柱基由粗石基座分隔而成。中央大门门框周围采用古典主义模塑装饰，入口之上装着一座顶罩，其下由数座三角托架支撑。1923 年建成的勒康特厅所采用的正门立面设计与上述设计虽非完全一致，但却非常神似，因此吉尔曼厅的外墙结构也随之成为这一对建筑结构的东侧部分。

霍华德所预言的吉尔曼厅“必将为众人所知”可谓非常有预见性。在这片创造了灿烂的美国科技文明的校园里，这座建筑可谓坐落在一块古老神圣的土地上。除了曾推动化学热力学和分子结构研究取得长足进步的工作外，在这里开展的研究还获得了两次诺贝尔奖的肯定。威廉·吉奥克(William F. Giauque)因其在极低温领域的杰出贡献而获得这一殊荣。而对于原子时代意义更为重大的突破性发现却是在三楼一间狭小的实验室中完成的。取得此项突破性成果的主要科学家之一格林·西伯格在 1985 年的《纽约时报》发表文章回忆道：

> 在1941年2月23日那个狂风暴雨的晚上，由阿特·韦尔(Art Wahl)完成的氧化反应证明了我们所合成的物质在化学结构上不同于现存的任何已知元素。此举首次实现了化学家们完成大规模嬗变的梦想，在人类历史上首次人工合成了化学元素。

上述实验，以及对于这一原子序数为94号的元素的首次认定都发生在吉尔曼厅307室。该元素即为钚238。

因为这一发现，西伯格和共同发现者埃德温·麦克米兰分享了1951年的诺贝尔化学奖。该发现也使得研制原子爆炸和核能反应器更具可行性。

吉尔曼厅作为国家历史性地标建筑，被加州历史资源索引收录，同时它也是伯克利城的地标性建筑。

刘易斯厅

刘易斯厅是战后州政府出资的建筑项目中首个动工的工程，也是学校在那个时间段内开展的最大规模的建设工程。大楼以化学系教授、化学院院长吉尔伯特·纽顿·刘易斯(Gilbert Newton Lewis，1912～1941年在任)的名字命名。此外，刘易斯还因其所[illegible]子理论、化学热力学和同位素分离等领域的研究而广为人知。

为了使刘易斯厅的建筑有空间，同时保证克林顿·戴设计的老化学楼能够继续使用，校方对加莱路进行了改造，将其从原来与学院路交汇处向东改道200英尺至如今与皮埃蒙特大道相对的位置。随后，这栋楼被挤进了这片

刘易斯厅

空间，东邻加莱路下方的护堤，西邻老化学楼及其附楼。它为化学学院提供了 22 个额外的研究与教学实验室、数间办公室以及一个可容纳 350 人的演讲厅。

旧金山建筑师杰弗里·邦斯(E. Geobery Bands)毕业于霍华德时期的建筑学院，当吉尔曼厅、希尔加德厅和惠勒厅以及多伊纪念图书馆二期工程正在设计时，他在霍华德办公室担任绘图设计师的职务。对校园经典设计元素了若指掌的邦斯将刘易斯厅设计成为条带状的新古典主义风格，正如接受美艺学派正统教育的小亚瑟·布朗在 20 世纪 40 年代设计的那些校园建筑一样。

刘易斯厅是水泥灰浆混凝土材料的钢框架大楼，由一座四层高的实验室侧厅和另外一座演讲厅组成。实验室侧厅与加莱路平行；演讲厅则与前者互成角度，而与物理化学群楼的建筑相对齐。大楼采用仿隅石砌和条纹粗石装饰，东侧入口采用拱形造型，栏杆为[illegible]主义风格，红瓦四坡屋顶之下简朴的檐口则引入了齿状装饰的手法。

陈氏楼

自 1966 年希尔德布兰德厅落成后，陈氏楼首次为化学院提供新的空间。在 30 年里，生物物理、人工合成和激光化学等学科新方向以及化学工程的长足发展——与此对应的教工数量的增加、博士后研究点的激增、本科生和研究生的扩招等——都是亟需这座大楼的原因。

作为化学学科长期建设项目中继拉蒂默厅和希尔德布兰德厅后的第三个单元，陈氏楼填补了这一建筑群长期空缺着的西北角，这一地点近 30 年内都曾是一个地面停车场。这栋建筑的建成标志着化学群楼和物理群楼之间南北走向的步行区的形成。与吉尔曼厅和步行区南端的勒康特厅之间的关系类似，陈氏楼在建造之初便是作为空地对面的坎贝尔厅的对称建筑而设计的。虽然校园设计指南建议陈氏楼的高度与坎贝尔厅对应，并将其西面外墙与吉尔曼厅相对齐，但是为了能够为化学工程学科和化学研究提供足够的空间，这座建筑的最终规模略略超出了上述参数。为将大楼尺寸控制在

陈氏楼

合理的范围内，旧金山的斯通、马拉奇尼和佩特森建筑事务所(Stone，Marraccini and Patterson)将大楼的下面两层设计在水平面以下，在步行区下方向西北侧延伸。这两层区域用来容纳特殊实验室、办公室和一些机械设备等。位于化学广场上的这座大楼高七层，其中一个演讲厅和一个计算机中心位于一楼，二到六层为实验室楼层，顶楼则为海湾景观会议室和化学储备设施。整座大楼将学院总空间增加了 20%。

陈氏楼的风格化的预制混凝土窗台和红瓦四坡屋顶均效仿了它年长的伙伴——坎贝尔厅。但与方正的坎贝尔厅不同的是,它的基座上由混凝土柱子构成的结构凸台更有特色，大楼上缩进式边角结构也起到了对其实际尺寸在视觉上的缩小作用。通风井与缩进式边角结构成 45°倒角。第六层的粗石装饰和屋顶内檐下略微突出的托架隐约透露出一些后现代主义风格的风味。面积较小的七楼采用封闭式结构,其上四坡屋顶下的缩进式露台同样有效地减小了整座大楼的视觉规模。陈氏楼与拉蒂默厅和吉尔曼厅之间除了地下层相通外,还有数座天桥相连。

除了州政府拨款和校园基金外，陈氏楼的建造资金大部分来自于个人捐赠者,其中即包括尊敬的中国实业家和慈善家陈嘉庚先生(Tan Kah Kee),这座大楼便是以他的名字命名的。大楼的落成日恰逢学院成立 125 周年纪念日(学院成立于 1873 年,最初位于南大厅内)。

13. 勒康特厅

约翰·嘉伦·霍华德,1923～1924；米勒 & 沃耐克建筑事务所,增建,1949～1950；约翰·卡尔·沃耐克联合建筑事务所,改造,1964

第一次世界大战后,学校招生人数激增,设在南大厅的物理系的发展速度超出了南大厅的容纳程度。为给物理系提供一个新家,校方便建造了勒康特厅。这栋由州政府出资的大楼在 1924 年建成时是全国四座最大的物理学建筑设施之一,并且论规模在全世界此类建筑中也是屈指可数的。大楼提供了 40 间房间用以独立研究工作,这一设计在当时也是史无前例的。

这座大楼“缅怀两位首次在太平洋坡地上点燃了自然之炬的伟人”:学校第三任校长、首位物理学教授约翰·勒康特(John LeConte,1876～1881 年在任)和他的兄长地质学、自然历史学和植物学教授约瑟夫·勒康特(Joseph LeConte)。两兄弟与学校的早期发展和传统的形成密不可分,格林内尔自然区内的那棵勒康特橡木(参见漫步路线三)和赫斯特希腊式剧院里两把纪念

勒康特厅

座椅(参见漫步路线六)也是为纪念他们而栽种和建造的。

约翰·嘉伦·霍华德将勒康特厅设计在穿过步行区的吉尔曼厅对面,仿佛将其作为后者的一个伴侣。虽然他最初将这块地预留给了数学楼,而将物理楼选在矿业楼对面的步行区北端,但这样的选址与他拟定的1914修订版赫斯特计划中的构思也算基本相符。为了清理场地,当时动物学系所在的三层结构的U形木制楼——东厅(克林顿·戴,1898)被分解成三个部分后移至教工空地南侧边缘处,与后来的莫里森厅所在位置有部分重叠。

勒康特厅为钢筋混凝土结构,外墙采用灰浆涂覆,大楼在部分式地基上有四层。阳光由四楼的阁楼天窗照射进来,照亮了后来被拆掉的那间两层高的阶梯演讲厅。设在四楼的还有当时只是物理系下一个学科的视光学院。下面三层楼中包括研究室、实验室、办公室、教室等,二楼和三楼中还有一个图书馆和数间阅览室。

勒康特厅的东侧立面基本上是吉尔曼厅西侧立面的镜像:由九个凸台构成的中央大厅的两侧各有一座山墙式边厅,共同构成了一排附壁柱廊。两者的不同之处在于,勒康特厅有两个主大门,而吉尔曼厅只有一处中央入口;此外,前者采用的是装饰性的古典主义细部修饰手法。和吉尔曼厅的处

勒康特厅附楼

理手法一样，霍华德在勒康特厅的后(西)立面上也未采用太多细部修饰——他使用附壁柱代替了凹槽纹式的爱奥尼亚圆柱。这一处理方式是因为考虑到大楼将来或许会向西扩建，因此西侧立面尽量简约。后来建成的博格厅(双沃耐克建筑事务所，1962～1964)即为扩建工程的成果。这栋大楼的建成标志着物理群楼和化学群楼从此各占一边，隔着中央步行区相对。而不久后，为了表彰在勒康特厅的物理系办公室主任珀西瓦尔·刘易斯(E. Percival Lewis)和吉尔曼厅的化学系主任吉尔伯特·刘易斯，中央步行区改称为“二刘庭院(The Court of the Lewises)”。

和吉尔曼厅一样，勒康特厅的历史也将永远与美国科学史的缔造者和原子时代的黎明一起不朽。学校招聘至这栋楼里担任科研工作的著名学者中包括厄内斯特·劳伦斯和罗伯特·奥本海默。1929 年，正是在勒康特厅的地下室里，劳伦斯制造了他的第一台粒子回旋加速器，之后又在三楼实验室里完成了加速器的试验工作。这项创新为亚原子粒子的研究工作提供了支持，后又促成了放射实验室(如今为劳伦斯伯克利国家实验室)的建立，并为劳伦斯赢得了诺贝尔物理学奖。12 年后，包括爱德华·泰勒(Edward Teller)在内的一支由奥本海默领导的理论物理研究团队集中在四楼的两间房间里，在战时安全措施的保护下，他们研发出了原子弹的工作原理。

“二战”结束后，由于研究生人数激增、核物理学及相关研究领域的迅速发展，勒康特厅的容纳能力愈显不足。米勒和沃耐克建筑事务所设计建造的附楼将物理楼的空间扩大了将近一倍，及时缓解了拥挤的状况。这座霍华德设计的主楼西北侧的偏厅大体与小亚瑟·布朗的 1944 年总体规划相符。四层高的混凝土钢框架大厅的基座采用陶土涂覆，上部结构则被刷上灰浆。大楼如同一幅经典主义的对称式条带背景幕布，映衬着前方的萨瑟广场。

14. 赫斯特纪念矿业楼、罗森坑道和矿业圈

赫斯特纪念矿业楼 (Hearst Memarial Mining Build) 约翰·嘉伦·霍华德,1902～1907;迈克尔·古德曼,改建,1948;NBBJ 公司主持、鲁斯福德和切克内咨询工程公司协助,修复及增建,1998～2002

罗森坑道(Lawson Adit) 矿业学院,1916～约 1938

矿业圈 约翰·嘉伦·霍华德,1914

约翰·嘉伦·霍华德的巅峰之作究竟是赫斯特纪念矿业楼,还是多伊纪念图书馆,这一争论由来已久。如果说图书馆是他精心雕琢的钻石,那么矿业楼便是他潜心打磨的金块,外表精美平滑,但内部仍旧像它的母脉一样粗糙、嶙峋。用霍华德的话说便是“一群可爱姐妹中间的一位和蔼、直爽,又有点爱吹嘘的哥哥”。

菲比·赫斯特为了纪念她去世的丈夫而捐赠的数额非常慷慨。1901 年夏日,霍华德和矿业学院院长萨缪尔·克里斯蒂(Samuel B. Christy)在这笔资金支持下游历了美国和欧洲的多所矿业学院。他们所参观的学校中大部分都是实用主义风格——与霍华德意图在伯克利建造的矿业楼不可同日而语。霍华德的信念是“建造一座能够恰如其分地体现这片土地的精神、大方得体

赫斯特纪念矿业楼

地表达这片土地的性格的建筑”。为了达到这样的目的，数月后，他的绘图设计桌前便多了刚从巴黎高等美术学院毕业便加入其团队的茱莉亚·摩根的身影。

在大自然的展示下，1902 年 11 月 18 日的奠基仪式在一场倾盆大雨的洗礼下举行。泥泞的建筑现场上，约 2 000 人手擎雨伞聆听了惠勒校长、菲比·赫斯特、威廉·兰道夫·赫斯特以及霍华德的演讲，并见证了重达 3 吨的基石的奠基。赫斯特家族经营的《旧金山观察家报》记者杰克·伦敦(Jack London)用文字记录下了这一历史瞬间：“人们都脱帽致敬，仿佛每个人都感受到了这一场合的神圣与肃穆。就像旧时大教堂建造前要奠定基石的那种精神一样，人们为大楼举行了奠基仪式。这所新大学充满了生命力的精神弥漫在空气之中。”

正对校园中央东西轴线的这栋楼将为后期建成的“可爱的姐妹建筑”奠定了风格基调：用开采自希拉内华达山麓的雷蒙德花岗岩建造的大楼外墙，以及开有铜框天窗的红色半圆截面瓦屋顶共同营造了一种美艺古典主义风格与加州田园风格相结合的建筑特色。霍华德，这位描绘了加州修道院建筑风格的年轻建筑师对矿业楼的影响是非常深远的。

整栋楼的建筑风格在大楼南大门中央的凸出式结构以及正对矿业圈的园景池塘的三扇高 26 英尺的拱门上得到了尤为强烈的表达。每个拱门内都有一座柱顶檐口，其下各有两根托斯卡纳式柱支撑。中央拱门安装着橡木大门，其上雕刻有小天使脸蛋图案。希腊回文雕饰布满了花岗岩拱顶的内侧，墙面上穗带镶缀的线脚鲜明地突出了拱顶的所在，而整体结构的两侧各有一个大型的花岗岩花环饰。精细的石制细部修饰与支撑瓦顶屋檐的六座笨重的木质托架形成了鲜明的对比。出自艺术家罗伯特·英格索尔·埃特金(Robert Ingersoll Aitken)之手的英雄雕像的花岗岩支架则起着支撑木托架的作用。埃特金师从雕塑家道格拉斯·提尔登(Pouglas Tilden)，后继提尔登成为旧金山马克霍普金斯学院雕刻系的系主任。在旧金山，这位艺术家的众多作品包括金门公园的雕像群、市政厅的雕像以及联合广场上海军上将杜威纪念碑顶的青铜胜利雕塑。霍华德曾赞美埃特金的矿业楼雕塑是“对我们工作的象征……惊人地将精华集中于一体；雕塑的西侧部分，他浇铸出

纪念门厅(赫斯特纪念矿业楼)

了最初的构成元素;东侧部分则表现了永恒的力量;而中央部分则充满了新鲜、神秘和纯净——在理想主义艺术的喧嚣混沌中,终极的生命之花由

罗伯特·埃特金创作的雕塑(赫斯特纪念矿业大楼)

此绽放”。

这几扇拱门后面有着霍华德最为出色的内部装饰设计:纪念门厅——一座三层高的博物馆,细长的铁柱支撑着二楼与三楼上的开放式回廊。大厅顶上开有三扇穹顶天窗，光线透过人字形花纹的古斯塔维诺瓦铺就的穹顶，漫射入建筑内部。自拉斐尔·古斯塔维诺(Rafeal Guastavinno)开创了以轻质防火瓦为独特材质的卡泰罗尼亚拱顶风格后,19 世纪末期至 20 世纪中期,这一风格便被众多美洲建筑师们广泛运用于富有特色的建筑中,而这座大楼堪称其中的完美代表。

霍华德所设计的门厅效仿了位于巴黎的法国国家图书馆阅览室(1862～1868)的布局。建筑师亨利·拉布鲁斯特(Henri Labrouste)为法国国家图书馆设计了九个造型简练的琉璃砖赤陶穹顶,其下以细长的铁柱支撑。霍华德将工业化的铁制框架和围墙与开放式回廊的迷彩砖材料的外观进行了对比。然而,距建筑正式竣工约一年时,威廉·兰道夫·赫斯特对建筑内部空间“从地板到天花板全用砖材,而没有用大理石材料”感到很懊悔,他的情绪几乎改变了大楼这充满泥土气息的美感。虽然接踵而至的批评声令霍华德很吃惊,但他并未反对赫斯特换用材料的想法,答复道:“现在若要将纪念门厅从头至尾换成大理石材质也为时未晚，这个修改意见我也会尽自己的全力配合。”然而,虽然双段式楼梯最终使用了白色大理石材料,而砖质地板和内墙却仍一如既往。或许是由于 1906 年旧金山大地震和火灾造成的成本增加和劳动力短缺问题导致计划没有彻底实现。

门厅的主楼层和回廊用于特殊的展出活动。大楼整体落成后,人们树立了两块铜匾纪念参议员乔治·赫斯特先生,其中一块刻有惠勒校长所写的铭文,另外一块绘有赫斯特议员的半身肖像。这两块铜匾由模塑导师梅尔文·厄尔·康明斯(Melvin Earl Cummings)创作,并接受了惠勒校长的严格审阅(和康明斯的其他作品一样)。矿业与冶金博物馆在主体区域展出了矿区、机械和熔炉以及一系列放置在基座和玻璃展柜中的矿物标本和金属成品。门厅的东西两侧低层延伸区域中包含数间办公室、一个图书馆和数个演讲厅,与南侧厅内的公共设施互为补充。

在纪念侧厅的北面,整座大楼延伸出三个分支,表达着采矿技术最原始的雏形所在,用霍华德的话说便是,这里的"所有事物都是为工作服务的,简朴又便捷,完全不加任何修饰,此类建筑理应如此"。在与大楼主入口相连的轴线上,坐落着一个长 120 英尺、宽 50 英尺的大型采矿实验室。此处有一座四层高的天窗式中庭,中庭内配有一座移动式起重机用以移动各个设备;而两侧的长廊也为学生们提供了良好的观察点, 在这里他们能够实地学习采矿演示操作。位于两侧的东、西侧厅通过三层高的开放式天井与中央实验室分隔开来,位于这两座侧厅底层的是金属冶炼及研究实验室,上层则为绘图室。大楼北侧的中央为一座三层粉碎塔,粉碎塔的东侧是一间熔化铜和铅的工作室,东侧则是金银作坊。

如今, 学院已经放弃了中庭实验室最初的实验用途及重型设备。1948 年,建筑师迈克尔·古德曼将中庭实验室与毗邻的两座天井分别改造成工程学及考古学研究场所。而 1998 年,由 NBBJ 公司承接的 6 800 万美元的重建项目又宣告了这片区域重归矿业学院的怀抱。该项目既保存了大楼的历史意义,又对大楼结构进行了翻新,在这样的双重胜利下,距海沃德地震断层带仅 800 英尺远的大楼焕然一新:大楼接受了抗震加固后,早期矿业学院衍生出来的材料科学系和矿业工程系入住进来。21 世纪这座大楼里的学生们将不会继续使用早先的冶炼设备和碎石机器, 取而代之的是电子显微镜设备和最先进的计算机科技。窗明几净的实验室中开展的亚原子分析研究也将取代早先炽热熔炉中进行的熔矿工作。学者们将广泛展开对新材料的研究,正如田长霖校长 1997 年曾指出:"新材料是开启电子科技、药学、航天学及其他领域重大突破之门的钥匙,正如世纪之交时矿业学科的地位一样,新材料学科将成为加利福尼亚未来发展中最为举足轻重的领域。"

由加州债权收益及各界赠款资助的翻新项目包括新墙基修建工程和地基分离工程。地基分离工程完成后,若突发大地震,整座大楼可沿其周围轮廓做最大 28 英尺的位移量。由土木工程系教授詹姆斯·凯利(James Kelly)开发的这一系统中包括 24 个流体阻尼器以及 134 台高阻尼橡胶基座隔离器,隔离器起着对混凝土梁柱的承重作用。大楼西北角和东北角上新增建的两栋三层高的附楼恰好填补了由于中庭和天井再造工程而失去的那部分楼内面积。这两座附楼在建筑之初的意图就很明显,即使霍华德的这座大楼更加完美,而非机械地模仿霍华德的设计。附楼采用花岗岩基座,墙面为铝合金玻璃嵌板,新形成的内部空间仍保留着最初的花岗岩外墙。整修工程中,对屋顶雉堞墙和 21 根造型独特的烟囱进行了加固,这些结构提醒着世人记住大楼的最初用途。此外,新的半圆形截面屋顶瓦也是在同期建造的。内部结构保存工程包括对纪念门厅处的古斯塔维诺瓦顶的加固以及对一个出于防震安全考虑自 1978 年便闲置的大型演讲厅的重建工作。

种种改造或许会令约翰·嘉伦·霍华德感到很满意。1907 年 8 月 23 日,在矿业楼落成典礼上,他曾富有前瞻性地表述道,他一直试图将这座大楼的楼层设计得尽可能地具有可塑性,“这样, 大楼的主体结构便将成为一个空空的外壳,从而可对内部结构进行任意的分割、调整,如有必要还可进行重建,而不会对大楼整体的强度产生影响”。近一个世纪后,他的这种理念被证明是正确又富有远见的。

赫斯特纪念矿业楼作为加州历史性地标建筑收录于伯克利校园指南内,同时还名列国家历史遗迹名录及加州历史资源名录中,是伯克利城的地标性建筑。

罗森坑道

矿业楼落成约 9 年后的 1916 年,矿业学院院长安德鲁·罗森(Andrew C. Lawson)萌生了在大楼的东侧山体中开凿一个用于培训采矿工程师的地下实验室的念头。采矿产业对这一想法给予了大力支持,赫拉克里斯粉末公司提供了 1 000 磅甘油炸药, 旧金山某炼铁厂还提供了当时最新型的矿石车

1917 年矿业学院学生们与院长安德鲁·罗森(右一)及弗兰克·普罗伯特教授(中央右三)在罗森坑道合影

等。隧道打通后,这里便成为校园里最非同寻常的标志之一。当年 10 月,矿业教授弗兰克·普罗伯特(Frank H. Probert)的学生已经将"罗森坑道"向山体内掘进了 150 英尺,他们的目标是继续掘进至 2 000 英尺。人们希望罗森坑道能够为学生们带来"在钻井、漂流、爆破、支护及矿山测量等方面生动又富有实践性的教育"。除此之外,人们还希望这项工程能为校园开发新的水源地。由平坑延伸而出的铁轨直通至矿业楼东北角落处的工作室内,从而使得采矿车能够由两扇式大门进入大楼,辅助完成楼内开展的课堂教学。

20 世纪 30 年代末,隧道穿过了海沃德地震断裂带和当时提议建造斯特恩厅(参见漫步路线六)的地块之下,深度已达到约 750 英尺。隧道也为斯特恩厅这一学生公寓楼建造前的地质学调研提供了便利。30 年后,经过一系列维护,隧道长度被缩短为仅 260 英尺,但这一深度却足以开展断层带的地下观察作业了。直至今日,这里仍旧是地质学家和地震学家研究断层活动征兆的一个独一无二的场所。在矿业楼整修工程中,人们为罗森坑道久闭的入口换上了混凝土门框和新大门。

罗森坑道名列加州历史资源名录中。

矿业圈

矿业圈池塘与钟楼

矿业圈及其周围的环形车道、花岗岩材质的小径和矿业楼附近的绿化树木，均是在菲比·赫斯特额外捐助资金的资助下于1914年建成的。它是霍华德的赫斯特规划中首个竣工的正式园景点。随着矿业楼重建的完成，这里的重要性也得到了很大提升。矿业圈是赫斯特规划中一个重要的元素，在由西起新月区的一系列开放空地构成的大型中央景观园区中，它充当着最东段界标的角色。

今日的矿业圈与霍华德在1914年规划中所描绘的十分相似，只是矿业圈池塘东岸的绿化带比他所预见的样子要茂盛许多。但是伊万斯楼建成后，阻挡了由此向西的观景视线，再加上南面一块步行区的规划（取代了建造一栋大楼的计划）使得矿业圈的走向由最初的东西方向转了90度，变成了南北走向：由矿业楼一直延伸至教工空地前的溪畔绿化带。以上的变动最早都是小亚瑟·布朗在1944年发展规划中制订的，布朗还曾提议造一个长方形绿化带取代矿业圈。1962年校园长期发展规划的顾问园景建筑师托马斯·切奇（Thomas Church）提出将矿业圈沿校园中央轴线整体向北移动50英尺，使其与西侧的伊万斯楼以及东侧的斯坦利厅（迈克尔·古德曼设计，1950～1952）呈一条直线，从而为南侧的大学道让出更多的空间。这一想法和另外一项在矿业圈下建造一座地下停车库的提议最终都未能实现。

15. 伊万斯楼和杜纳实验室

伊万斯楼(Evans Hall) 嘉登纳·戴利(Gardner A. Dailey)和尤尔·桑顿(Yuill Thornton)、华纳(Warner)和李维科(Levikow)设计,园景建筑师托马斯·切奇辅助,1968～1971

杜纳实验室(Donner Labonatory) 小亚瑟·布朗,1941～1942;罗纳德及张伯伦建筑事务所(Reynolds & Chamberlain),扩建,1953～1955

伊万斯楼

背负着校园内公认的最让人厌恶建筑名声的伊万斯楼是战后数年中建成的一系列轰动性高层建筑中最后落成的一座。除了不甚得体的建筑处理手法和对矿业楼的负面影响外,这座大楼最受争议之处就是使校园中央轴线被挡。建筑师嘉登纳·戴利并未看到伊万斯楼竣工的那一天。1968 年,这位建筑师离世后,他的同事尤尔·桑顿、华纳和李维科共同担任了执行建筑师的职责。

伊万斯楼的启动资金来自州政府。最初三年,在戴利办公室的工作板上,伊万斯楼的规模比现在小很多,直到 1966 年,两笔相当数额的联邦拨款投入后,最初计划才有所改变。最早时,大楼设计成九层高,其中有数间教室、一个图书馆分馆及数学系和统计学系的多间教学实验室。后期资金注入后,楼内设施的规模进一步扩大,另外又兴建了一个计算机中心。新方案在原规划的基础上增加了两层地下室和第十层楼,从而将大楼的总体积增加了 50%。新增的高度让大楼在本就较高的地势上(高于海平面约 300 英尺)显得愈加突出,从对面的海湾也更容易看见它。2000 年,校方翻修了大楼的混凝土结构,随后将其整体涂上一个较暗的色调,在某种程度上也降低了它的视觉冲击。

大楼以前任数学系主任、终身名誉教授格里芬斯·康纳德·伊万斯(Griffith Conrad Evans)的名字命名。它钢筋混凝土结构的方正外观体现了那个时代盛行的野兽派建筑风格。大楼东侧和西侧外墙上有多个凸出开间，而在南、北两侧外墙上也有三块凸出开间，每块凸出开间由一对方柱支撑，这样的结构分布在大楼的整圈外墙上。建筑的底楼大概与矿业圈位于同一高度，较其他楼层更高以便容纳内部的图书馆。底楼外还有一条围绕大楼墙基而建的凉廊。

戴利设计的莫里森厅及赫兹厅、克勒博厅与托尔曼厅等其他一些校园建筑也采用了这种柱式凉廊或通风廊，或许这也是对区域民居设计传统的一种体现，戴利的设计也经常因这样风格而出类拔萃。在这一层次上，伊万斯楼也算是戴利和威廉·伍斯特（贝克尔与西蒙厅设计者）、迈克尔·古德曼（斯坦利厅设计者）以及约瑟夫·埃什里克（伍斯特楼设计者）等杰出的海湾民居建筑师们在设计大型机构性建筑时艰难转型的一个成功典范。

杜纳实验室

杜纳实验室

为医用物理学研究而建造的杜纳实验室南侧厅坐落在矿业圈东北侧，是一座条纹式新古典主义风格的建筑。这是“二战”伊始时首席监理建筑师小亚瑟·布朗设计的三座校园建筑之一（另外两座为米诺厅和斯普劳尔厅）。大楼高三层，为矩形混凝土结构，底层采用仿隅石和粗面石造型，半圆截面瓦屋顶下采用檐口模塑结构。略微向外凸出的入口是框架式大门，走过大门便可通向一个缩进式门廊。

由杜纳基金（之前被称作国际癌症研究基金）资助建造的这个实验室是为了纪念饱受癌症折磨的基金主席威廉·杜纳（William H. Donner）的儿子约瑟夫·威廉·杜纳（Joseph William Donner）。在约翰·劳伦斯的指导下，实验室从早期的粒子回旋加速器研究日渐发展为世界上首个致力于原子能在生物及医学领域应用的研究与教学中心。中心取得的先驱性成就包括将放射性同位素和重粒子实验运用于疾病治疗等。"二战"期间,实验室中还曾开展过高纬度飞行和由海军及陆军预备役军官志愿者参加的减压舱模拟测试等试验。20 世纪 50 年代,由于师生对教学面积和设备的更多要求,雷纳德和张伯伦建筑师事务所又为杜纳实验室增建了四层高的现代化混凝土北侧厅。

16. 贝克特尔工程中心

乔治·松本(George Matsumoto)设计,罗伊斯顿·花本·艾利和艾比园景建筑事务所协助(Royston Hanamoto Alley & Abey),1978～1980

带有露台的贝克特尔工程中心(Bechtel Engineering Center)由乔治·松本设计,以捐建者、学校 1923 级毕业生斯蒂芬·贝克特尔(Stephen D. Bechtel)的名字名命。它是校园中第一个为保持地面开放性空间而部分建于地下的主要建筑。1976 年,关于将实验中心建造于约翰·嘉伦·霍华德的海军建筑大楼原址上的提议遭到了历史遗迹保护主义者们的强烈反对(参见海军建筑大楼),随后,校董事们将戴维斯厅南端的地块划拨给建造工程中心之用。

贝克特尔工程中心

时间证明上述第二项尝试是明智之举，不仅古老的木瓦风格海军大楼得以完好保留，而且新建的这座大楼无私地在整片校园中改善了景观和人流系统。建筑师松本接手前，这里是由多座著名建筑构成的一个未完成的四方院。南面若隐若现的是嘉登纳·戴利设计的十层野兽派大楼伊万斯楼，正对着拱形的新野兽派风格的戴维斯厅(斯凯德莫、欧文斯与梅利尔建筑师事务所，1966～1969)那混凝土结构的主立面。霍华德标志性的美艺风格的矿业楼在东面；西侧是乔治·凯尔海姆设计的麦克劳林厅新古典主义风格的入口立面。而在这风格各异的都市化建筑群框架中，松本插进了一座下沉式大楼。大楼的屋顶有园林景观，成为这个工程学社区的中心。此外，松本还通过绿化带和曲折回廊等将周边建筑编织成一个整体。

工程中心分为两个内部楼层以及一个错层式屋顶露台。由南侧一楼大门进入，便可通向凯利中庭。这是一个开放式环形天井，悬吊着名为“站立着的波(Standing Waves，杰洛米·柯克 1980 年创作)”的金属杆雕塑作品，象征数学概念中的正弦曲线。中庭起着电梯厅的作用，由此可去会议室、学生休息室和克雷斯吉工程学图书馆(Kresge Engineering Library)。这个地下图书馆是为了整合多所工程学院的资源而建造的，其中藏书超过 20 万册，品种涵盖各类工程学专业。大楼温暖怡人的多层、上升式空间都装饰着橡木，一个天窗穿过屋顶露台上的草坪，和煦的阳光透过天窗照射进大楼内部。大楼中间一层可由较高大的南大门进入，该层包括数间办公室以及可容纳 280 名观众的希伯利礼堂。伯克利学术委员会的各类演讲与会议便是在这个礼堂中举行的。

建筑师将屋顶上的特雷弗森露台 (以 1930 级校友小尤金·特雷弗森的名字命名)设计为双层结构。西侧露台位于希伯利礼堂侧厅之上，包括电梯塔楼，塔楼通过一排花架与一座木边门食品亭相连。东侧露台即是图书馆书库的屋顶，其中包括一个花格壁龛和一间带有屋顶的玻璃学习室。阳台式露台与戴维斯厅的讲坛通道相毗邻，提供了一条通往校园北区的步行路径。这座下沉式大楼的屋顶露台和周围草坪一起为校园带来了自 1962 年长期发展计划中便期望已久的户外空间。

17. 麦克劳林厅和赫赛厅

麦克劳林厅　乔治·凯尔海姆,1931

赫赛厅　约翰·嘉伦·霍华德,1924;乔治·凯尔海姆,扩建,1931;科莱特与安德森建筑事务所(Corlett & Anderson),扩建,1947;凡·布尔格/中村联合建筑事务所,奥布莱恩厅扩建,1959;庭院大楼扩建,1961～1962

乔治·凯尔海姆设计的由州政府出资的麦克劳林厅——最初称作工程学大楼——坐落于U形工程学群楼的西翼,大楼与钟楼的南北轴线相对,总体上与约翰·嘉伦·霍华德制订的赫斯特规划相符,并在沃伦·佩里1933年的计划研究报告中得到了确认。当时,需要先将东面的老力学大楼拆除,方可实施建筑群的建造工程。然而,1965年力学大楼终于夷平后(为建造戴维斯厅的南侧厅),建筑师们却摒弃了这一轴线结构。

在包括东侧的奥布莱恩厅、北侧的赫赛厅和西侧的麦考恩厅在内的风格连续却又兼收并蓄的建筑群中,麦克劳林厅扮演着南侧门户的角色。此外,这栋四层高的钢筋混凝土钢框架大楼还充当着纪念空地北面边界的作用。大楼内有数间办公室、教室以及工程学院的职能机构和图书馆等。

麦克劳林厅

长方形外观的大楼除东南角塔楼外,均为红色半圆形截面瓦的四坡屋顶。东南角塔楼略微向外突出,有一座古典主义风格的入口门廊,门廊以两根高大的凹槽石柱支撑。作为凯尔海姆作品的标志性风格,大楼的混凝土外墙上遍布着水平模塑装饰,大楼的细部装饰中也流露着现代主义风格的影响,其中包括门廊立柱顶部的薄叶饰,以及塔楼基座下的拐角壁柱和奖章饰等。从大楼外观高高的开间结构看,令人感觉仿佛其内部空间也是如此,而事实上它还有一个拱肩横贯于二楼和三楼之间。

1966 年，为纪念矿业学院及工程学院院长(1941～1943 年在任)兼学校董事(1951～1966 年在任)、在 1956 年长期发展规划制订过程中担任校园规划委员会主席的唐纳德·麦克劳林(Donald H. McLaughlin)，大楼更名为麦克劳林厅。

砖砌入口广场北侧的上升式草坪上，安放着两座互相倚靠着的俄罗斯黑熊铜像。这是由美艺派雕塑家埃德蒙德·舒尔茨·贝肯姆(Edmund Schultz Beckum)在 1915 年左右创作的。黑熊铜像最早由俄罗斯彼得格勒的罗西亚保险公司安放在该公司位于康涅狄格州哈特福德市的美国总部大楼的大门前。随后，公司计划拆除该大楼，位于哈特福德的马基工程公司的董事长、加州大学校友约翰·马基(A. John Macchi，1936 级毕业生)将这两尊铜像收购下来，并于 1987 年将其捐赠给母校。贝肯姆在雕像的创作中运用了铜锻造冲压压花工艺。由此向南望去，这对熊铜像成为其后钟楼的一幅令人过目难忘的前景。

赫赛厅

赫赛厅

赫赛厅中包括了由约翰·嘉伦·霍华德规划的作为钟楼及其毗邻大楼呈轴对称结构中唯一仅存的部分。在设计之初，赫赛厅应与用来取代南、北侧厅的两座人文大楼对齐。然而，由于规划的两座人文大楼最终未能建成，又加上赫赛—奥布莱恩—麦克劳林—麦考恩这组建筑群的形成与原始计划有些出入，它们位置关系在如今看来有些晦涩不明。

最早的赫赛厅是一个热能实验室，大楼采用混凝土结构，总体外形呈长方形，采用了古典主义的细部装饰，包括粗石平拱窗、门挡板以及门隅石和一排齿状檐口等。1931 年，乔治·凯尔海姆将大楼向西进行了扩建（仍旧与霍华德早期的规划相一致）；1947 年，科莱特与安德森建筑师事务所又为其建造了一座三层高的附楼。为纪念机械学院院长、工业机械学教授弗雷德里克·赫赛（Frederick G. Hesse，1875～1904 年在任），大楼被命名为赫赛厅。赫赛教授在水力工程领域的成就为加州水力发电站的早期发展作出了卓越的贡献。

凡·布尔格 / 中村联合建筑师事务所在 1959 年建造的三层现代主义风格的附楼于 1968 年被命名为奥布莱恩厅，以表彰工程学院院长莫拉夫·奥布莱恩（Morrough P. O'Brien，1943～1959 年在任）在土木水力工程领域的杰出贡献。包括多间环境水资源实验室和水资源档案馆在内的这栋楼，与由此通往麦克劳林厅的玻璃幕墙通道一起构成了一个建筑群落的东侧边界。

18. 北门厅、海军建筑大楼、1954级毕业生大门和天文台山

北门厅（North）　约翰·嘉伦·霍华德，1905～1906，附楼，1908 与 1912 年；沃尔特·斯提尔伯格（Walter T. Steilberg），沃伦·佩里辅助，扩建，1935～1936；霍华德·莫尔斯（Howard Moise），增建及改建，1952；斯托勒·科诺尔建筑事务所（Stoller Knoerr Architects），改建及整修，1993

海军建筑大楼　约翰·嘉伦·霍华德，1913～1914；东端厅拆除，1929

1954 级毕业生大门　里德及塔里克斯联合建筑事务所（Reid & Tarics Associates）设计，罗伊斯顿·花本·艾利和艾比园景建筑事务所协助，1990

天文台山

如今作为新闻学院研究生大楼的北门厅位于校园欧几里德大道大门附近。这栋褐色木瓦覆盖的楼在 60 年里一直充当着建筑系学生们神圣的工作室。这栋小型临时建筑已从昔日公认的火灾隐患牺牲品一步一步发展为如今值得全力保护的历史性结构。它也充当着一代又一代旧金山湾地区的建筑师们世代传承的桥梁，同时也是建筑学系第一任系主任、监理工程师约翰·嘉伦·霍华德留给世人的一笔辉煌的遗产。

学校中最早有志成为建筑师的学生们——其中包括小约翰·贝克维尔(1893级毕业生)、小亚瑟·布朗(1896级毕业生)和茱莉亚·摩根(1894级毕业生)——曾在土木工程系导师弗兰克·索尔(Frank Soulé)和绘图系导师赫尔曼·科尔(Herman Kower)的指导下学习。建筑系教学指南是由伯纳德·梅贝克研究制订的。1894年,索尔聘用他来校教授工程制图和画法几何学科。梅贝克还在自己家中开设了一项非正式的建筑学课程。沉浸在赫斯特建筑规划带来的兴奋和喜悦中的惠勒校长在1899年10月25日的就职演说中指出了在学校开设正式建筑学课程的必要性。"在所有的艺术形式中,"这位校长宣称道,"大家公认建筑学艺术是加州大学如今最薄弱的环节。当学校能够开始以优秀的实例教授这门艺术后,更应当也更需要以优秀的教条作为框架。"两年后,校方委任霍华德担任该项规划的总监理,并于1903年委派他负责组建新的建筑系。在没有足够的教学设施的情况下,建筑系作为霍华德位于伯克利市区办公室的附属工作室开始了它艰难的起步,在这里学习的一小群学生中包括了日后的著名建筑师亨特·加特森、约翰·哈德森·托马斯以及将于1927年继霍华德成为建筑学院院长的沃伦·佩里。

1905年5月惠勒校长最终决定与其继续支付昂贵的市区房租,还不如

北门厅(左侧为原"方舟"侧厅)

花费几千美金“在机械楼北面搭建一座棚屋”作为建筑系授课和霍华德办公之用。被命名为建筑学楼的“棚屋”是一栋两层式的木框架建筑，外墙以红木瓦覆盖，造型与北区居民社区的风格相得益彰。这栋小型的四坡屋顶建筑上的穹顶、小阳台、暴露于外的内部框架构造和楼外的凉棚无一不为其增添了独一无二的特色。小楼面朝正西，包括一间绘图室和霍华德办公室。以菲比·赫斯特捐赠的近500册藏书为主藏品的一个图书馆也在这栋小楼里。

后来，沃伦·佩里解释道：“小楼的第一部分是一个约30×60英尺大小的漂亮的矩形结构，两侧均装有方形窗格平开门窗户，一棵修剪完美的柏树生长在窗外。没过多久，大家便给这部分结构起了个名字叫‘方舟’，这一名字不但表明了它的形状构造，而且后来一直作为校园里‘建筑学’一词的代名词。”这座方舟里，霍华德证明了自己就是掌舵者，或是“诺亚老爹”。这项传统来源于忙碌的工作室中发展出的令人难忘的团队精神，亨利·加特森这样回忆道：“所有人都夜以继日地以最卓越的美艺派传统工作着，从项目素描到项目限期，再到最终渲染，大家的工作节奏不断加快，并取得了越来越多的成就。”从一直保持高水平职业精神的设计师们和身着法国进口亚麻布罩衫、在绘图桌前接受批评、“从周遭墙壁上”获取导师对他们作品的评价的学生们身上，也能够清楚地看到巴黎高等美术学院的艺术传承。

为了缓解过度拥挤的状况，1908年校方对方舟楼进行了扩建：沿赫斯特大街的斜坡向上新建了两间绘图室，与老方舟楼构成了一个L形的结构。这座侧厅整面外墙上开有数扇高过檐口线的窗户，以获取北面的日光，照亮工作室的内部空间。4年后，校方又建造了一座东侧厅以完成方舟楼整体的C形规划。东侧厅扩建工程为大楼北端又新增了数间绘图室，在东端新增了一间200个座位的演讲厅，南端新增了一座外凸式阳台。在这些扩建工程中，霍华德得到了威廉·海斯的协助。海斯于1904年加盟霍华德的事务所，并于1906年成为学校教工的一员。正如沃伦·佩里所描述的，这栋楼当时已经成为一座“随意蔓延的棕色结构”，像“一只合脚的旧鞋”一般舒适。

在随后的5年里，霍华德在方舟楼附近又设计了两栋临时建筑，一栋是1914年建成的绘图大楼（海军建筑大楼），另一栋是1917年建成的国内经济学大楼。三栋建筑共同在校园里营造了一个木瓦风格的小型建筑群。1923年

北门厅庭院

那场几乎毁灭了整个伯克利校园北区的大火后，人们更加关注这几栋临时建筑和其他一些校园建筑的防火安全。深怕会在大火中失去方舟楼的学生们将珍贵的书籍从楼中转移出来，又跑到霍华德北区住宅处将大楼浇湿，并把楼里的所有家具都搬了出来。

为了保护方舟楼内规模日益壮大的建筑学图书馆，学院毕业生、与霍华德和茱莉亚·摩根共事的建筑师沃尔特·斯提尔伯格1936年又为其设计建造了一栋自由式混凝土结构的大楼。兼任结构设计师的斯提尔伯格在阅览室中采用了钢筋混凝土和混凝土拱结构，使用了轻质浮石混凝土制造屋顶板，并在大楼外部结构中使用了混凝土瓦外墙，这也是日后风靡一时的混凝土大楼的雏形。这栋矩形大楼构成了四方院南侧的部分。霍华德1912年建造的附楼中凉棚的延伸段将其与旁边的木瓦楼连通起来。

1940年，当校董事们为规划于此处的建筑方院拨款时，佩里高兴地向斯普劳尔校长报告说"这一消息已经传遍了方舟楼，那里的老师和学生们正在举办庆祝活动"。建筑群的西南角落竣工于1952年，设计者是建筑师霍华德·莫尔斯教授。同年完成的还有为给学院新任院长建造办公室而进行的老方舟楼的内部整修改建工程。

1964 年,校方将建筑系整合至环境设计学院下,并将其搬迁到新建成的伍斯特厅中。随后,空出来的方舟楼便指派给工程学院使用,并更名为北门厅。1981 年,校方又将这栋楼分配给新闻学院的研究生使用。此时,惠勒校长的这座“棚屋”已经渐显老态。1993 年,伯克利建筑师(曾经在方舟楼担任客座讲师)克劳德·斯托勒(Claude Stoller)和马克·科勒尔(Mark Knoerr)研究了大楼结构的旧资料后,修复了这栋建筑。当他们发觉大楼北墙已经腐坏无法修复时,制造了一个完美的复制品:将新的钢材料框架隐藏于木结构中,并在其上重现了原来的木瓦和窗户。在那之前拆掉的庭院凉棚又得以复原,大楼的内部结构也进行了重建以迎接新闻学院的使用者们。先前的设计室被改造成新闻间,室内随处可见的丁字尺和绘图笔也被如今的笔记本电脑和电视显示器所取代。

老方舟楼的亲切感让新闻系的学生们和教员们能在一个工作室的氛围中完美互动。佩里 1920 年所描述的情景基本道出了这种精神的真谛:“在这个宏伟的大学里,我们是一个志同道合的集体,当然,我们对赋予我们生命的大集体是忠诚不二的,然而,我们的思维方式只有我们自己学派中的人能够理解,因此我们也因这一纽带而更加团结。”

北门厅名列国家历史名胜名录中,并作为加利福尼亚州历史地标建筑被伯克利校园指南收录。同时,北门厅还名列州历史资源索引中,是伯克利城的地标性建筑。

海军建筑大楼

20 世纪第二个十年里,学校招生人数骤然上升,教室和实验室一时短缺,在校董事们 1913 年收到的报告中将其描述为“几乎无法克服的困难”。为了缓解这一压力,校方委派约翰·嘉伦·霍华德在这片地区的北面、由他设计的方舟楼(北门厅)的正东侧建造一栋临时性的绘图大楼。这栋新建筑建成后,制图课程便可从东大厅(当时坐落于勒康特厅的原址上)转出来,学院随后将东大厅中节省出的空间改造为六间额外教室。在今后的岁月中,这栋新建成的大楼将会成为“吃苦耐劳的典范”,随着一批又一批不同的入住者

海军建筑大楼

的使用需求(以及名称的更换)接受着一次次的改建。正如它正西侧的邻居一样,在年复一年被提上议程的拆除计划中,大楼仍旧完好地被保存下来,在岁月的洗礼中,获得了最初无人能料想到的历史地位。

霍华德设计了一栋狭长的矩形建筑。大楼分为两个部分,沿山坡向上伸展。首先建成的是两层构造的西侧部分，随后三层高的东侧部分也最终落成。在这座建筑中,建筑师延续了在方舟楼中运用的海湾地区传统建筑的田园风格。霍华德建造了一栋山墙式的木框木瓦小楼,小楼沿赫斯特大街而开的一排北向窗口起着为内部制图工作室采光照明的作用。建筑东、西两部的南立面上各开有一扇带有山墙结构的工匠式大门，大门前有大楼西端阳台上延伸而来的带有三角楣饰门厅。大楼东、西两部分结构共同营造了一栋与毗邻的棕色木瓦风格的社区协调共存的过渡建筑。

1923 年，为表达对新成立的由绘图课程衍生发展而来的艺术系的认可和支持,大楼被更名为艺术大楼。然而,大楼的大部分设施仍旧被工程系使用。1929 年,为了给乔治·凯尔海姆的工程材料实验室(戴维斯厅北侧厅,1929～1931)腾出空间,大楼东端除山墙式大门外的其他部分被拆除,这一变动还差点殃及这座木瓦大楼余下的结构。

1930 年，当艺术系由此搬走后，大楼更名为工程设计大楼，成为了日益壮大的工程学群楼的一份子。这一名称一直沿用至 1951 年，随后大楼又更名为城市及区域规划大楼，并很合时宜地迁移至建筑系附近，成为肯特（T. J. Kent）领导下的新成立的院系基地。1964 年，当这两个系搬迁到伍斯特厅后，这栋大楼又重归工程学院使用，并在随后的 1965 年成为海军建筑大楼。

1976 年 7 月，在一片反对声中，学校董事们批准了在海军建筑大楼所在位置建造一栋三层高的混凝土结构的工程中心大楼的提案。然而，来自历史保护主义者、学生们和社区反对拆除海军建筑大楼的抗议最终影响校董事们最初的决定。校董事们撤销了先前的许可，将贝克特尔工程中心的建造地点改到了戴维斯厅南侧的地块上。获得了新生、赢得了历史性地位的这栋霍华德设计的“临时”建筑就此旧貌换新颜。大楼一直沿用至今，如今是工程学办公室、海军建筑及近海工程项目办事处以及加州大学交通研究中心所在地。虽然大楼内多数绘图工作室已经被重新分隔改造过了，但最东端的那间工作室还一直保持完好。从这里我们也得以窥见这间房间当初依靠高高的北向窗户来采光的最初用途。

海军建筑大楼名列国家历史遗迹名录及州历史资源索引中，是伯克利城的地标性建筑。

1954级毕业生大门

作为与萨瑟门对称的大门，1954 级毕业生大门是横穿校园传统学术区，连接欧几里德大街和电信街人行大道的北终端。这座大门是由校园建设基金和 1954 级学生捐赠 35 万美元建成的，作为赠与母校建校 35 周年的礼物。1954 级学生同时还捐赠了价值 40 万美元的座椅用于支持学校本科教育。这座大门的设计原型诞生于 1987 年举行的两阶段校友设计大赛。这次大赛也是自 1897 年赫斯特建筑规划大赛后学校组织的首届国际性建筑大赛。大赛收到了 113 件参赛作品，其中的 5 件作品最终进入决赛。1988 年春，来自旧金山里德和塔里西斯联合建筑事务所（Reid & Tarics Associates）的建筑师加里·德米尔（Gary Demele，学校 1974 级毕业生）和罗伯特·奥威尔

1954 级毕业生大门

(Robert Olwell) 的作品在众多参赛作品中脱颖而出，被选为夺魁之作。

这项工程的启动不仅带来了建造一座富有象征意义的步行大门的契机，同时还解决了自 19 世纪末起便充当着校园北侧门户的这片区域在视觉上、形态上以及交通上的一系列弊端。在这之前，除了沃伦·佩里曾于 1933 年进行过有关规划外，还未曾有人做出建造一座正式大门的提议。

大门于 1990 年正式竣工，周围环绕着由混凝土骨料铺就的环形石板路。大门由一对 24 英尺高的混凝土塔门组成，塔门顶部饰有青铜灯笼。塔门上雕刻的条纹和预先浇注而成的模塑赋予这座大门一种与传统校园相关联的新古典主义风格，而塔门顶部装饰灯笼上类似工匠式风格的铰接手法则很好地呼应了北门厅海湾地区的建筑风格。半环形的坐人矮墙和道路周边的栏杆圈出了门廊广场。虽然按照最初计划，塔门正面应采用花岗石贴面，砖石小径呈放射状由此向外延展，大门则两侧种植着日本樱树……但由于资金短缺，这一原始计划未能得以实现。大门广场正中央那块刻有铭文的奖章饰板下埋藏着装有与 1954 级学生们相关的纪念物的时光囊。

天文台山

至今保持在半自然状态下的天文台山得名于 1886 年建造在山顶上的学生天文台。天文台楼是一座由建筑师克林顿·戴设计的双侧隔板的木框架小楼，其中包括一座八角穹顶式天文台，1887 年《蓝金年鉴》中将其比作“鹏鸟之蛋，因复活节而呈现银色的光彩……在可爱的幼杉丛簇拥之下”。天文台配备了一架 20 英寸的反射式望远镜和一些其他的设备，供当时学校所有工科专业学生必修的天文学教学之用。1926 年，经过了一系列零零散散的改建和扩建工程后，这里最终形成了一片由七间小型木瓦房组成的“平房庭院”，其中包括数间教室、办公室，数架望远镜和数架子午仪。1951 年，庭院的

莱施纳天文台遗迹

规模增加到九间木瓦房，同时为表彰天文台主任（1898～1938 年在任）、天文学系主任阿明·奥托·莱施纳（Armin Otto Leuschner，1900～1938 年在任），天文台被命名为莱施纳天文台。1972 年，在天文学系搬迁到坎贝尔厅 13 年后，校方拆除了这些建筑。如今仅剩一小部分遗迹还屹立在山顶上，幸存下来的原因是蔓延于其上的古老紫藤花蔓。遗迹旁的一个铭牌纪念着曾经的天文台之所在。

约翰·嘉伦·霍华德曾设想在这片曾经松柏葱葱的山坡上建造一座博物馆，作为校园中央轴线上对面多伊纪念图书馆的对称建筑。小亚瑟·布朗在他的 1944 年总体规划中也曾有过类似的设想，但是在 1956 年这一想法遭到弃用，此后的校园长期发展规划提出要将这片山坡打造为近全开放式自然园景区。1960 年有人提出要在此处建造一片北区学生中心，但也未能最终实现。

由于这片土地上生长着大片的常绿阔叶灌木丛和各类植物、繁衍着鸟类和原生蜜蜂等，1966 年，相关人士提议将这座山设立为生态研究区。然而这片区域却未能取得三年后校园里成立的维克森自然区、格林内尔自然区和古德斯皮德自然区那样的地位。后续的各次规划都围绕着“保护并发展”天然山麓的这一主题，其中某次还将 1954 级毕业生大门附近的一座地面停车场改造成一片园景草坪。从天文台山西坡延伸而下至哈维兰厅的那条小径可以追溯到19世纪末期。通过这条小径，我们得以一窥校园尚未规划前这片橡木丛生的自然区的别样风情。

19. 奠基者之石

1860年某个怡人的春日，12位男士——其中9位为加利福尼亚学院的董事——在如今中央校园西北侧边缘的“外露岩架”集结会谈。那天是4月16日，他们从奥克兰乘坐马车跋涉四英里来到这片两年前就已选定为学院永久所在地的土地上，为学院破土动工进行奠基。

在勘探了两条溪谷中间的陡峭地形后，他们选定了这个“有利地形”作为纪念地点。如今这片土地上绿阴的桉树丛那时还不存在，方圆数里内也看不到任何建筑，整片土地都尽收他们眼底，一览无余。金黄的麦田和沿溪畔星星点点生长着的“古老大橡树”无比壮丽，这幅图景仿佛朝着旧金山湾的方向汹涌蔓延，沿金门渐渐向外消逝于视线之中。“过往的船只进港出港，”其中的一位参与者说道，“仿佛亚洲大陆离我们很近——海上群岛看来也是如此。”在乐观的演说后，大家提出为这片新校园进行一次祈祷。最后，所有人“带着对这一选址的满意之情”返回奥克兰。

6年之后，董事们已经为学院霍姆斯泰德社区的各条街道取好了名字，然而这座大学城的名称却久久未能确定。园景建筑师弗莱德里克·劳·奥姆斯泰德(Frederick Law Olmsted)起草了一个长长的名单，其中的名字包罗万象，从各种地理位置到差点被采纳的佩利尔塔(Peralta，包括这片学院用地在内的附近大片西班牙殖民土地的拥有者)等。1866年，数位董事重游故地。弗莱德里克·比林斯(Frederick Billings)有感于金门航船远逝的壮丽景观，引用了以下的诗句，这几句诗句如今已成为伴随这所大学和这座城市的不朽之言：

帝国西进征程；

四个首次壮举已成往昔；

第五次行动将于今日落幕；

时间最高贵的孩子长存人们记忆。①

以上诗句是诗人乔治·贝克莱（George Berkeley）《在美国传播艺术与学习的展望》这一散文集中收录的一首诗的最后一段。贝克莱是19世纪的一

奠基者之石

① 罗宾·温科斯：见《弗莱德里克·比林斯：一种人生》（伯克利：加州大学出版社，1991年），第92页。温科斯指出，诗中第4行常被错误地引用为“四个首次壮举已成往昔”，这也引发了一些质疑：是否比林斯本人那时引用贝克莱这句诗时也错了。

位哲学家,曾担任爱尔兰克洛伊恩教堂的大主教。长久以来,他就想在百慕大地区为英国臣民们建立一所大学。他将美洲大陆视为地球西端人性的希望之地的这一远见卓识——虽然是在 150 年前提出的——俘获了董事们的心,他们在当年 5 月 24 日,一致投票将大学城以这位百年前的主教的名字命名。

此后,在"奠基者之石"处还举行过多次著名的集会活动。30 年后,1896 级学生们在此处放置了一块铭牌,纪念 1860 年举行的那次伟大奠基。1910 年 4 月,在奠基仪式 50 周年纪念日举行了献礼活动,活动的主要演讲者即是曾出席最早的奠基仪式的董事之一萨缪尔·威利(Samuel H. Willey)。1960 年 4 月,在奠基仪式百年华诞日举行了隆重的献礼活动,到场观礼的人士包括州长埃德蒙德·布朗(Edmund G. Brown)、校长克拉克·科尔(Clark Kerr)、校董事会主席唐纳德·麦克劳林(Donald H. McLaughlin)以及 50 年前参与过匾额安放仪式的两位校友——李·格里斯沃德(Lee Griswald)和理查德·芒格斯(Richard Monges)。

"奠基者之石"名列国家历史遗迹名录中,并作为加利福尼亚注册的历史性地标收录于伯克利校园指南中,同时还被加州历史资源索引收录,是伯克利城的地标景观。

20. 古德曼公共政策学院和克洛因庭院

古德曼公共政策学院 (赫斯特大街 2607 号) 厄内斯特·考克斯海德,1893; 贝克维尔与布朗建筑事务所,东侧结构增建,1909; 建筑资源集团,整修改建,1999

克洛因庭院(山麓路2600 号) 约翰·嘉伦·霍华德,1904

作为古德曼公共政策中心栖身之所的小楼位于赫斯特大道与勒罗伊大道交叉路口。这是一栋英式都铎风格的建筑,亦是第一海湾建筑传统和建筑师考克斯海德的代表之作。1893 年,出生于英国的建筑师在这栋木框架结构的楼中使用了多种材料——木瓦、灰浆、半木材料和砖石等——以建造一栋乡村式建筑, 供伯克利校园中最早成立的兄弟会社团之一贝塔·西塔·派(Beta Theta Pi)使用。直至 1966 年,贝塔·西塔·派搬迁至北区一栋规模更大

古德曼公共政策学院(赫斯特大道 2607 号)

的建筑后,学校获得了这栋小楼的使用权。此后,小楼先是被分配给人文学科本科教学使用,后于 1969 年重新分配给公共政策学院。1997 年,公共政策学院正式更名为古德曼公共政策学院,以纪念理查德与罗德·古德曼基金的建立者、学校校友、海湾地区的大慈善家——古德曼兄弟。

这栋三层高的建筑由四座互相连通的侧厅组成, 采用了陡峭的斜式人字墙和四坡式屋顶。每个侧厅独特的漆饰给人一种仿佛置身于独立欧式庄园建筑中的感觉。各个侧厅之间的对比反差,构成了一个和谐的整体。楼内各个独立的结构也无一不呼应着这栋兄弟会建筑的功能所在: 南侧厅中包括一间书斋和数间书房;高高的灰浆涂覆的中厅包括一间休息室、一间餐厅及数间卧室;北侧厅则为厨房和卧室等。建筑内五花八门的结构形式体现了区分不同时间阶段的概念, 也表现了英式工艺美术运动中崇尚的中世纪风格。简朴的民居装饰和朴素的建筑元素也体现了第一海湾传统建筑风格中重视自然生活、重视区域规划和园景和谐的精神。

考克斯海德 1885 年来到美国,他最早在洛杉矶工作,4 年后定居于旧金山。他是19世纪末期怀着创造一种新的设计风格代替装饰派维多利亚风格这一雄心壮志来到旧金山湾地区的那批年轻建筑师之一，与他志同道合的还有伯纳德·梅贝克（Bernard Maybeck）和埃尔伯特·施威因富（Albert C. Schweinfurth）。三位建筑师是亲密的同事，通过比较梅贝克设计的教工俱乐部（参见漫步路线五）、施威因富设计的班克罗夫特道2401号的教堂（参见漫步路线四）和考克斯海德的这座兄弟会，游客可以领略到三者在当时海湾传统风格运动中各自的独特风格。

2001年，这个享有国际声誉的学院进行了第一次扩建工程。院方在小楼西侧新建了第二栋建筑（建筑资源集团设计建造），为学院提供额外的教室、办公室、会议室和科研设施等。

赫斯特大道2607号名列加州历史资源索引中，是伯克利城的地标性建筑。

克洛因庭院

建造于1904年的克洛因庭院旨在建造一座“高水准、现代化的公寓式酒店”和宾馆，为学校教工、研究生以及其他一些居住在校园社区内的人士提供餐饮服务等。以乔治·贝克莱主教[①]位于爱尔兰的庄园名命名的这座酒店是由大学土地与改造公司规划建造的。这家公司的赞助人有许多来自学校，其中包括校董事及赞助人菲比·阿佩尔森·赫斯特、学校教工之一的简·萨瑟以及大楼的设计者约翰·嘉伦·霍华德。在20世纪初，这座温暖如家的宾馆曾接待过许多显赫的来访者，也曾为学校新聘任的教授们和其他与学校有关系的人士提供过住宿服务。曾在此处休憩的客人们包括校董事詹姆斯·墨菲特、霍华德及其家人以及霍华德的合伙人威廉·海斯等。1906年旧金山大地震和火灾后，学校对受灾人士伸出了援助之手，宾馆也曾因此一度人满为患。

---

① 伯克利城便取自他的名字，英文同为Berkeley，本书按中文习惯将学校名译为加州大学伯克利分校（译注）。

克洛因庭院(山麓路 2600 号)

虽然克洛因庭院的规模相对很大——沿山麓路的立面长度约为 200 英尺,然而由于采用了沿街道向内缩进式设计,它与附近的树林和烧结砖建成的校园北区共存也显得相得益彰。这是霍华德早期木瓦风格建筑之一,反映了建筑师美艺风格的设计原则和第一海湾传统中崇尚自然的特点。大楼是一栋对称式三层木框架结构建筑,采用四坡式屋顶,总体造型呈 U 形,在南侧围出一个院落(这个院落一度曾是一个奢华的花园)。大楼东、西两侧厅面朝庭院的立面上均有独特的金字塔式屋顶的多边形式楼梯塔楼,颇具个性,而中央大厅的南立面上则有凸出的日光室、阳台和花架等。位于一楼的一间小房间由大楼主结构沿着与正门相反方向伸至庭院内。这间房间最初是一间音乐室,在 1911 年扩建而成的。大厅北侧立面上有一扇中央缩进式的正门,正门采用了托架棚式屋顶,屋顶上则为一座浅式阳台。此外,正门两侧外墙均额外有数个凸出阳台。

1946 年,为协助解决"二战"退伍老兵的住宿问题,大学生合作组织(USCA)收购了这座宾馆,并进行了一系列改造后用作 150 余名男性学生的宿舍。20 世纪 60 年代,学校又将宾馆购回并将其租赁给 USCA 直至 2005 年。

克洛因庭院如今是一座男女共用设施，亦是大多位于校园北区和南区内 20 栋合住式房屋及公寓楼之一。

克洛因庭院名列国家历史遗迹名录及加州历史资源索引中，是伯克利城的地标性建筑。

21. 索达厅

爱德华·拉拉比·巴恩斯(Edward Larrabee Barnes)和安申与艾伦建筑事务所，1992～1994

绿瓦屋顶的索达厅是工程学院计算机科学系的栖身之所。它位于中央校园对面，沿倾斜的赫斯特大道的外墙呈现一种别样的连拱式立面造型。楼中央的花架走廊将其与新野兽派风格的奇弗里厅(斯凯迪莫、欧文斯与梅里尔建筑事务所，1962～1964)相连。奇弗里厅也是由学院延伸至校园北区的第一栋建筑。这栋露台式大楼建造于早期由奇弗里厅延伸出的一间地下实

索达厅

验室之上,这间地下实验室中曾配备一台百万瓦特级的核反应器,该反应器于 1988 年退役并拆除。由于先前设在伊万斯楼中的计算机科学项目规模日益扩大,学校将楼内的空间扩建至原来的两倍。

作为校长伊拉·迈克尔·海曼(Ira Michael Heyman)口号为"遵守承诺"的资金募捐活动的一部分，这栋造价 3 500 万美元的建筑是由各界捐款资助的,捐款包括企业、基金以及个人的。其中,数额最大的一笔来自 Y&H 索达基金会（以旧金山海湾地区大慈善家查尔斯与海伦·索达的名字命名)1 500 万美元的里程碑式捐赠。这一数额与同年早些时候哈斯家族捐建新商学院的数额相等,两者并列为伯克利校史上所接受的最高额的个人赠款。

由办公室设在纽约市的建筑师爱德华·拉拉比·巴恩斯和安申与艾伦建筑事务所旧金山总部共同组建的建筑小组在设计这栋集研究与教学功能于一体的大楼时曾遇到重重困难。大楼的设计需要考虑高科技的背景,同时还要体现对计算机科学系的认同感,此外又需兼顾社交活动的需要,更要与周围的民居社区风格相和谐。设计师们提出的解决方案中加入了一个位于大楼中部连通东、西两侧厅的通道式中庭结构。中庭的一侧为与奇弗里厅规模相当的面向赫斯特大道的五层楼房,另外一侧是建筑的北楼。北楼自上而下建有多座级联式露台,最终通向一片正对附近社区的开阔空地(为将来可能扩建的低层建筑预留)。

在大楼内部,建筑师们将教职员办公室设计得十分紧凑,从而可以促进教员们之间的交流；由中庭射进的日光照亮的各条走廊和开放式讨论长廊等结构则是为了预先计划的或是即兴的师生交流而建造的。数间带有大窗的办公室和研究室位于大厅的周边，而大厅中央的空间则主要是教室或供集成电路、机器人研究和教学工作而建造的实验室等。通过一台分布式超级计算机和多媒体技术,索达厅中接入了当今最先进的网络及通信系统,实践了"楼即是计算机"的大胆宣言。大楼中的教室、办公室和实验室全面配备了由企业捐赠的硬件设施——约 300 台计算机工作站通过数百英里的光缆、铜电缆和先进的无线技术交互相联。所有彼此相联的计算机组成了资源量及速度都大为改善的集群计算机——即由多座工作站构成的网络。建筑意义上的楼宇与超级计算机的概念从此等同起来。

沿赫斯特大道那侧的绿色外墙、两层高的骑楼长廊和沿街的棕榈树等无一不赋予索达厅一种独一无二的地中海式外观。大楼所用的德式琉璃瓦的斑驳色彩专为配合与邻近民居社区一致的清新自然格调,带给人一种和煦的、非工业化的感觉。建筑上使用浅绿褐边的英式板岩砌成的带状饰和横纹结构勾画出各个楼层之间的界限,也为整幢大楼的外墙带来了一种规模感。

22. 欧几里德大道社区和"圣山"

正对北大门的是狭长的欧几里德林阴大道,沿街的那排低层商店和饭馆与校园北区社区的规模很是一致,而北区社区的建筑仍存留着第一海湾传统风格的某些渊源。学校的研究生和工程学学生以及周围其他学院的高等学历学生们无需费什么周章便可来到欧几里德大道。这条大道闲适的节奏与南区的密集以及西区城镇般的喧嚣形成了鲜明的对比。欧几里德大道

欧几里德大道与欧几里德公寓

同时还承担着附近山麓社区南大门的职责。在 20 世纪初期,通过一条专用电车线路便可来到该社区。

大道最南端坐落着由约翰·嘉伦·霍华德在 1912 年设计建造的欧几里德公寓(欧几里德大道 1865 号)。隔赫斯特大街与霍华德设计的木瓦北门厅相对的这栋对称式四层大楼被霍华德的初期合伙人威廉·海斯描述为“在他设计的住宅建筑中最为成功的一栋”,其“檐口广泛地使用了多种色彩,令人们期待能看到更多色彩”。与同样由他设计的位于北区的木瓦式克洛因庭院中质朴的北区传统不同的是,霍华德在这栋灰浆粉饰的欧几里德公寓采用了兼收并蓄的新古典主义风格。除极具装饰性(然而如今其颜色已变得单一)的檐口外,大楼中的细部装饰还包括粗石门面基底、大型拱门以及栏杆式封闭门廊凸台等。

在 1923 年大火后的北区重建阶段,神学院在距欧几里德大道一个街区以外的景观街、山麓路和勒康特大道交界处获得了一份地产。该地块位于一座小山丘上,可以尽览旧金山湾风景。神学院后被命名为太平洋宗教学院。受其影响,越来越多的神学院受加州大学周边环境的吸引,紧随其后来到了这片适合开展教学活动的地区。多所神学院于 20 世纪 60 年代搬迁到这里,将闲置的兄弟会房舍改造后用作教学。如今,这片社区包括聚集于正对景观街、山麓路、勒康特大道和欧几里德大道的“圣山”之上三个街区内的六所神学院。它们组成了联合神学研究院(GTU)的一部分。联合神学研究院是一个由九所神学院组建的多教派神学研究团体,隶属于这一团体的学生们有机会获得各校联合奖学金,可以共享图书馆设施,同时还能够使用加州大学的图书馆资源并选修加州大学课程等。

这几片小型校园中包含了数座杰出的建筑,建筑风格多样,由世纪之交时折衷的复兴主义风格到现代主义风格等,这也是这片区域的特色所在。其中最壮美的无疑是太平洋宗教学院的霍尔布里克厅(景观大街 1798 号)。这栋大楼由小沃尔特·拉特克里夫于 1924 年设计建造。大楼的人字形屋顶和粗面石外观及装饰性塔尖和哥特式拱窗等都是典型的英国学院哥特派风格。同样出自拉特克里夫之手的还有太平洋神学院的礼拜堂(山麓路 2451 号)。它建于 1929 年,是一座小型砖石结构的哥特复兴风格的复合建筑。位

霍尔布里克厅(太平洋宗教学院,景观街 1798 号)

于其旁的是多米尼加哲学与神学学院(山麓路 2401 号),其中包括一座建于 1923 年的英国都铎复兴式建筑。这座建筑的设计者是和拉特克里夫一样曾师从于约翰·嘉伦·霍华德后又在霍华德手下工作的建筑学教授斯坦福德·乔里(Stafford L. Jory)。

位于山麓路和景观街拐角处(山麓路 2400 号)的弗洛拉·拉姆森·休莱特图书馆(Flora Lamson Hewlett Library)是由建筑师路易斯·卡恩(Louis I. Kahn)设计的。1974 年卡恩去世后,来自旧金山的皮特斯、克雷伯格和考尔菲尔德建筑事务所(Peters, Clayberg and Caulfield)与埃什里克、荷姆西、道奇和戴维斯建筑事务所联合完成了这幢建筑的设计建造工作。这栋现代风格的三层露台式大楼的建造工作分为两个阶段,1981 年开始至 1987 年结束,用作图书馆和办公室。大楼的细节装饰非常丰富,包括木制侧板及带有金属框架和顶棚的几何造型窗户等。日光透过中庭照亮了整个图书馆,而这座图书馆是全国收藏最多神学藏品的图书馆之一。

"圣山"山坡上是由厄内斯特·考克斯海德设计、建于 1902 年的菲比·赫斯特曾经的住房和接待大厅(勒康特大道 2368 号和景观街 1816 号)。隔壁的褐瓦小楼是惠勒校长曾经的住宅(景观街 1820 号)。小楼建于 1900 年,设计者是埃德加·马修斯。1911 年,在惠勒校长全家搬到校园大学邸(参见漫步路线三)后,刘易斯·霍巴特又对这幢建筑进行了翻修。

漫步路线三

西北侧中心校区

23　哈维兰厅、维克森自然区以及大学邸

24　农学建筑群：威尔曼厅、希尔加德厅以及贾尼尼厅

25　瓦利生命科学大楼及生命科学辅楼

26　科什兰厅和遗传学及植物生物学教学楼

27　马尔福德厅

28　新月区、西环区及空地区

29　格林内尔自然区、桉树丛、踢足球者雕塑、1905 级毕业生长凳及德文奈尔辅楼

石狮雕塑（安东尼奥·卡诺瓦，大学邸）

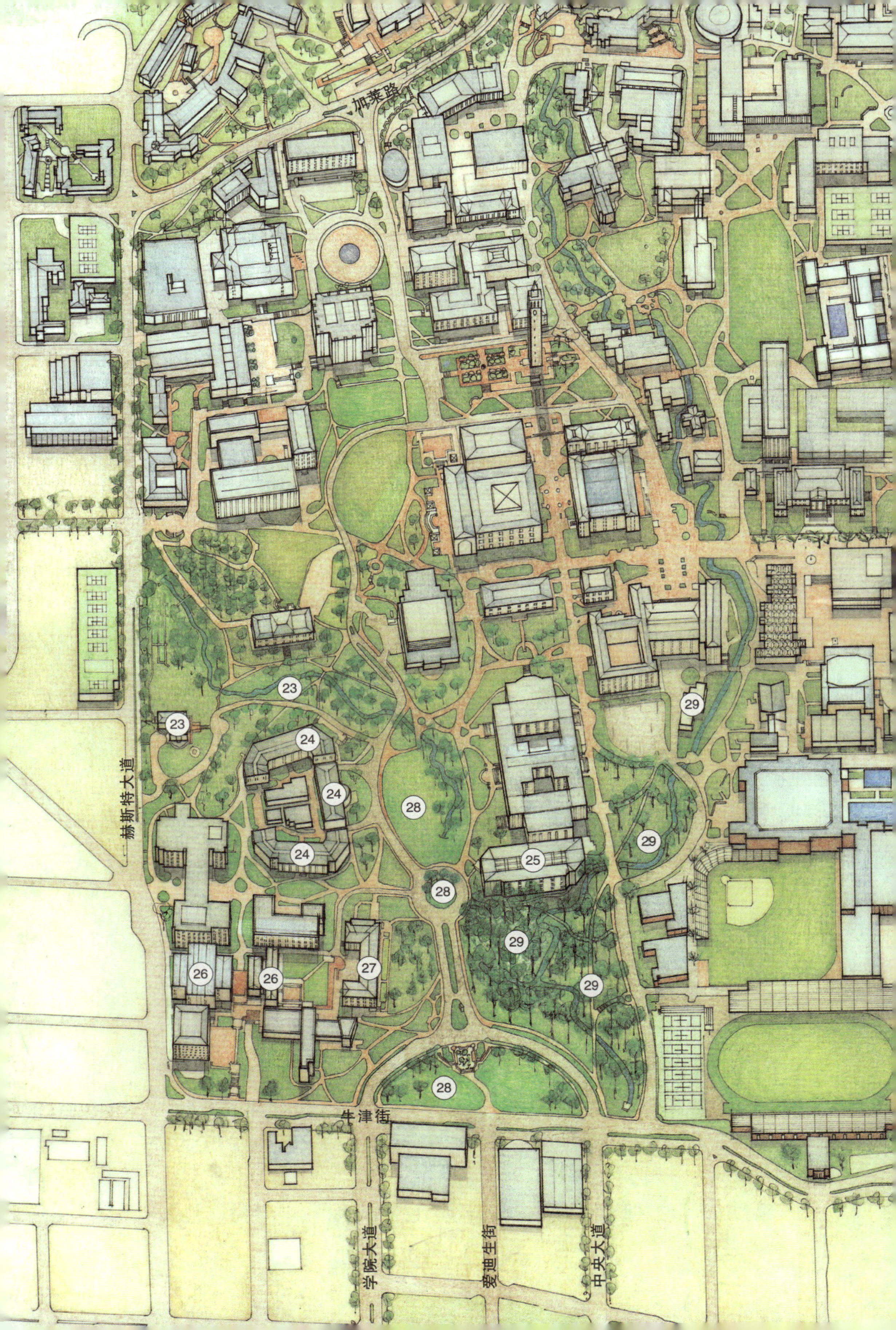

加莱路
赫斯特大道
牛津街
学院大道
麦迪生街
中央大道
23
24
25
26
27
28
29

农学、科学及自然资源

从这所大学以农学起家的19世纪直至如火如荼开展遗传学研究的21世纪伊始，中央校区西北侧的这条游览路线始终能让我们领略到丰富的校园历史及科学建树。埃米尔·贝纳德1900年设计中唯一建成的大楼、约翰·嘉伦·霍华德(John Galen Howard)美艺建筑群的西侧部分以及对20世纪30年代艺术装饰中战后的新古典主义、现代主义及20世纪晚期的后现代主义风格兼收并蓄的力作都坐落在这个区域。草莓溪的两个支流汇聚于建筑群中的空地内,而学校三个中央校园自然区中的两块也位于这片土地上。

这块区域的大部分——从小溪的西侧到牛津街——都是在1868年加州学院理事会将原校区所有权转让给加州大学一年后获得的。随后,人们在如今靠近中央大街的入口处建造了一个主入口,这一入口也与威廉姆·哈蒙德·霍尔(William Hammond Hall)1873年设计的环校园大道贯通在一起。如今横穿格林内尔自然区的入口则属于环校园大道的南侧分支。学校对这片土地的利用也充分体现了霍尔提出的发展“试验农学及实践农学”的倡议。到1886年,大片的“经济型园林”、谷地、梨园、苹果园、李子园、杏园、桃园及一小片葡萄园遍布这片土地,其间零星散布着一些小型温室、大棚。小溪的北支附近还有一座马厩。学生用的煤渣跑道也在此处。建于1882年的煤渣跑道是为了表彰“爱德华上校长期以来的不懈努力”。而之后的爱德华体育馆及运动场也正是以这位数学教授的名字命名的(参见漫步路线四)。为了保护如今位于生命科学辅楼所在位置的跑道不受海风的侵扰,1877年,人们还在小溪的两个支流中间种植了一片按树丛。

最初埃米尔·贝纳德在1900年设计规划的修订版中提出这个区域的发

展规划。随后，霍华德于1908年提出了关于周边宿舍区的规划。为了保留该区域西侧部分的空地，霍华德的这一计划最终搁浅，而他所设计的里程碑式的建筑群则在东侧与空地遥遥相对。这片建筑群在本区域内有哈维兰厅和农学群楼——威尔曼厅、希尔加德厅以及贾尼尼厅(威廉姆·海斯)——以区域中线为轴，这些建筑与加利福尼亚厅及瓦利生命科学大楼遥相呼应，相映成趣。

1905级毕业生长凳

除了赫斯特大道沿街的一排井口建筑和温室之外，新月区北侧的一片区域直至20世纪中期才动土开发。这片曾被称作希尔加德场或者纪念练兵场的场地曾作为后备军官训练团(ROTC)训练及娱乐之用。后备军官训练团的军事训练始于第一次世界大战并在1917年被定为大学的一门必修课程。霍华德所规划的新月区于1929年最终竣工。在随后的20年间，新月区的西侧“前院”一直保持着未开发的原始状态。

然而，第二次世界大战之后，随着招生人数的日益扩大，校方无法再继续保留这块未经开发的土地了。亚瑟·布朗(Arthur Brown)1944年的规划中就包括沿赫斯特大道和牛津街的一排外围建筑。虽然他的设计最终没有完全实现，但4年后弗洛斯特(Forestry)设计的马尔福德大厅(米勒及沃耐克建筑事务所，1947～1948)的落成也拉开了开发希尔加德场的序幕。继马尔福德厅建成后，为国内经济学系而建的摩根大厅(史宾塞及安布罗斯建筑事务所，1952～1953)以及为公共卫生系而建的国际风格的沃伦厅(马斯汀及赫德建筑事务所，1953～1955)也相继竣工。在接下来的20年间，为教育及心理学系而建的庞大的托尔曼厅(嘉登纳·戴利联合建筑事务所，1959～1962)和为生物化学系而建的方方正正的巴克尔厅(伍斯特、伯纳迪及埃默斯建筑事务所，1962～1964)也拔地而起。这两幢六层高的混凝土大楼和之前的两座大厅一起,构成了一处互不相关的现代主义四方院结构。后来建于这个四方院中的科什兰厅和遗传学及植物学教学大楼(海尔默斯、欧巴塔及凯撒包姆建筑事务所,1986～1990)与位于地下的西北动物研究所 (NBBJ,1988～1993)的屋顶景观相衬托,构成了整片建筑的一个焦点,不仅增加了建筑群的多样性,也增强了建筑的整体性。穿过西环区对面的瓦利生命科学大楼和桉树丛之间的空地,为生物科学系而建造的生命科学辅楼也在同一时期平地而起。

作为学校5亿美元健康科学项目的一部分,校方已开始在本区域的西北角规划新的建筑以取代年久失修的沃伦厅。此外,校方提出了关于建造一座生物医学与健康科学交叉学科研究中心的提议,以发展生物信息学等新兴学科。在这个研究中心里,科学家们开展计算机科学与生物工程学交叉研究以进行人类基因等相关领域的研究。

23. 哈维兰厅、维克森自然区以及大学邸

哈维兰厅(Haviland Hall) 约翰·嘉伦·霍华德,1923～1924;凯尔·李斯特及佩恩联合建筑事务所,内部结构改建,1962～1963;布莱克—德鲁克/凯恩,内部结构整修及改建,1986

维克森自然区(Wickson Nataral Area) 1969

大学邸(University House) 阿尔伯特·皮希斯,1900～1902;约翰·嘉伦·霍华德,内部装修、扩建东侧平台、花园及景观设计,1910～1911;布罗基尼联合建筑事务所,防震结构改建,1990;佩奇及特布尔建筑事务所,修整及翻新,1997～1998

哈维兰厅

哈维兰厅最初是校方为教育学院而建的,著名的朗格教育学图书馆就在哈维兰厅内。朗格图书馆是为缓解杜恩纪念图书馆 (Doe Memorial Library)巨大的借阅压力而建的第一座校园分馆。1924年,在朗格图书馆的落成典礼上,教育学院院长威廉·肯普(William W. Kemp)称赞这座图书馆是“加利福尼亚公共教育体系之拱的拱顶石”。如今公共健康学院的办公室及社会福利学院就设在这幢建筑中。

哈维兰厅

哈维兰厅坐落于天文台山西坡底部一道陡峭的堤坝之上，俯瞰着草莓溪的北侧支流。虽然最初的规划是在此处建造一栋艺术大楼，但是哈维兰厅方正的形状与选址也算是符合霍华德最初的设计了。这栋大楼原本与加州厅在中央轴线两端遥相呼应，产生一种平衡对称之美感。然而，1970 年建于两者之间的墨菲特本科生图书馆(参见漫步路线一)却破坏了这种对称。当时，为建造这座大厅及通向这座大厅的通道，校方需要拆除位于现在大厅停车场位置上的维多利亚风格的玻璃及钢结构温室（洛德及伯纳姆公司，1891）。

钢筋混凝土结构的哈维兰厅结构对称，采用四坡屋顶，屋顶覆盖半圆形截面瓦。这座新古典主义风格的大楼由一栋四层的中央大楼及南北两侧各三层高的两个侧厅构成。其中，中央大楼顶部开有一个大型的铜结构天窗。整幢建筑的细节装饰生动丰富，充分展示了霍华德运用程式化的建筑结构及材料，在美学原理的指导下，在每栋独立建筑中体现多样性，同时又兼顾整个建筑群的整体性的高超技能。

与这幢建筑的最初功能相关的一些象征体现在中央阁楼区结构上。其中，带有打开的书本图案的挂饰悬于窗户之间及大门之上；刻有缪斯女神的坐骑——珀加索斯的奖章状挂饰装饰于铜绿斑驳的装饰围栏之间。此外，装饰拱腹、花卉图案的隅石、螺旋状的圆形线脚、漩涡形的支架等细部装饰也为整幢建筑的外观增色许多。

穿过一道金色的拱形橡木双门，便可进入西门厅。西门厅的楼梯采用棕榈叶形状装饰的金属护栏，楼梯上方悬挂着一盏新艺术派风格的吊灯。这个厅中处处体现着对 1914～1922 年担任教育学院院长的亚力克西斯·朗格(Alexis F. Lange)的缅怀与纪念。朗格图书馆就是以这位院长的名字命名的。一幅以他为主题的大型纪念性油画放置在厅中。油画的橡木画框做工精细，雕工精美，其上刻有学习灯塔及学校印章。

石膏装饰细节(社会福利图书馆，哈维兰厅)

1963 年，在教育学院搬迁到新落成的托尔曼厅之后，社会福利系随即搬入哈维兰厅。此时，对在第二层的图书馆进行的内部装修令霍华德的最初设计有些面目全非。然而，1986 年这间按照 18 世纪苏格兰建筑师罗伯特·亚当(Robert Adam)风格所设计的新古典主义房间却在旧金山建筑师邦妮·布莱克—德鲁克(Bonnie Blake-Drucker)和迈克尔·凯恩(Michael Kay)的修复下恢复旧貌，并随后被用作社会福利图书馆。原来房间内损坏的浅浮雕石膏天花板通过现存的装饰模具而重现；而原有的柯林斯半露方柱则是通过手工雕刻的石膏壁板而得以恢复。修复后的这座图书馆和它旁边的研讨室都可谓是霍华德所设计的校园建筑内饰中意义深远的存世之作。

这栋大楼及其前方的入口通道(曾作为1992年校园大道重新规划的一部分，现已不复存在)都是为纪念汉娜·哈维兰(Hannah N. Haviland)而命名的。正是哈维兰向校方的提议才为这项建设基金提供了大部分的资金来源。

哈维兰厅名列国家历史遗迹名录及加州历史资源名录中，它也是伯克利城的一座地标性建筑。

维克森自然区

维克森自然区是校园中值得珍惜的近水环境之一，位于草莓溪靠近北门的入口到其靠近贾尼尼厅的涵洞之间，环抱着整个草莓溪的北支流。这里与格林内尔自然区及古德斯皮德自然区并列为校园三大溪流自然区。维克森自然区是由罗杰·海恩斯(Roger W. Heyns)校长于1969年建立的①。它以爱德华·维克森(Edward J. Wickson)的名字命名。维克森曾于1906～1912年担任农学院院长及农学实验站站长，并于1879～1923年在学校任教。

维克森内有校园里现存的最古老的海岸红木(北美红杉)林，可回溯到1870年左右；另有一棵远近驰名的中国银杏树(银杏木)生长于贾尼尼厅的正东方，这也是西海岸最大的银杏树之一。每当秋日来临、落叶飘飞之时，这棵种植于1881年珍贵的银杏树便成为这里一个灿烂的金色地标。

1962年，爱德华·斯特朗(Edward W. Strong)校长宣布校方应将这片区域作为一块“自然区”保护起来。当“二战”后学校的飞速发展威胁到所有的溪地环境时，将这些区域珍视为生物学及园林建筑学“活的实验室”的教职人员们提出了态度更为强硬的保护提案。溪流地区除了生长着月桂树、橡木、七叶树及红木外，还被公认为是包括蕨类、杉叶藻、顶针浆果灌木等在内

① 除三块位于中央校园的自然区外，校方又在草莓峡谷新开辟了两块生态研究区域。

中国银杏树(维克森自然区)

的植物群落和包括松鼠、鱼类、蝾螈、鸟类及昆虫等在内动物群落的栖息地。

1968 年，由于墨菲特本科生图书馆(参见漫步路线一)的落成,校方不得不将校园大道重新规划至中心轴线的北侧。校方所规划的这一路线涉及移植四棵红杉木以及在溪流之上建造一座桥。这一规划引发了学生、教职人员、职工的强烈抗议。作为回应，海恩斯校长下令重新规划大道,使其绕过树林区,并指示这条大道可在必要之时供机动车通行,跨校园的车辆不得放行。校长承诺道:“这项新的规划将保留一块重要的自然区,并使校园的中心区域继续保持步行区的本色。”

这片区域环境优美怡人,此外还是历史上许多纪念活动的举办地点。著名的萨缪尔·霍普金斯·威利(Samuel Hopkins Willey)纪念红木就是为纪念这位加利福尼亚大学的执行校长而种植的。这位校长参与起草了 1868 年促使这所学校成立的组织法案。一个世纪之后，人们又种下了另外一棵红木——著名的百年之木,谨以此纪念校长罗伯特·戈登·斯普劳尔名誉教授,这棵百年之木静静地矗立于距威利红木几码远的溪岸上，正对着贾尼尼厅的入口。在种下这棵百年之木的同时,人们还在一个混凝土地下室中埋下一个“时间囊”,胶囊中存有各种文件及纪念物品。人们打算在 2068 年学校两百周年纪念仪式上开启这个时间囊。在人们提交的想要存放在时间胶囊中的众多物品中,副校长厄尔·切特(Earl F. Cheit)注意到一份提议,提议说学校的管理者们可以“利用这个机会将我们的错误掩埋。这或许需要一个稍大一些的盒子,并且不管怎样,人们在 2068 年打开这件物品的时可能会认为这是关于改善校园管理的一个真诚的、颇有见地的信息。”1995 年 12 月,切特重回这片红树林,为罗杰·海恩斯树林举行落成典礼,以纪念这位拯救校园树木的前任校长。海恩斯校长被人们亲切地称为“伯克利校园管理层来自天堂的礼物”、“一位模范学术大家”。

目前，萨缪尔·霍普金斯·威利纪念红木被公认为伯克利城的地标之一。

大学邸

坐落于峭壁之上的校长官邸——大学邸的原名——毗邻赫斯特大道，是校园里唯一一栋按照埃米尔·贝纳德1900年修订版规划建造的建筑。1900年5月12日，校董事菲比·埃珀森·赫斯特(Phoebe Apperson Hearst)手持一把银铲，为这栋房屋铲下了奠基的第一铲土。她怀着一种乐观的心情，期待着赫斯特规划能够在新的世纪为这座大学带来翻天覆地的变化。奠基仪式包括在传统的毕业纪念日的庆典活动之内。在毕业日上，高年级的学生们向成长于斯的校园依依话别。这一活动也吸引了一大批观光者齐聚这“风景如画的大学园林中”。

“我们踌躇满志，计划建设一所更为先进的大学。这一计划的第一次正式行动就是应当为这样一所住宅奠基。”校董事赫斯特在由惠勒校长代为致辞的演讲中这样写道：“我们所期望的是，当时机到来之际，将会有一栋栋教学建筑在这片热土上拔地而起。这些建筑能够与时俱进地适应人们日益开

大学邸

阔的思想王国,能够满足人们进行各项探索及实验活动的需求;这一切并非仅仅为了追求博学多识,更重要的是为了能够将博学作为一种力量,在今后的时日里引领知识及道德的进步。”

美艺派建筑师阿尔伯特·皮希斯以其充满意大利风格及帕拉第奥式建筑的经典设计而为世人推崇。而这栋在1909年的一篇文章中被描述为“意大利明媚阳光下的一栋别墅”的房屋也不例外。这栋新古典主义住宅的房顶采用四坡屋顶形式,屋顶以半圆形截面瓦覆盖。一座三拱式的带柱门廊及装有遮雨檐的长方形窗户、两层高的东西侧室组成了大楼对称的正面结构。大楼的第一层东西两面各有一个装有护栏的阳台。阳台呈弓形,向外突出。走进这座砂岩外墙的宅邸里,首先会来到一个中央接待大厅,穿过接待厅,西侧厅为起居室, 东侧厅则是会客厅及餐厅。这几个房间都装饰着木制护墙板,作为特殊场合及接待活动之用,而楼上的房间则用作私人活动。

原计划大楼入口处花岗岩阶梯的基座用一对陶罐装饰, 随后学校董事菲利普·鲍尔斯(Philip E. Bowles)向学校赠送了一对采用意大利卡拉拉大理石雕刻的石狮雕塑置于基座上。这对石狮是意大利著名雕刻家安东尼奥·卡诺瓦(1757～1822)为教皇克莱门特十三世之墓而创作的。惠勒校长对这一举动热情地回应,说入口基座“与这对卡诺瓦石狮融为一体,看上去是那么相得益彰”,并赞许“这对美轮美奂的雕刻或许真的找到了它们的归宿”。

然而,在这栋房屋破土动工之后,惠勒校长一家仍不得不在校园北面的一栋住宅(风景大道1820号)里住了11年。变化无常的基金拖延了房屋的建造进度;学校的教育需求又使得这栋房屋被用作教学楼。1910年,约翰·嘉伦·霍华德完成了整栋房屋的内部装修工作。其中,内部陈设是著名的旧金山设计装饰事务所——维克里·阿特金斯及托里公司的亨利·阿特金斯(J. Henry P. Atkins)完成的。杜兰特厅(即布尔特厅)及杜恩纪念图书馆的内部装修也是由这家事务所负责完成的。霍华德还为这栋房子增建了东侧露台,设计了私家花园,并完成了整栋房屋的园景及出入口设计。

1911年初,惠勒校长历经漫长的等待终于搬入了他的新家中。他是入住这里的第一位校长, 其后在这里居住过的依次为大卫·普雷斯科特·巴罗斯校长、威廉·华莱士·坎贝尔校长以及罗伯特·戈登·斯普劳尔校长。1958年斯普劳尔校长退休后，继任的克拉克·科尔校长打算对他将要入住的这座宅邸进行一些维护工作，这栋房子第一次空了下来。维护工程完成后，这座宅邸随即更名为大学邸并被用作一些办公用途，直到1965年，第一位居住于此的执行校长罗杰·海恩斯成为它的主人。在海恩斯之后居住于此的依次为执行校长阿尔伯特·鲍克、执行校长伊拉·迈克尔·海曼、执行校长田长霖以及现任校长罗伯特·伯达尔。

入住后不久，惠勒校长就在此接待了他的好友、前来为1911年宪章日庆典活动致辞的美国前总统西奥多·罗斯福。罗斯福总统是这座宅邸接待的第一位显赫客人。曾来过这里的贵宾还有美国总统哈利·杜鲁门和约翰·肯尼迪，摩洛哥国王、伊朗国王、希腊国王、尼泊尔国王和荷兰女王，法国总统以及印度、加拿大、德国和巴基斯坦总理。

大学邸名列国家历史遗迹名录内，并作为一处加利福尼亚州历史遗迹被确定为伯克利校园名胜，同时也被加州历史资源索引收录，还是伯克利城的又一座地标性建筑。

24. 农学建筑群：威尔曼厅、希尔加德厅以及贾尼尼厅

威尔曼厅(Wellman Hall)　约翰·嘉伦·霍华德，1910～1912；拉特克里夫、斯拉马及凯威莱德，内部改建，1966～1967

希尔加德厅（Hilgard Hall）　约翰·嘉伦·霍华德，1916～1917；拉特克里夫联合建筑事务所，内部改建，1960～1961

贾尼尼厅(Giannini Hall)　威廉·海斯，1929～1939；拉特克里夫联合建筑事务所，内部改建，1962

“这所大学所有的院系中，与国家的繁荣最为紧密相关的是农学院，”惠勒校长1912年11月在农学厅(即现在的威尔曼厅)落成典礼上这样说道，“提供农业科学技术的短期培训以及在农民学习机构传播知识是我们的首要目标。”他的这些话语回顾了1868年当国家立法机关建立这所大学的同时建立这所大学中最大的学院的重要性。

约翰·嘉伦·霍华德将这栋楼建于校园西入口附近的一座小丘上，俯瞰

威尔曼厅(中)、希尔加德厅(左)及贾尼尼厅(右)

着校园的中轴线。这样的选址也体现了这座建筑的重要性。威尔曼厅是农学建筑群中的第一座建筑,也是随后建成的整个建筑群的焦点。它与后期分别建造在它左右两侧的希尔加德厅和贾尼尼厅一起,组成了一个梯形院落。这三栋楼尽管在处理方式上不尽相同,而且并非在一个时期建成,却都作为单个元素构成一个不可分割的整体, 这也是霍华德设计托斯卡纳农场后形成的一种组合结构。一个温室也被设想出来,但是最终没有建成,因此整个院落的北侧也并未被明确地界定下来。然而,为构成完整的园景空间,仍需将北侧空地填补起来:这片空地现在被充当停车场,最近一段时间又被当作临时建筑物的搭建场所。1990 年的长期发展规划也提及这块户外空地的重建工作。设计者的意图是使这个农学建筑群在校园中央空地的横轴线南侧与自然科学建筑群平行。自然科学建筑群于 1930 年建成,其前身即为(瓦利)生命科学大楼。

威尔曼厅是一座四层高的长方形建筑,建筑的主立面,即南侧中部有一个独特的半圆形后殿。红瓦砌成的四坡屋顶上特色分明地装着一扇铜框天窗。天窗与整座建筑群的总体特色浑然一体。作为赫斯特规划中的第五座教学建筑,当它渐渐显现出弧形轮廓时,便吸引了人们兴奋的目光。“农学厅的钢筋结构已经搭建起来，虽然还未进行铆接加固”，校董事维克特·亨德森的秘书在给建筑师的信中写道：“在西侧校园建设过程中，这座里程碑式的建筑无可置疑地推进了整个赫斯特规划的实现进程。它建造在这里的陡岸之上，无比壮丽。”

农学建筑群(约翰·嘉伦·霍华德，约 1912)

威尔曼厅的外墙采用花岗石包覆，却与霍华德早期建筑中所用的来自塞拉利昂山麓雷蒙德采石场的石材并不相同。在竞标中，雷蒙德石材以微弱的劣势输给了来自洛克林的加利福尼亚花岗石公司。当时，霍华德本人身在欧洲，建筑师威廉·奥蒂斯·雷格尔(William Otis Raiguel)暂时掌管建筑师事务所，这件事情引起了雷格尔的关注。“我们希望，”他说道，“校园里的建筑所用的花岗石在色泽、纹理及风化特性等方面应彼此一致。”这点对霍华德的事务所来说非常重要，雷格尔甚至曾提议出于对学校未来的建筑考虑，学校应当继续与雷蒙德采石场订立合同，以保证粗石料的供应，这些粗石料可以作为切割及建筑之用。在接受较低报价之前，雷格尔及地理学教授安德鲁·劳森(Andrew C. Lawson)拜访了洛克林公司旗下的所有采石场并且视察了用该公司石料建造的一些大楼。在一系列的评估测试完成后，事务所方才同意签订合同，然而前提条件是事务所需要派一名监察员常驻采石场，保证其所供应的石料能够满足霍华德的严格标准。

在大楼的花岗石表面上，霍华德采用了大块粗刻石及隅石进行细部修饰，还设计了位于中央的、巨大的拱门，走进这扇拱门便来到后殿的内部，这是一个可容纳 250 人的半圆形礼堂，每层座位之间坡度很大，而这个拱门便充当着入口的作用。两边尾殿的南入口，他采用了花岗石质地的带有竖框的拱形窗户，这一设计也让人联想到佛罗伦萨的著名建筑——由莱昂·巴蒂斯塔·阿尔贝蒂(Leon Battista Alberti)设计的卢契来宫(Palazzo Rucellai)(约 1450 年)。

除礼堂外，大厅的一楼最初还包括一间半圆形的农学博物馆，博物馆里有一条回廊在最高一层座位下面，还有图书馆、园艺学和葡萄种植学实验室以及一些办公室。大厅二楼为昆虫学及植物病理学实验室、仪器室、演讲厅及数间书房。地下室是植物喷淋区及养蜂区。开有天窗的阁楼也提供一些有用的空间。

巧合的是,农学院新任院长托马斯·福赛斯·亨特(Thomas Forsyth Hunt)的任命仪式与这栋楼的落成典礼同时举行。上任之后,亨特闪电般地聘用了在宾夕法尼亚州立大学时曾在他手下任教的约翰·格雷格(John W. Gregg),希望在这栋新楼中建立一个园林园艺及花卉栽培学的新院系——即如今环境设计学院园林园艺与环境规划系的前身。当时有人提议将这个新的院系命名为园景建筑学系,但是这一提议被霍华德否定。他认为这一学科应当受监理建筑师管辖,农学院无此权限。即使霍华德有这样的意见,格雷格和他的同事们还是对威尔曼厅等几座建筑的绿化设计给霍华德提出了许多中肯的意见及宝贵的建议。然而直到 1926 年霍华德不再担任监理建筑师之后,格雷格才同意就任校园园景建筑顾问一职。

20 世纪 60 年代,农学院重建,这栋楼也经历了内部整修。在整修中,霍华德设计的阶梯礼堂被改建成一座博物馆。1966 年,镌刻在后殿窗户的弧形雕带上的楼名被改变了,谨以表彰农业经济学教授、时任副校长的哈里·理查德·威尔曼(Harry Richard Wellman)先生。随后的一年,他接替在那时学生抗议活动中被解职的克拉克·科尔校长,被任命为学校的执行校长。

随着农学院与林业及自然保护学院的合并,1974 年自然资源学院成立了。学院经过 20 世纪 90 年代的进一步重组,如今下属四个系部。设在威尔曼厅中的学院职能部门还包括埃西格昆虫博物馆,馆中陈列着一系列陆生节肢动物门的昆虫标本,被编号的展品约 450 万件。

希尔加德厅

农学建筑群中第二栋落成的楼希尔加德厅是以 1914 年发行的 180 万美元国家公债作为经费建成的。这笔经费同时还资助了惠勒厅、吉尔曼厅的建造及杜恩纪念图书馆的落成。约翰·嘉伦·霍华德原打算沿袭他的风格,继续使用花岗石作为主要建筑的石材,然而,由于第一次世界大战的爆发而导致的支出飙升，学校董事开始考虑更经济节约的方案。校方与霍华德达成协议，不因为资金的原因改变图书馆及惠勒厅的设计初衷，并且首先保证希尔加德厅采用花岗石材料。然而，建筑面积的需求最终主导了双方的决定：1916 年 3 月，校方授权霍华德采用钢筋混凝土材料建造吉尔曼厅和希尔加德厅。霍华德对于这个变故显然不甚满意，他的前任合伙人、学校教员威廉·海斯(William C. Hays)回忆道："他受聘来这里是用高品质的花岗石建造纪念碑。"然而用花岗石来建造这座经典的"学习之城"的计划却成了一种奢侈。

在那时，采用钢筋混凝土材料建造楼房的方法还相对比较罕见，是 1906 年旧金山火灾及大地震后才慢慢开始普及。曾就钟塔楼(the Campanile)的结构设计与霍华德进行磋商的土木工程系主任小查尔斯·德莱斯(Charles Derleth, Jr.)随后也加入团队，负责指导希尔加德厅的建造。为了构成方院建筑群的西侧结构，这座四层高的大厅被设计为不对称的"C"形。大厅由一栋纵向楼及其南北两侧两座四坡屋顶、略为低矮的扶手形侧厅组成。它的宽度和高度取决于建筑群的中心建筑威尔曼厅。大楼的西侧主立面是对称的新古典主义结构，有内嵌式多利安柱廊分隔开来的 11 个开间，柱廊的两端各有一对半露方柱。一行由惠勒校长题词的巨大铭文镌刻于大楼顶部长长的檐壁之上："为人类社会拯救蕴藏于田园生活中最本源的价值。"("TO RESCUE FOR HUMAN SOCIETY THE NATIVE VALUES OF RURAL LIFE.")正是这句话确立了农业推广及农业生产的主题及精髓。

践行这个信条的希尔加德厅可谓是视觉上的饕餮盛宴，大厅处处都装饰着与农业相关的符号。大厅檐口上每根柱子上方都有一个花环装饰的牛头石像，牛头正对下方，凝视着柱头。这些装饰由托斯卡纳红及奶油灰色的正面檐壁向外伸出。檐壁采用意大利文艺复兴时期五彩拉毛粉饰工艺。所谓五彩拉毛粉饰工艺是指首先大量涂覆多层色彩对比鲜明的灰浆层，然后通过刮擦工艺得到一种较浅的浮雕效果。这条檐壁及大楼中其他的五彩拉毛粉饰壁板及檐壁都是保罗·丹尼维尔(Paul E. Denneville)的作品。1915 年，在旧金山举行的巴拿马—太平洋国际博览会上，丹尼维尔曾担任纹理及造型指导师。

希尔加德厅

牛头像之间的空间上雕刻着花瓶和装满花朵和水果的丰饶角饰(艺术作品中装满水果和鲜花、形似动物角的装饰物)。相似的意象还出现在大厅两端的半露方柱上，每扇窗户之间的三角壁上则装饰着由水果及花朵组成的花彩饰,每个花彩饰中间都又雕刻着某种农场动物的奖章饰。大厅中央入口顶部有一尊一碗水果造型的石刻,石刻的周围同样装饰着丰饶角。入口铁门上的栅格被设计为艺术化的加州州花——加州罂粟花。两端尾厅也都用五彩拉毛粉饰。除主入口外的其他入口及窗户上则都有安装托架的露台,露台上装饰着麦穗束和植物图案。这座大厅充满植物意象和动物意象的细部装饰中,不可忽视的还有那些模铸而成的古典主义装饰,从墙基底部的护壁饰条到柱顶之上的檐部,到处可见它们优雅的身影。

这栋楼里有多间实验室、演讲厅、教室等,农艺学系、柑橘栽培系、林业学系、遗传学系、果树学系、土壤技术系以及葡萄栽培系的办公区域也在此处。为了庆祝这栋楼的启用,1917 年 10 月的一个周六清晨,惠勒校长在按树林主持了大楼的落成典礼。庆典活动后还安排了一组演讲。演讲结束后,下午举行了一系列的会议。随后,在这栋新落成的楼里召开了加州苗圃工人协会(California Nurseryman’s Association)的闭幕会议。庆典当天,大楼里还展出了多种柑橘类水果、亚热带水果及新植物品种的育种成果等。

五彩拉毛粉饰的檐壁及象征着农业的装饰图案(希尔加德厅)

为纪念德高望重的农学及农业化学教授(1974～1904 年在任)尤金·沃尔德马·希尔加德(Eugene Woldemar Hilgard),这栋楼被命名为希尔加德厅。希尔加德教授在 1888 年建立了加利福尼亚农学实验站并担任站长一职。这个农学实验站也是全美第一个此类科研站。一尊希尔加德教授的半身铜像树立在带槽纹的台座上,被放置在一楼大厅的一个壁龛里。这尊 1912 年出自旧金山艺术家拉尔夫·斯塔克波尔(Ralph Stackpole)之手的铜像最早的位置是威尔曼厅的入口处。它是农学院教职员工、校友及农学俱乐部送给学院的一份饱含深意的礼物。那时,人们对这件艺术品赞口不绝,称"在人物仪态及姿势的构思上独具匠心,人物表情的处理上灵活巧妙"。20 世纪 60 年代,校方大范围改造了希尔加德厅的内部结构。如今,自然资源学院的办公区域及实验室都在这栋楼里。

贾尼尼厅

希尔加德厅开工 12 年后,整个农学建筑群还是犹抱琵琶半遮面。由于应当位于方院东侧的第三座建筑的缺失,导致整个建筑群落残缺不全、美感全无。1928 年,为了纪念总裁阿马德奥·彼得·贾尼尼(Amadeo Peter Giannini)先生,意大利银行(Bancitaly Corporation)捐赠了 150 万美元支持楼的建造,也正是这笔资金才保证贾尼尼厅最终落成。这笔款项的 2/3 用以建立贾尼尼农业经济学基金,剩余的 1/3 用来建造一栋楼作为基金会的场所。新建成的楼及其专业图书馆将以位于旧金山的意大利银行(日后成为世界上最大的银行——美国银行)的创始人以及随后担任大学董事(1934～1949)的贾尼尼的名字命名。

当约翰·嘉伦·霍华德不再担任监理建筑师一职后,让他的初级合伙人同时也是学校职工的威廉·查尔斯·海斯担任贾尼尼厅的设计人这一选择就显得较为合适了。海斯曾在赫斯特规划的执行中担任重要职务，也曾协助杜恩纪念图书馆及希尔加德厅的设计工作。循着前辈预定的轨迹以及霍华德为这个建筑群制订的计划——即建筑群中的第三座建筑应为与希尔加德厅成镜像关系的反“C”形，海斯将贾尼尼厅设计成了一座饱含现代元素的新古典主义风格的建筑。

贾尼尼厅和希尔加德厅类似，是一栋四层建筑，同样拥有由红瓦覆盖的四坡屋顶，同样也是一栋基本采用钢筋混凝土结构的楼，不同之处就是贾尼尼厅的细部装饰没有希尔加德厅那么丰富。为了将贾尼尼厅融入校园中央的环形道路模式中，海斯将大楼的主入口设计在斜坡式的东南侧厅处。弧线形的入口阶梯从砖石和大理石镶嵌的门厅处向上伸展至大厅。大厅的入口面对着溪流，正面是摄政风格(Regency Style)的石灰华凸台，凸台之上则为一座阳台，这些富有特色的结构为其增添了独特的风格。中央缩进式门廊的两侧均装饰着浅浮雕嵌板，嵌板上刻着各种花卉图案及花朵形瓮，无声地诉说着建筑群的农学主题。

走进现代风格的熟铁材料大门，便来到了一座两层高的门厅，历史学家

贾尼尼厅

格雷·布雷金(Gray Brechin)将其称作旧金山海湾地区最精美的装饰艺术空间之一。大厅长长的东立面上装饰有混凝土浇注的身披长袍的罗马人物浮雕。这些精美的装饰都出自建筑师的妻子伊莱·哈尔·海斯(Elah Hale Hays)之手。伊莱是一位颇有建树的雕刻家，她曾在奥克兰的加利福尼亚工艺美术学院教过32年的绘画及雕塑艺术。大楼西立面上建有一条两层高的走廊——若日后整个方院得以完成，那么这一结构就会更加被世人赞赏了。从院中笔直的楼梯穿过一道精美的装饰铁门，便可来到这条由数根方柱构成的九个凸台和四个纪念瓮组合成的走廊了。此外，在大楼两侧侧厅的阳台上，还可以看到一些额外的铸铁装饰。

门厅(贾尼尼厅)

与威尔曼厅和希尔加德厅一样，20世纪60年代时，贾尼尼厅的内部结构也经历了一番整修。目前，这栋楼主要由自然资源学院使用；此外，电子显微镜实验室和文理学院教学与研究中心等也在这栋楼里。

威尔曼厅、希尔加德厅及贾尼尼厅共同组成了整个农学建筑群。三座建筑都名列国家历史遗迹名录中，并且作为加利福尼亚历史性地标收录于伯克利校园指南，同时还被州历史资源索引收录，也是伯克利城的地标性建筑。

25. 瓦利生命科学大楼及生命科学辅楼

瓦利生命科学大楼(Valley Life Sciences Building)　乔治·凯尔海姆(George W. Kelham)，1929～1930；拉特克里夫建筑事务所，改建及整修工程，1989～1994

生命科学辅楼(Life Science Addition)　MBT联合建筑事务所，1986～1988

在1930年最终竣工之前，乔治·凯尔海姆设计的生命科学大楼(简称LSB)

曾被宣称为世界上“最大、设备最先进的”学术大楼。这座五层高的建筑主要由学生和校友们争取到的 1926 年国家公债资助，并创造了一个“庞大印迹”。大楼大约 250 英尺宽、500 英尺长，其环形走廊和过道总计超过一英里长。由于大楼记录的尺寸，许多建筑师将其标榜为“实物大楼”。

大楼竣工后，当时共有 13 个系搬入其中，许多系还把系名刻到了大楼的数座角阁上：植物学系、动物学系、细菌学系、生理学系、脊椎动物学系、解剖学系、心理学系及生物化学系等。在搬迁过程中，校方清空并拆除了 11 座遍布校园的老建筑——长久以来大多被视为木制的火灾隐患或其他方面有所缺陷。大楼落成时罗伯特·戈登·斯普劳尔即将上任，斯普劳尔对他的前任给予了高度赞扬，他说这幢新大楼“代表了坎贝尔校长执政期间登峰造极的成就”。

在大楼的选址上，凯尔海姆应用了美艺原则。整幢大楼与校园的中央轴线平行，大致符合霍华德的规划。根据凯尔海姆的选址，大楼右面为加利福尼亚厅，北面隔着中央空地遥遥相对的是农学建筑群，它与农学建筑群一同构成了与校园中央轴线相垂直的一条南北横轴线。主要的差别在于，当初霍华德做校园规划时，并未预想到之后学校会有如此大规模的发展，因此他计

瓦利生命科学大楼

划在这个位置建造对称排列的五座较小型建筑组成自然科学建筑群，而非一幢如此庞大的建筑。此外，原来霍华德所设计建造的古典主义风格建筑之处，凯尔海姆则在美艺建筑群中引入了现代主义风格。

建筑巨大笨拙的总体规模通过具有层次感的分块结构以及独创性的开窗方式和遍布于外墙上的几何图案和自然图像等得到了一定程度的缓解。大楼上的丰富图案也成为装饰艺术的一本 3D 式百科全书。为了协调这一包含各种装饰方法的组合，大楼中还采用了一系列新古典主义元素，通过立柱、齿状装饰以及卵箭饰线脚等体现出来。

这幢混凝土结构的新巴比伦风格（或称仿巴比伦风格）大楼是一座巨大的矩形建筑；大楼四个角落各建有一座高耸的角阁，标志大楼最初的四个大门之所在；大楼的东、西两侧外墙上各有一座较为低矮的侧厅向外伸展出来。角阁内有数根槽纹合成柱，石柱支撑着一个屋檐结构。屋檐上的阁楼部分外墙上刻有怒目圆睁的花环牛头饰（这一结构的拉丁名称：bucranium），正对面则是护卫着那些镌刻于外墙上的院系名称的狮鹫像。大楼的各个入口两侧均有个座埃及—巴比伦式祭祀石像；石像神态各异，栩栩如生，或正在种植树木，或正在修剪盆栽。

外墙雕刻（瓦利生命科学大楼）

在 1994 年翻新之前一直保持旧貌的大楼主立面上均匀分布着由多扇平纹装饰附壁柱间隔而成的狭窄凸窗，凸窗之上装有工业化风格的推拉窗扇。多个刻有狮子、羔羊、螃蟹、蜗牛、壁虎、蛇及鱼等艺术化动物形象的奖章饰沿大楼台基环绕着整个大楼，其间隔与凸窗之间的间隔互为呼应。这一富有创造性的动物群饰是雕刻家罗伯特·鲍

艺术派奖章饰线角（罗伯特·霍华德创作）

艺术派风格的自然与几何装饰图案

德曼·霍华德的精彩创意。

大楼东侧厅通往陈顺礼堂（为纪念香港企业家及慈善家陈顺而命名）的入口有一个太阳神标志或带翼圆盘装饰。陈顺礼堂的两侧各有一列附壁柱，柱上刻有多列槽纹装饰，柱顶之上装饰着更多的牛头饰。在大楼的天际线上，一排棕榈叶形状的兽头饰有规律地装点着楼顶低矮的雉碟墙，与大楼正面的水平结构在韵律上互为呼应。建筑上形形色色、令人目不暇接的动植物主题装饰也预示了位于这个建筑内不懈探索着的生命科学学科。建筑批评家阿兰·泰姆科(Allan Temko)却并不以为然，他评论这幢大楼"整个儿是一个折衷主义风格的混淆泛滥之作"。

约60年后，由拉特克里夫建筑事务所对这幢大楼实施的翻新工作标志着生物科学系三阶段建设规划的全部完成。这项"三阶段建设规划"也是由校董事海曼所推动的"遵守承诺"运动的一部分。1989年，为表彰韦恩和格莱黛丝·瓦利夫妇(Wayne and Gladys Valley)1 500万美金捐款的善举(这一捐款数额等同于哈斯家族和索达家族的捐款额，同为校史上最大的捐赠)，大楼更名为瓦利大楼。与此同时，由政府拨款、社会捐赠及其他来源构成的9 100万美元的资金到位。由多个系所合并重组而成的整合生物学系目前就在瓦利生命科学大楼里。那些已经不复存在的系所的名字至今还优雅地镌刻在大楼的外墙上。

在重建工程中，老大楼原有的内部结构被彻底拆除。通过分隔楼内大部分庭院、在楼顶增加斜坡屋顶等措施，大大增加了大楼的内部空间，可以容纳约50间实验室、多个研究中心、2座礼堂、6间教室、1座图书馆、3个研究性展览、数间办公室及多个服务区域等。为了改善楼内的空气流通及人际交流情况,创造足够的图书阅览及藏书区域,以克洛德·金(学校 1966 级毕业生) 为首的建筑师们将大楼原来狭长的环形走廊换成了一条引人注目的连通大楼中央的三层高中庭横向门厅走廊。通过分别在大楼南北两侧长长的立面中央增设两个新的主入口,建筑师们使得这一设计成为现实。最初,建筑师的设想是凸出的后现代风格钢门廊,后来又在其上加入了更为细致的入口遮檐。遮檐由三块悬臂式的深铜色铝顶罩构成。这些结构可谓是证明这座方正的现代大楼中包含最为先进的科学仪器的最明显的一种外饰暗示。

然而大楼中庭内的焦点并不是高科技产物,相反,焦点来自于远古的白垩纪。一副目前已知最大的食肉动物——成年霸王龙(简称 T. rex)的全副骨骼陈列在中庭内。这副恐龙骨架的原型是 1990 年出土于蒙大拿的恐龙化石。它霸气地站立在大楼中庭旋转式楼梯的中心。陪伴它的是一只无齿翼龙(或称飞行爬行动物):翼龙盘旋在大约三楼的高度上,呈现一种上冲左转的姿态。

T. rex 昂首站立在两个博物馆的入口之间,这两个馆中收藏的都是学校最为古老的一批藏品。一楼的西侧区域为古生物博物馆,收藏约两千万件藏品,是全国第四大古生物博物馆。这座落成于 1874 年的博物馆中收藏了多

霸王龙骨架(瓦利生命科学大楼中庭)

瓦利生命科学大楼中庭

件化石以及包括单细胞生物、植物、无脊椎动物和脊椎动物在内的多种现代生物藏品。中庭的另外一侧为大学及杰普森标本收藏馆，收藏了可追溯到1895年的各类植物藏品集及共约180万件藏品，是全美公立大学中最大的此类藏馆。

走上大楼的二层，中庭西侧可通往一座藏书量达45万卷的图书馆——马利安·科什兰德生物科学及自然资源图书馆。图书馆开放的书架一直延伸至大楼低矮的西侧厅中。西侧厅中两层高度较低的夹层构成了一座三层中庭，中庭采用钢结构框架的玻璃屋顶，既能达到采光目的，又为人们提供了一个欣赏凯尔海姆的装饰风格外墙的绝佳视角。图书馆正上方的三楼为脊椎动物博物馆(简称MVZ)。这里是一个最主要的陆生脊椎动物研究、保护及学习中心。成立于1908年的博物馆总有约为62.5万件藏品，涵盖两栖动物、爬行动物、鸟类及哺乳动物，是全美最大的此类博物馆之一。

在图书馆和MVZ对面，大楼的中庭出口正对着老生命科学大楼庭院的残余。中庭出口约高出庭院一层楼。在此处，中庭由实用主义的天井结构变化成一幅绚丽的后现代主义高科技景观：棚式屋顶的天窗延伸至装有灯管和玻璃立方灯的T形空间内，光线可以由此进入，照亮下方的标本展。庭院四面的墙壁上粉刷着的陶土色调，上面为一个带有山墙式屋顶的温室。温室上的风格化三角楣两侧分别有一对开放式石柱和数根柱顶过梁。

瓦利生命科学大楼名列加州历史资源名录中。

生命科学辅楼

由MBT联合建筑事务所设计建造的生命科学辅楼横贯于瓦利生命科学大楼与按树丛之间。这是一栋六层高的实验楼，专供进行动物行为学、神经生物学、行为生物学、细胞生物学、发育生物学、免疫学及内分泌学等领域

生命科学辅楼

的研究。这座耗资 4 700 万美元的建筑由国家债券资助建造，是生物科学三项建设项目中最早完工的一项。

校方拆掉了一个地面停车场，取而代之在这里建造了这栋辅楼。这里也是校史上著名的椭圆煤渣跑道原址。铺楼与几步之外的瓦利生命科学大楼之间联系紧密，两栋大楼里的工作者们可以共享商店、图书馆以及动物实验仪器等。建筑师们面临的挑战是如何在这片狭窄的区域内，容纳 43 间最高水平的实验室、一间 100 个座位的演讲厅以及多间用来放置研究用的恒温及变温动物的环境控制室。

现场浇注的混凝土大楼在 20 英尺高的模块化托架上耸立起来，主结构包括三堵横向抗剪力墙及一块防震并能够最大化灵活布局实验室的格子楼盖板。预制混凝土壁板构成了大楼的多个窗孔，而钢结构框架则起到了支撑整个屋顶的作用。从大楼的造型到取材，设计者们集合了全部校园建筑的经典元素，尤其从空地对面的农学建筑群中汲取了丰富的灵感。从他们选择的倒角处理的红瓦四坡结构屋顶、乡土风格的粗石壁板、层次分明的窗口尺寸以及相得益彰的颜色等，都不难看出这一点。六楼的窗口形状为方圆交替，同样也让人联想到赫斯特矿业纪念楼上那些经典的山墙窗口。除这些古典主义风格对大楼设计的影响外，在大楼东北主门周围风格化的柱顶过梁上还可以看到后现代主义风格的细节装饰。然而这栋长达300英尺的大楼在选址上却乏善可陈。大楼正面一直伸到校园中央轴线上，使其与结构对称的瓦利生命科学大楼之间的位置关系显得无比古怪，而长久以来建筑师们精心营造的瓦利生命科学大楼与空地北侧的农学建筑群之间的横向平衡美感也因此大大受损。

26. 科什兰厅和遗传学及植物生物学教学楼

海尔默斯、欧巴塔及凯撒包姆建筑事务所，1986～1990

由两栋楼组成的复合建筑的落成标志着整个生物科学学科改建重组项目第二阶段的完成。这组复合建筑建于一个停车库上，其中包括一栋五层高的研究楼——科什兰厅。从科什兰厅跨过一座广场便可来到一栋两层的教学楼，而教学楼则正对着南侧的园林广场。教学楼里的实验室及教室供生物化学、分子生物学、植物遗传学及遗传学等学科使用。

这组建筑所在的位置原本为一个大型的地面停车场。四方院停车场的三面曾经分别被建筑风格格格不入的托尔曼厅、摩根厅、马尔福德厅、沃伦厅以及巴克尔厅等环绕。在这个建筑风格不统一的框架内，这两栋大楼及其

遗传学及植物生物学教学楼

中间相连通的空地便成为将建筑密度如此高的校园西北角紧密联系起来的焦点。坐落于巴克尔厅及托尔曼厅之间狭窄区域内的科什兰厅，填补了两栋建筑沿赫斯特大道前面的空地区域；而体型略小的教学楼则作为一座偏厅竖立在公共空地上。

科什兰厅

来自于具有国际声誉的海尔默斯、欧巴塔及凯撒巴姆建筑事务所的建筑师威廉·瓦伦丁(William Valentine)将这个建筑项目分割成两栋大楼,从而使单独一个建筑或许会呈现出来的庞大外观缩减得更为美观。瓦伦丁将科什兰厅原定的十字造型及教学楼的半十字形造型通过其两侧的山墙侧厅的形式表现出来,通过这一充满技巧的处理,同样达到了控制建筑整体规模的目的。建筑师对于伯克利校园建筑经典元素的谙熟深深影响了建筑的造型及风格。采用底座浇注的方式建造的建筑柱底、带有白色条纹的混凝土墙壁、带有绿色窗框的严谨风格的窗户、从霍华德设计的矿业楼借鉴来的山墙正下方的圆形阁楼窗孔和通气“烟囱”以及红瓦砌成的人字屋顶等等无一不表明了这一点。受矿业楼造型的影响,这座建筑的最初设计中还曾采用阶梯形的尾端山墙,却由于超出财政预算而被放弃了。建筑师原本还计划在两栋楼之间的广场上建一个人字形的玻璃盖顶，从而建成一条由东向西的观景长廊;长廊亦可作为一座门厅,与其西侧下沉式西北动物研究所(NBBJ 建筑师事务所,1988～1993)的阶梯形屋顶相连。然而这一创意同样由于资金的原因而搁浅了。

这组复合建筑是校董事海曼推行的“遵守承诺”募捐活动第一座建成的校园设施。1992 年,复合建筑中的研究楼被命名为科什兰厅,以纪念德高望重的分子与细胞生物学系终身荣誉教授丹尼尔·科什兰 (Daniel E. Koshland)。科什兰教授是学校生物科学学科重组的先驱者;在基金募捐活动中,他也是一位杰出的领导者,作出了巨大的贡献。在大楼的落成仪式上,科什兰提出了这座大学更为重要的责任:“能够以自己的名字命名一座建筑是令人终身难忘的经历，然而这种愉悦与有幸成为这个伟大的大学的一名学生、一名校友以及一名教职员工带来的愉悦相比，却又显得如此微不足道。我希望我们的大学能够永远作为学术卓越、学术自由、社会观念创新的象征屹立在世界舞台之上。”

27. 马尔福德厅

米勒及沃耐克建筑事务所，1947～1948

作为战后如雨后春笋般涌现出的建筑之一，在林业学院国家基金资助下建成的马尔福德厅是选址于希尔加德场的第一座永久性建筑。林业学院在第一任院长也是大楼名字来源的沃尔特·马尔福德(Walter Mulford)的监督管理下于1946年成立。从1914年最初设想作为农学院的一个分支建立林学院到1939年林业学成长为一个独立的院系，马尔福德一直领导着这一学科的建设。马尔福德也作为全国第一位国家林业局局长而闻名遐迩。1974年林业学院成为自然资源学院的一部分，如今又被重组为隶属于自然资源学院的交叉学科——环境科学、政策及管理系的林业科学分支。

马尔福德厅的选址与约翰·嘉伦·霍华德1914年的校园规划基本相符，只是最终这幢大楼与希尔加德厅及牛津街呈垂直关系而非最初霍华德设想

马尔福德厅

的与中央轴线平行。为了完成这一稍经改动的计划，建筑师彻斯特·米勒(Chester H. Miller)和卡尔·沃耐克(Carl I. Warnecke)设计了一幢东西方向四层大楼，大楼的两端各有一座低矮的侧厅，整座建筑总体成浅"U"形。钢筋混凝土结构的大楼总体为过渡性的现代风格，然而在将建筑主立面划分为三个区域的水平线脚上，又透露出一抹新古典主义色彩。大楼水平分区、结构对称的南立面以及红瓦砌成的四坡屋顶形成了校园中央轴线庄严的北侧边界(虽然大楼整体与中央轴线并不平行)。大楼与其周围较早的古典主义建筑群风格和谐，相得益彰。

排列于马尔福德厅长廊里的永久性原生树木展览常常能够吸引研究者和游客的游览兴致。由木材公司和历届校友捐赠的树木样品放置在一楼，主要为来自美国及加拿大的树种。而二楼的展品大多来自于世界其他地区，尤其是日本、阿根廷以及菲律宾群岛等地，这些展品最早曾在1915年巴拿马—太平洋国际博览会上展出过。

28. 新月区、西环区及空地区

约翰·嘉伦·霍华德，1929

构成校园机动车西入口的新月区及西环区，以及略东侧的椭圆形溪畔空地区都是约翰·嘉伦·霍华德所构思的、未完成的中央轴线的剩余要素。这些园区原本定于与一座大型下沉式花园(如今的纪念花园)相连，而后者将与矿业建筑圈相连，以形成一系列的休憩用地——对准并延伸至金门的大型美艺绿茵甬道。这片区域于1929年竣工，建造细节与霍华德的赫斯特规划大致相符。

和溪畔绿地一样，新月区也是霍华德所设计的"前院"余留下的空地之一。他曾预言道，当游客由中央大街进入校园，将会发现自己置身于"一个花园，虽以小小校园为界，却拥有自然美景所有的要素"；弯曲的小径右侧，游客将身处"一片宁谧平和的古老橡木丛"和"壮丽芬芳的桉树林"中；继续向前，小径折向左侧，随后环绕整片橡木丛，通向"整片区域的中心线"。

作为20世纪中期几十年来校园一个主要的机动车大门，如今的新月区

新月区(西侧校园入口)

已经更加类似于一个时代的象征了。虽然现在仍有一些车辆经由这里进出，同时这里仍是重要的换乘站及班车点，但由于学校对校园车辆的约束，这个大门的通行量已经没有当初那么繁重。为了增强这片区域的行人通过能力，1964 年，校方聘请了园景建筑师托马斯·切奇(Thomas D. Church)在新月区顶端毗邻安迪森门的地方设计建造了一个混凝土及砖材料广场——斯普林格纪念门廊。制造商人罗塞尔·斯弗里斯·斯普林格(Russell Severance Springer，学校 1902 级毕业生)1953 年捐赠了一笔基金以支持这个广场的建造。他还为医药学科及机械学科捐献了总额为 300 万美元的研究费用及奖学金。如同新月区机动车道一样，如今作为通往中央大街并横穿格林内尔自然区的主要西侧行人通道，这个广场的使用也较为频繁。

斯普林格纪念门廊

2000 年，作为 1953 级毕业生送给母校的 45 周年校庆礼物的校园西大门于中央大街上落成了。由珀金斯联合园景建筑师事务所设计的这个大门从霍华德设计的著名的萨瑟门中汲取了古典主义风格的灵感。大门的造型为两根花岗石质地的预制混凝土方柱支撑着外凸的铜质栅格,栅格上装饰有橡子及花菱草造型的图案,大学的全称也刻于其上。金工部分是由里士满地区的工匠迈克尔·邦迪(Michael Bondi)设计完成的;萨瑟广场(参见漫步路线一)上精美的护栏同样也是由他制作的。这份校庆礼物还包括道路对面法吉斯纪念碑 (Fages Monument)附近的溪畔绿化及石凳安装等园景规划。传说1772年春天,探索旧金山海湾东岸的西班牙远征军中途曾在草莓溪沿岸停留休憩, 法吉斯纪念碑即为

草莓溪北支流(瓦利生命科学大楼北侧)

纪念他们而立。

西环区最初与两条主要道路相连，一条是空地区北侧的维克森路，另外一条是南侧的大学路。为改善瓦利生命科学大楼和杜恩纪念图书馆前的园景，同时为待建的墨菲特本科生图书馆（参见漫步路线一）让出部分空间，20世纪60年代校方将南侧的大学路改造成一条步行街。

空地区是霍华德校园规划中非常重要的一环。在规划中，这片区域结构对称，与北侧的农学建筑群和南侧的自然科学建筑群（后来改建为瓦利生命科学大楼）之间的连线的中心点对齐。除了加利福尼亚厅与哈维兰厅之间的位置关系外，这片区域成为赫斯特规划中垂直于校园中央轴线另外一个最为重要的横向平衡美感（由于后期建于加州厅和哈维兰厅中间的墨菲特本科生图书馆及建于瓦利生命科学大楼后侧的生命科学辅楼，使这两组建筑的平衡美感都遭到一定程度的破坏）。空地区与东面那片同样由霍华德规划的正式的园林不同。虽然在造景方面霍华德遵循了几何美学的原理，但这片空地区却包罗了从维克森桥与桉树丛之间蜿蜒流过的草莓溪北支流，青青草地，如诗如画。

在瓦利生命科学大楼对面的草莓溪畔生长着许多充满异国风情的树木，这些树木的历史可以追溯到1877年左右，其中还包括数棵珍稀树种垂榆（*Ulmus glabra*‘camperdownii’）。1935年安装的两个装饰石幢及26块踏脚石的原址也在草莓溪畔，45年后这些装饰又被搬迁到校友堂花园中（参见漫步路线四）。

落成于1937年的托马斯·福赛斯·亨特长凳（Thomas Forsyth Hunt Bench）在空地区北边缘，面向农学建筑群，以纪念农学院院长（1912～1923）、农学实验站站长（1912～1919）以及农业学教授（1912～1927）亨特先生。这条经典的曲线大理石长凳是由监理建筑师乔治·凯尔海姆设计的。长凳与威尔曼厅同在轴线上，正对一条中央小径，直通向威尔曼厅拱形的入口。

托马斯·福赛斯·亨特长凳

29. 格林内尔自然区、桉树丛、踢足球者雕塑、1905级毕业生长凳及德文奈尔辅楼

格林内尔自然区 1969年

桉树丛 1877年种植

踢足球者雕塑 道格拉斯·提尔顿,雕刻、浇铸,1893;1900年立

1905级毕业生长凳 约翰·嘉伦·霍华德,1911

德文奈尔辅楼 约翰·嘉伦·霍华德,1920;迈克尔·古德曼(Michael Goodman),扩建,1949

具备悠久校园传统的格林内尔自然区是由校董事罗格·海恩斯指定的三块中心校园保护区(参见维克森自然区)中最大的一块。它西起中央大街大门,东到与达纳街相对的那座桥,北侧将整片桉树丛包括在内,一直延伸至草莓溪的南支流与北支流汇聚之处。为了纪念1908年第一位脊椎动物博物馆馆长——动物学教授约瑟夫·格林内尔(Joseph Grinnell,1877～1939),这片自然区被命名为格林内尔自然区。

自从校园早期建设阶段开始,这里就有一条从校园西侧入口通出的道路。目前人们常走的一条小径大致与那条道路平行。学校里的男同学于1896年的劳动节建成了这一小径。学校一项由来已久的传统——学生们每个闰年都要贡献一天的劳动,以改善学校的环境——就是那时首先提出的。那天,在金门公园园长、园艺家约翰·麦考林(John McLaren)的指导下,学生们从中央大街出发,一直将阶梯小径铺设到草莓溪之上的步行桥。越过步行桥后,蜿蜒通向橡木丛的那段小路不久后就成为著名的“情人路”,这里也成为数千奔波于市区与校园之

草莓溪(格林内尔自然区)

桉树丛

间的学子们远离学术生活与城市喧嚣、荡涤心灵的处所。阶梯小径一直通向一片户外运动场；1998 年，学校又在这片区域内开设了一条跨校园自行车道（埃尔顿·贝克联合园景建筑事务所建）。

对一届又一届的加州学生们来说，这片区域内生长着的加州栎（*Quercus agrifolia*）具有一层神秘而又特殊的意义。树林激发着学生们的艺术、诗歌创作灵感，学生们还装扮成寓言中的精灵和树妖，在这里举行化装游行盛会。传统的帕西尼娅盛会，即“少女节”就起源于 1912 年 4 月 6 日的这片树林中。这一盛会是由第一位女性院长露西·斯普瑞格(Lucy Sprague)倡议的。每年春天的这个节日里,学校里数百名女生都会在这里举行一场自编、自导、自演的原创假面舞会——象征地表现出从少女阶段到女性阶段的过渡与升华。在那个文化藩篱禁锢了女性自我表达及提升自信的机会的时代里,女院长渴望"以一种充满美丽的纪念仪式表达出学生们付出的奋斗及努力"。惠勒校长参加了第一届盛会。以桉树丛为帷幕背景,表演者们设立了一座主祭坛以及一座拱形舞台,舞台上铭刻着希腊名言。后来,随着盛会规模的扩大,桉树丛容纳不下众多的表演者和观众,集会的地点便改在教工空地,直到1931年这一传统节日没落了。然而,如今漫步在这片树林中的人们,仿佛仍能依稀看到在那个4月的下午,那群现身于溪畔的树丛中身着长袍和斗篷的少女精灵、泥土精灵、雨之精灵、雾之精灵、水之精灵、理想精灵以及光之精灵们的身影。

在第一届帕西尼娅盛会的举办地附近,生长着一棵名为勒康特的橡树(the LeConte Oak)。它的前任,第一棵名为勒康特的老橡树在1939年的一次大风中被刮倒了。这棵橡树是1898级毕业生在他们的毕业纪念日上为表彰第三任校长约翰·勒康特和他的弟弟——地质学、自然历史学以及植物学教授约瑟夫·勒康特而种植的。挂在原来那棵老树上的一块纪念牌现在嵌于目前这棵树下的花岗石方台上。这棵勒康特橡树屹立在由其他五棵橡树组成的半圆形中心。1949年,校方曾打算将这里规划成规模更大的纪念树林,精心挑选出的树种作为这片树林的背景,而树林前方的景象会更加开阔,走过一条石板小径便直接通向坎帕尼尔路。虽然当时斯普劳尔校长批准了这项规划,然而或许是由于第二次世界大战带来的一系列更为迫切的需求,这一规划最终未能实现。

从勒康特橡树向东,越过小桥便可看到道格拉斯·提尔顿的美式足球运动员雕像屹立在更为繁茂的橡树丛中,这一景象已经有一个多世纪了。1908年,出自约翰·嘉伦·霍华德之手的混凝土小桥取代了从建校伊始便存在的小木桥,横跨在草莓溪上。绘图指导伯纳德·梅贝克曾建议惠勒校长和提尔顿将雕塑安放在橡树丛下靠近煤渣跑道的各条小径的交汇之处。1900年5月12日,在传统的毕业典礼上,提尔顿这一万众瞩目的雕塑艺术品揭幕式将典礼推向了沸点。校长官邸(大学邸)的奠基仪式也是在这次毕业典礼上举行的。

提尔顿生于加州,长于加州,他年轻时便双耳失聪。他考入了位于如今加州大学伯克利分校克拉克·科尔校区(Clark Kerr Campus)的加州聋人学校,毕业后成为学校的一名教师。后来,他成为那时加州大学附属马克霍普金斯艺术学院即如今的旧金山艺术学院的第一位雕刻艺术教授。被誉为"太平洋海岸雕刻艺术之父"的提尔顿曾启蒙并激励了很多旧金山海湾地区的艺术家们。他最成功的门生包括著名的罗伯特·英格索·埃特金(Robert Ingersoll Aitken)和梅尔文·厄尔·康明斯(Melvin Earl Cummings),前者曾为赫斯特矿业纪念楼创作过梁托雕刻,而后者的作品遍布萨瑟门及杜恩纪念图书馆。建筑师厄内斯特·考克斯海德(Ernest Coxhead)和小约翰·贝克威尔(John Bakewell Jr.)也曾师从他的门下。在旧金山海湾地区提尔顿其他的作品还包括位于旧金山、被认为其巅峰之作的机械师纪念碑及喷泉,以及位于金门公园的两座雕像——著名的胡尼佩罗·塞拉神父像和棒球运动员雕像。

美式足球运动员雕像(道格拉斯·提尔顿创作)

美式足球运动员雕像是比真人稍大的铜像,作品中一名运动员双膝着地,正在为队友的腿缠绷带。这座雕像于1893年铸成,是提尔顿在巴黎完成的五件重要作品之一。第二年,这座雕像的石灰像在巴黎的法国及国际精美艺术家沙龙中展出,这也是提尔顿第五件获此殊荣的作品。这一荣誉在美国雕刻艺术家中无人能及。1898年当这件作品在马克霍普金斯艺术学院展出时,提尔顿作品狂热的喜爱者、时任旧金山市长詹姆斯·杜万·费伦(James Duval Phelan,1897～1902年在任)将其买下。1898～1899年担任校董事的费伦随后又决定将这件雕塑作为奖杯赠予加利福尼亚大学与斯坦福大学之间三局两胜比赛的胜者。身着蓝金相间队服的加州大学以两场让对方未得一分的战绩击败了他们的宿敌，赢得这次比赛。费伦将这座雕塑作为“美式足球强队之奖”颁给了加州大学。这一行字也被刻在雕塑的底座上。同样铭刻在底座上的还有当时所有运动员的名字以及一句希腊文：“为精湛技艺而努力不懈的人在面对任何事情时都必是自我克制的。”

那时，提尔顿的这一雕塑作品仿佛并没有过多地表现美式足球运动员这一主题，而更多的是在宣扬美式足球运动。这一现象并没有对任何人造成困扰，然而在之后的数年里，曾不止一次有人提议将这座雕塑移走，但都以失败告终。这些提议或许与惠勒校长曾批判美式足球作为一项体育运动来说过于粗野有关；随后的1906～1914年，又有提议决定在加州废除美式足球运动，以橄榄球运动取而代之。虽然如此，学生们还是对这座雕像怀有极深的感情，他们还在雕像底座附近竖起4英尺高的栅栏，以保护底座上的铭文不会遭到“当地劣徒”的破坏。

跨过石板路与雕塑相对的是一条小型长凳，以纪念惠勒校长提倡的“本科学子自我管辖理念”。由于惠勒校长对学生自律的信念，以及他时时为高年级学生干部提供的咨询，最终于1900年推动了金熊社的成立。也正由于他的信念与支持，某些学校管理方面的职责也渐渐地从校董事转为由金熊社学生负责。这条新古典主义风格的长凳是1905级毕业生送给母校的礼物，长凳由约翰·嘉伦·霍华德设计，采用来自图奥勒密县(Tuolumne County)哥伦比亚采石场的加州大理石制成。虽然长凳上雕刻的文字显示长凳是1910年完工的，但由于交付的拖延，1911年春长凳才正式落成。

溪流北侧高约200多英尺的塔斯马尼亚蓝桉树(*Eucalyptus globulus*)林，是伯克利著名的地标。种植于1877年的这片树林是加利福尼亚最古老的树林之一，它的最初目的是作为防风林，以阻挡狂风侵扰曾位于现在生命科学附楼处的煤渣跑道。煤渣跑道及木制露天观众席构成了校园里最早的一座体育设施，也是一系列校园活动的举办地。1899年，惠勒校长的就职仪式就是在此举行的。1916年，随着巴罗路东侧一条新跑道的建成，这条光荣的煤渣跑道终于走到了生命的尽头，而当初种下的150棵树目前还存活着。

位于1905级毕业生长凳上游的上承式木桥（园景建筑师托马斯·切奇1968年建造）所在之处是校园历史最悠久的入口之一，达纳街延伸至此处遇溪流而止。桥的正西侧即为德文奈尔附楼——一栋两层高的木制框架小楼，楼的外壁上贴有红木板条护壁。1920年，约翰·嘉伦·霍华德对小楼的右侧厅进行了最初的设计以便当时的军事科学系使用。那时在校军训生的数量大约为1 500名男生。包括这栋小楼在内，霍华德设计建造了数座临时性的木结构过渡建筑，以满足当时日益增加的空间需求。这些木制建筑大都采用非正式的木板设计、天然材料以及带形窗，与当地旧金山海湾地区的民居建筑风格相类似。除这栋小楼之外，大部分此类建筑，包括北门厅、海军建筑等最终都被拆除了。

1933年，军事科学系搬迁至新建成的哈蒙体育馆(Harmon Gymnasium)中，随后这栋小楼分配给规模正在逐步扩大的音乐系。1949年，音乐系出资为这座建筑增建了西侧厅。西侧厅由建筑学教授迈克尔·古德曼(Michael Goodman)设计，建筑风格与原建筑一致。当1958年音乐系搬迁到新落成的

德文奈尔附楼

莫里森及赫兹大厅后，这栋风格多样的小楼又分配给表演艺术系及大学写作项目组。

道格拉斯·提尔顿的美式足球运动员雕塑名列加州历史资源名录中。桉树林则是伯克利城的地标景观。

漫步路线四

中央校园西南区

30 爱德华体育场

31 哈斯馆(以及哈蒙体育馆)

32 休闲运动中心

33 班克罗夫特道 2401 号

34 校友堂

35 加利福尼亚学生中心:金学生联合会、查维斯学生中心、埃什尔曼厅以及泽勒巴克厅

36 斯普劳尔厅和斯普劳尔广场

金熊雕像(汤姆·哈迪创作,斯普劳尔广场南侧)

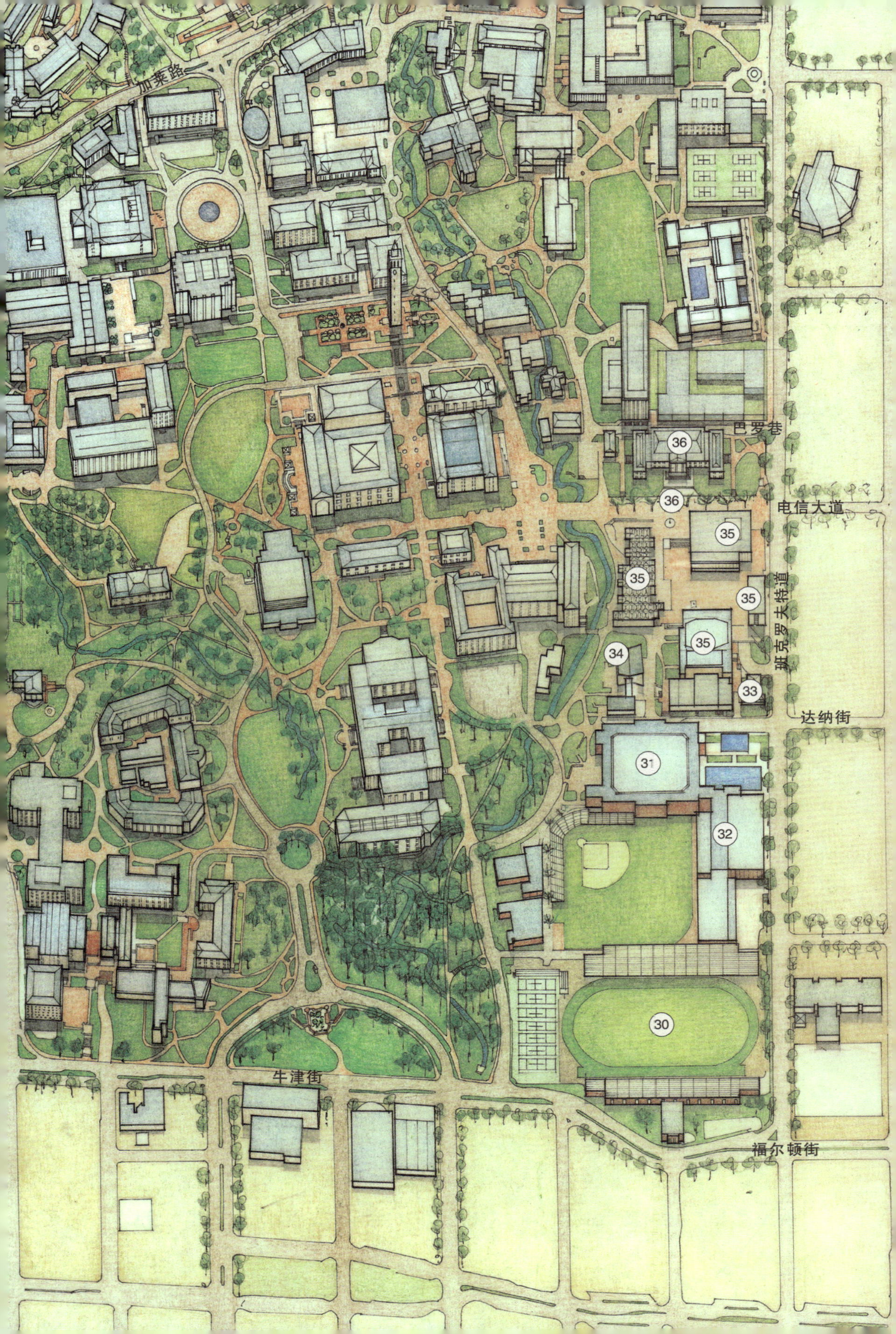
加莱路
巴罗巷
36
36
电信大道
35
35
35
35
班克罗夫特道
34
33
达纳街
31
32
30
牛津街
福尔顿街

体育运动、学生生活及自由言论

本游览路线中涵盖了学生服务、娱乐及体育运动中心——西南侧中央校园。这片区域位于草莓溪南侧支流与班克罗夫特道之间,从斯普劳尔厅一直延伸至福尔顿街。本区域原为一片居民住宅区,而区域内建筑用地是学校大约在20世纪20～50年代之间获得的。这片区域是继20世纪初校方取得电信大道与学院路之间的希里加斯地块(Hillegass Tract)的所有权之后,在草莓溪南侧所获取的面积第二大的地块。

当约翰·嘉伦·霍华德在1921年提出在本区域的西半部建造一座加利福尼亚纪念体育馆时,校方才开始正式考虑将这块土地用作体育运动。霍华德所设计的这座体育馆为一座规模庞大、拥有60 000余座位的双层体育馆;体育馆南北方向从草莓溪延伸至班克罗夫特道,超过700英尺长;东西方向位于教堂路与阿瑟顿路(分别位于达纳路与埃尔斯沃斯路以及埃尔斯沃斯路与福尔顿街之间两条南北方向的道路)之间,超过500英尺长。然而,由于土地收购的花费及其他一些原因,校董事们最终决定将这座体育馆改建到草莓峡谷口。1923年,体育馆在此处建成。

近十年之后,校方终于清理出了位于达纳街与福尔顿街之间的区域,作为现代风格的混凝土结构新综合体育建筑群的场所。这一建筑群包括沃伦·佩里(Warren C. Perry)设计的爱德华体育场跑道及田径场,乔治·凯尔海姆(George W. Kelham)设计的哈蒙体育馆及棒球场。第一次世界大战后的十年内,学校招生人数几乎翻了一倍——从1918年时的6 000人到1928年的11 000人——因此1879年建成的木结构的老哈蒙体育馆随即无法满足师生的需求。为建造赫斯特体育馆,学校于1926年拆除加利福尼亚田径场,因此学校棒球队也没有了固定的主场。当时,田径运动是主要的观赏性体育运动，因此观众们迫切需要一座规模更大的体育场馆替代赫斯特体育馆简陋的跑道和木制看台。随着 1984 年休闲运动中心(ELS/ 埃尔巴辛尼及罗根建筑事务所设计建造)的落成以及 1999 年哈蒙体育馆改造为哈斯馆(由埃勒布·贝克特建筑事务所设计建造),体育运动建筑群扩大到了如今的规模。

为建造以上体育设施而被拆除的四段街区中也包括有几幢值得一提的建筑。著名的加州园景艺术家威廉·凯斯(1838～1911)早期的住宅就是其中之一。博物学家约翰·缪尔(John Muir)、诗人伊纳·库尔布里斯(Ina Coolbrith)以及作家查尔斯·沃伦·斯图达德(Charles Warren Stoddard)等在内的一些才俊经常在此共聚一堂。为纪念这栋住宅,学校在奥尔斯顿路对面的爱德华体育馆西墙上悬挂了一块铭牌。同时被拆除的还有由大卫·福克哈森(David Farquharson)设计的八栋木制小楼中的六栋。这些小楼建造于 1874 年,供学生俱乐部租借使用。这些建筑的原址即为目前的海尔曼网球中心(汉森 / 村上 / 绘岛建筑事务所,1982)、危险材料大楼 (埃里希—罗明杰建筑事务所,1999)以及中央供暖站(乔治·凯尔海姆,1930;乔治·松本,1987 年扩建)所在位置(余下的两栋小楼位于教工俱乐部附近)。

建于 1893 年的斯特尔斯厅坐落于奥尔斯顿路与达纳街的拐角处,是一幢罗马复兴风格的砖结构大楼。校青年男生基督教协会(YMCA)及校青年女生基督教协会(YWCA)均在这幢建筑中。这栋以加利福尼亚学院理事安森·加尔·斯特尔斯 (Anson Gale Stiles) 命名的大楼中还有其他一些学生组织。在 1905 年加利福尼亚厅落成之前,这里还充当着教学大楼的作用。它也是如今位于班克罗夫特道 2400 号的斯特尔斯大厅的前身。

本游览路线的最东端为亚瑟·布朗(Arthur Brown)所设计的新古典主义风格的行政大楼——斯普劳尔厅。建成于 1941 年行政大厅原来位于萨瑟门和班克罗夫特道之间的电信大道上的那排商务房所在位置上。在 1944 年总体规划中，布朗曾提出在电信大道西侧与斯普劳尔大厅同轴的位置处建造一系列美艺建筑群,并将其规划为一个正式的校园机动车入口。在正对斯普劳尔厅、由两栋不知名建筑围成的空地南端,布朗计划修建一座礼堂,并在礼堂的两侧分别建造供军事科学和视光学所用的大楼。到 20 世纪 30 年代,还是居民区的这片区域的东半部分已经部分清空了，其中大部分土地被用作建造联盟场(Union Field)——如今泽勒巴赫厅所在位置的一座娱乐场所。战后，学生们对于社团活动等娱乐需求已经远远超过了斯蒂芬厅和摩斯厅的容纳能力，从而促使这片区域的重新开发，然而这次开发却并没有按照布朗当初规划的美艺风格进行。随着20世纪50年代及60年代克莱林斯·梅休(Clarence W. Mayhew)所设计的国际风格的校友堂以及由哈迪森和德马斯所设计的一系列现代风格的建筑群(即加利福尼亚学生中心)的建成，此次开发也告一段落。

如同西半侧区域一样，东侧这块区域的清理工作中也拆毁了数幢具有历史意义的建筑。那时，位于奥尔斯顿路与联盟街(当时是位于电信大道与达纳街之间一条南北方向的道路)拐角处是著名的“小屋”。这座“小屋”是由茱莉亚·摩根1922年为先前设在斯特尔斯厅中的校青年女生基督教联盟设计建造的。位于距萨瑟门仅几步之遥的草莓溪对面的这栋小楼中有数间办公室、一座礼堂以及数间会议室，它的主要用途是“为校园女性们开会、彩排及其他一些重要活动提供一处聚会场所”。1958年这栋小楼被由约瑟夫·埃什利克(Joseph Esherick)设计的如今位于班克罗夫特道2600号的校青年女生基督教联盟所取代。

曾经在联盟路上“小屋”隔壁的是著名的“飞机库”，这是一幢由玛丽·伊丽莎白·图施“妈妈”(Mary Elizabeth“Mother” Tusch)经营的出租公寓。这幢又被称作“天空神殿”的白色小房子在某种意义上可谓是一座飞行器工艺品的博物馆。在第一次世界大战期间，图施妈妈将她的房子提供给当时位于校园内草莓溪对岸老哈蒙体育馆(位于目前德文内尔厅右侧厅所在位置)内的美国军事航空学院作为军校生训练之用。日复一日，航空学院学生的签名及照片便密密麻麻地布满了这幢房屋的墙壁。从前线复员的飞行员们也将各种螺旋桨及其他战争纪念品带回这里。在这些早期的飞行员先锋的签名中包括吉米·杜利特(1918级毕业生)的，杜利特曾将这座“飞机库”誉为“第一座联合勤务组织(USO)”。其他将名字留在这面墙上的著名人物还有理查德·伯德上将(Admiral Richard Byrd)、比利·米歇尔将军(General Billy Mitchell)以及著名飞行员艾米利亚·埃尔哈特(Amelia Earhart)。1950年，随着拆除小屋的确定，包含 2 000 多个签名、各式各样的剪贴簿、照片、来往书信的墙纸，以及两次战争中保留下的数以千计的遗物及纪念品都被运往史密森学会。在那里，这些物品被作为国家飞行及空间博物馆的展品进行展出。

作为 1964 年著名的言论自由运动发源地的学生活动中心及斯普劳尔广场在建造时，也拆除了许多商业建筑，许多长久以来便植根于电信街西侧的商户也被迫迁移。这些变动使整片区域焕然一新，在校园的南入口前建造了一条笔直的步行大道和一块宽阔的广场。整片老街区唯一的一幢幸存建筑是由阿尔伯特·施威因富(Albert C. Schweinfurth)设计、1898 年建造于班克罗夫特街及达纳街交界处的第一唯一神教派教堂 (First Unitarian Church)。自 1960 年，这幢旧金山湾地区的历史性建筑开始被校方所用。

30. 爱德华体育场

沃伦·佩里与斯坦福·乔利(Stafford L. Jory)，1931 ～1932；CMX 工程集团，场地翻新，1997～1999

爱德华体育场(Edwards Stadium)是一座符合加利福尼亚体育精神与业余竞技体育典范的装饰性纪念建筑。它取代了 1915～1932 年师生们广泛使用的加利福尼亚椭圆跑道 (位于如今的巴罗斯厅和赫斯特田径场附楼的位置上)，成为第三座校园田径设施。而在椭圆跑道之前的第一座田径设施则是著名的煤渣跑道(位于目前生命科学附楼所在位置)，1882 年，学校历史上最早的正式田径运动便起源于此。

约翰·嘉伦·霍华德在 1914 年赫斯特规划的修订版中首先提出了建造一座田径运动专用体育场的提议，将体育场选址于加利福尼亚椭圆跑道附近的希里加斯地块上，毗邻另外一座规划中的足球运动场。长久以来，田径类运动或是在一个多功能场馆内举行，或是在前文中介绍过的那个椭圆跑道内举行。但是随着 1896 年现代奥林匹克运动在希腊重新举办，田径运动作为一项兼具盈利性与观赏性的运动越来越受到大众的欢迎。不久前，一支寂寂无名的加州田径队在一路东行的比赛之旅中连续击败了多支实力不俗的校田径队，引起了全国上下的广泛关注。在富有传奇色彩的教练沃尔特·克

爱德华体育场

里斯蒂(Walter M. Christie)的带领下,他们继续着自己的辉煌。克里斯蒂所执教的队伍曾连续在1919、1920和1923年太平洋海岸运动会中夺魁,此外他还带领队伍赢得了1922年全国高校运动会冠军。

在这样的背景下,可以预见沃伦·佩里设计的这座爱德华体育场将成为当时国内最大也是最昂贵的田径运动专用体育场;这座体育场与包括乔治·凯尔海姆的男士运动馆及东面的棒球场成为学校体育设施建筑群的重要组成部分。那时佩里是建筑学院主任,同时也是校园规划及建筑选址委员会主席。协助佩里完成体育馆设计的是助理建筑师斯坦福·乔利教授。和佩里一样,乔利同样毕业于学校建筑学院,并且同样在霍华德手下工作。后来佩里盛赞这位富有天赋的建筑师"爱德华体育馆精彩的特色大都源自于他"。

地皮购买、地盘开发以及体育场建造等资金来源由校董事们及学生联盟组织(ASUC)分担。他们通过出售加利福尼亚—斯坦福足球比赛的代价券来募集资金。工程于1931年6月正式动工。随后学校被选中承办全美校际业余田径运动联盟(ICAAAA)锦标赛,又由于这项锦标赛被列为1932年洛杉矶奥运会的一项资格赛,校方进一步加快了工程进度。

体育场中最早的跑道沃尔特·克里斯蒂跑道——为纪念执掌帅印31年的沃尔特·克里斯蒂教练而命名——是一条夯实的440码长的椭圆煤渣跑道。两条足够进行220码比赛的长直跑道向北延伸至如今海尔曼网球中心的位置。在整块场地的东西两侧,佩里各设计了一座混凝土观众席,观众席按一定的角度与场地南北两侧的混凝土墙壁浑然一体。阶梯型观众席后下侧空间被用作中央大厅,观众们涌入这座容量为22 500席的体育场时,大厅便可起到临时周转的作用。此外,主队区、客队区、公共休息室、公车车库以及其他功能室也位于看台之下。

穿过校园路(如今的弗兰克·施莱辛格路),与运动场北侧相接的是一条打算后期便改道的临时小路。出于这点考虑,佩里将场地北侧护栏设计为一道带有混凝土墙柱的木制围墙,并规划在小路改道后,便将场地向北侧再扩展70码。然而,那条小路直到现在还在那里,而那道"临时性"木制围墙也一直竖立着,如今又额外担任着网球中心北侧边界这一角色。

作为一名接受了多年美艺教育的建筑师,佩里将建筑群整体设计为现代风格,并且对建筑的混凝土立面和墙壁进行了细致的处理,通过现场浇筑的混凝土装饰,取得了建筑规模及风格上的统一。虽然在福尔顿街2223号五层高的大楼的映衬下,西侧观众台上装饰元素略显苍白,然而这些细节装饰还是能充分表现出佩里的艺术手法。体育场立面的重要部分包括19座由多座结构性立柱构成的开放性凸台;这些结构与地基框架上的木门入口和装饰性混凝土栅格交相辉映,为整座建筑增色不少。体育馆上充满了丰富的几何图形装饰,包括门厅上的球形、锥形及V形线脚等。这些结构都是由乔利设计并用木模直接浇注而成的。沿班克罗夫特道和福尔顿—牛津街的围墙形成了整座建筑水平方向上的统一风格,同时也反映出佩里为达到建筑物的颜色及外表纹理效果而有意控制灰浆配料的良苦用心。无论是光滑平整的墙壁还是纹理鲜明的露石壁板都是采用精制的纸衬方式建造的。南墙上的一块铭牌上刻有为乔治·科宁海姆·爱德华(George Cunningham Edwards, 1852～1930)而写的铭文。这片区域内的篮球场、田径场以及田径馆最初都是以他的名字命名的。爱德华"上校"是1873年学校首届毕业生中的一员,毕业之后他便没有离开过这片土地。他担任了57年的数学教授,还担任过

爱德华体育场大门

军校训生总司令等，同时他还是一位“体育运动的守护者以及运动员精神的典范人物”。

沿体育场南墙向前有两座电缆塔，这两座塔也标志着体育场东、西两个直道的尽头。遗憾的是，原定于放置在这面墙的两个基座及四个西入口的由雕刻家罗伯特·鲍德曼·霍华德（约翰·嘉伦·霍华德之子）所创作的数座人像雕塑却最终无缘与世人见面。虽然与实际作品比例为 8∶1 的雕塑灰浆模型已完成，并被佩里称赞为“非常精美，富有活力，符合建筑美学，与建筑风格相得益彰”，但最终出于建筑成本的考虑，雕塑作品至今也未能面世。

1932 年 3 月体育场正式落成，次月，加州大学伯克利分校与南加州大学校际运动会暨体育馆场成典礼在此举行。7 月，体育场内又举行了 ICAAAA 奥运会代表队选拔赛，并产生了两位在 8 月的洛杉矶奥运会中获得奖牌的加利福尼亚大学运动员。数十年来，体育场见证了一个又一个世界纪录的产生，其中最有名的莫过于 1966 年由来自堪萨斯的吉姆·莱恩创下的 1 500 米纪录了。然而，随着时间的推移，田径运动变得不那么受欢迎了，近年来这座曾经辉煌的体育场也渐渐变得空荡荡了。

为了给这座体育场注入新的活力，1999 年，由总部设在菲尼克斯的 CMX 工程集团对场地进行了重新整修。整修工程提高了场地的水平高度，铺设了聚氨酯塑胶跑道，还对椭圆场地进行了重新配置以便在跑道的南北两端也可以进行田赛比赛。这一举措同时也扩大了跑道内部操场（如今该操场被命名为古德曼场以纪念捐建者理查德·古德曼与罗德·古德曼）的面积。随后这片操场被用作校际足球运动场，并于 2000 年 4 月举行落成典礼。

由艺术家戴尔·博加斯基(Dale Bogaski)1993年创作的壁画仍然镶嵌于南墙内侧,画中的一只灰熊依旧凝视着这座翻新过的体育场。位于跑道北端的沃尔特·克里斯蒂纪念长凳及其上刻的"愿为加州的福祉贡献我的全部身心(My heart and soul for the good of California)"字样,依旧代表着加州的体育精神。

爱德华体育场名列加州历史遗迹名录中,并且是伯克利城的一座地标建筑。

31. 哈斯馆(以及哈蒙体育馆)

埃勒布·贝克特建筑事务所(Ellerbe Becket Architects)主建,卡特、泰伊、利明及尾原园景建筑事务所(Carter,Tighe,Leeming & Kajiwara landscape architects)协助,1997～1933

乔治·凯尔海姆,哈蒙体育馆,1931～1933;部分拆除,1997

被加州学生及粉丝们视为圣地、被篮球比赛的客队所憎恨的哈蒙体育馆历经了64年的变迁,沧桑过后积淀下来的是在中央校园学生生活中不可或缺的一座装备更加精良、规模更为庞大的体育设施。那个时代,流行在体育馆中配备狭窄的观众席,哈蒙体育馆就采用了这种设计。一度哈蒙体育馆中喧闹、拥挤的观众席给客队造成了巨大的心理压力,从而给予主队更大的信心与情感支持。如今大多数此类座位已经被更为宽敞的观众席位所取代,而舒适的席位却不再具有如此强的威慑力,也不再能体现老体育馆的精神了。

监理建筑师乔治·凯尔海姆主持了哈蒙体育馆(最初的男士体育馆,在随后一段过渡时期的哈蒙男士体育馆)及与其毗邻的爱德华棒球场(如今的克林特·伊万斯棒球场)的总体设计,从而与西侧沃伦·佩里的爱德华体育场一道组成了早先规划好的体育设施建筑群。凯尔海姆的这座建筑取代了原来坐落于此的老哈蒙体育馆。老哈蒙体育馆建成于1879年,为一座木结构八角楼,历史上曾用作礼堂、军训中心以及运动场馆,并经历数次扩建。而老体育馆为纪念捐建者埃尔比恩·凯斯·哈蒙而取的名字也沿袭至1959年落成的这座新体育馆,虽然后者的主要建设资金来自厄内斯特·科维尔(Ernest

哈斯体育馆

V. Cowell)捐赠的基金(外加由学生联盟组织及州政府募集的基金)。第二座哈蒙体育馆建成之时,它曾是西海岸最现代化的体育场馆。作为校园内规模最大的集会场所,哈蒙体育馆和它的前任一样曾有各种用途。这座多功能的建筑还曾用以学生注册、期末考试、演讲演说及举办演唱会等,直到 1968 年泽勒巴赫厅建成后,这一问题才有所改观。

除带有约 6 600 个座位的观众席的中央篮球场外,这座三层的运动馆中还包括体操房、击剑馆、拳击馆、摔跤场、训练室和办公室等。地下室层则为更衣室、壁球场以及预备军官训练团(ROTC)的军械库及训练设备。1982 年,校方出资将体育馆南端的两个户外游泳池改造成了斯比克水上运动中心(Spieker Aquatics Complex,汉森 / 村上 / 绘岛建筑事务所建造)。

凯尔海姆采用现代主义风格设计这座混凝土体育馆, 低调地使用了新古典主义的凹槽和窗户上的齿状装饰。建筑的主体装饰都体现在东侧及西侧主入口,每个入口都是由三个双层凹台组成,凹台之上各安放六个艺术装饰派希腊罗马风格的运动员雕像,雕像采用浅浮雕工艺,两侧各有数个八角奖章饰,每个奖章饰中各有一位类似于头戴带翼头盔、单膝着地的天神墨丘利像。

雕像(哈蒙体育馆,哈斯体育馆)

从整个建筑的中心拔地而起的篮球馆是一座长方形、有倒角的场地,数座大型的天窗环绕着整个屋顶。这些天窗为室内空间提供了良好的采光性能,同时达到通风的效果(午后阳光亦可由此照射入馆内,温暖了整座篮球馆);在晚间比赛时,由于这几个天窗的缘故,整座大楼愈显活力四射。大楼的顶层结构像是一盏巨大的灯笼,草帽乐队(Strawhat band)喧闹的音乐声、观众的欢呼声以及电喇叭的嗡嗡声混合在一起,从开着的窗口传出,划破了周围校园的夜空。

在天窗之间深深的桁架下,体育馆神圣的硬木地板见证了它60余载的历史。为纪念1959年曾带领球队夺得男子NCAA全国锦标赛冠军的皮特·纽威尔教练(Pete Newell),1987年,这块场地被命名为皮特·纽威尔场地。从1933年1月的第一场比赛(击败加州大学洛杉矶分校校队),到1997年3月的男子比赛决赛(击败亚利桑那州立大学校队),一代又一代的学生运动员——从体操运动员到拳击运动员、从篮球运动员到排球运动员、从兢兢业业的预备队员到家喻户晓的明星——无一不为哈蒙体育馆撰写了传奇。1973年女子篮球队和排球队从赫斯特体育馆搬到这里之后,这里又多了女运动员的身影和贡献。

1991年,在校际运动委员会会议上,与会人员提出了翻新、扩建这座日益老化的体育馆的提议。会上,随即又提出了另外一项提案:将盈利性的篮球运动的竞争激励程度提高,并新建一座有资格举办地区及全国级别NCAA一区比赛及巡回赛的场馆。这个提议所面临的挑战是如何在保留哈蒙体育馆紧凑、良好的人群效应等优点的前提下，将其扩建为一座规模更大的场馆。

为完成这一目标，埃勒布·贝克特拆除了篮球馆天窗处的席位，将四周的观众席向上延伸，将场馆容量提高到12 300位观众，并保留当时靠近场地的那些看台。通过这些措施，贝克特将原来的哈蒙体育馆改造成了如今的哈斯馆。建造在大楼原外墙之外的混凝土剪力墙将大楼的宽度扩大了28英尺。在东西两侧立面上，这堵剪力墙各被一座高大的门廊所打断，门廊将凯尔海姆建造的装饰艺术风格的入口凸台整个包围起来，很好地保护了这些结构。被门廊包围起来还有东侧的入口大厅。这是一座安装有订制枝形吊灯的桶状拱形门厅。门厅内铺着瓷砖地板，墙壁上有橡木护壁板，还装点着刻着大学图章的印章饰，数块铜质铭牌也挂在墙壁上，记载着以往的运动员及赞助者们。大厅的木制檐壁上刻有一句出自罗马作家及政治家小普林尼(Pliny the Younger)的名言，也体现着运动参与精神的所在："运动及锻炼能如此有效地激励人的思想，这是多么美妙啊！"

建筑师们在扩建后的场地安装了10座220英尺长的钢制拱形桁架，这些桁架某种程度上也是对老哈蒙体育馆屋顶桁架的一种回忆与缅怀。不同之处是这10座桁架被漆成了蓝色以迎合整个建筑盛行的蓝金相间的色调。

皮特·纽威尔球场(哈斯馆)

比原体育馆高出 37 英尺的屋顶略呈拱形，造型特征与南、北立面颇为相似。区别在于它所构成的是一条稍有分段的弧线，而非后者那样为一条平滑、优雅的弧线。

场馆的西侧是一个两层高的俱乐部活动室，走进活动室便可通往一座阳台。在阳台上可以俯瞰整座棒球场，更能够以一个绝佳的视角观赏立面上那些凯尔海姆创作的希腊罗马风格的人物雕像。场馆中还有各种媒体设施、特许区域、校际竞技及休闲运动部办公室、豪华装修更衣室和训练室以及人体生物动力学系研究和教学场所。总之，哈蒙体育馆的改造大约为其增加了 50%的容量。

这座新馆从装饰艺术派风格的雏形到最终建成也并非是一帆风顺的。昂贵的竞标价格、变幻的市场情况以及其他一些因素增加了建造成本，也导致了工程的延期。5 700 万美元的建造资金大部分来源于捐赠的基金，其中最主要来自伊夫林·哈斯和小沃尔特·哈斯基金的 1 100 万美元捐款。大楼最终以伯克利校园中这位重要的赞助人小沃尔特·哈斯（学校 1937 级毕业生）的名字而命名。

场馆门前翻新过的步行前庭——斯比克广场（为纪念捐建者内德及开罗尔·斯比克而命名）是由卡特、泰伊、利明及尾原园景建筑事务所于 2000 年建成的。一片郁金香树林整齐地生长在广场上，广场上还安装了非常先进的照明设施。整座广场从班克罗夫特道一直向北延伸至场馆北端的停车场。环抱在这片区域内的是由大 C 社团（Big“C” Society）及布里克·莫斯校友合唱团（Brick Morse Alumni Glee Club）1946 年出资建造的著名的克林顿·莫斯“砖块”纪念碑（Clinton R. “Brick” Morse Memorial）。四条大理石长凳及刻有碑文的大理石板这样表彰着莫斯（1872～1942）：“一位将毕生精力奉献给加利福尼亚大学的体育及音乐事业的加利福尼亚人。”莫斯曾担任学校合唱团的主管，并且创作了被广为传唱的校园歌曲——《赞美加利福尼亚》。由 1942 年 ROTC 海军班为纪念在“二战”中逝去的校友们而设计的 C 形柚木长凳则默默地安放在纪念碑的正北方。

32. 休闲运动中心

ELS/埃尔巴辛尼及罗根建筑事务所，1982～1984

在1981年校方就建造一座休闲运动中心(Recreation Sports Facility, RSF馆)而组织的全校学生投票中，大多数学生表示强烈支持。继1933年哈蒙体育馆建成后，第一座新型的体育馆便由此诞生了。那时，学校招生人数已经超出老哈蒙体育馆可服务人数的3倍多，这座造价2 000万美元的新设施及时满足了学生们对于体育和健身的向往和需求。

RSF馆选址于班克罗夫特道上，以方便学生们使用哈蒙体育馆(如今的哈斯馆)中的淋浴及更衣室设施。场馆建造在一个地下停车库之上，内部空间容量非常大，里面除数间行政办公室外，还有七片篮球场、六片壁球场和七片壁球、手球两用场。为调节这一工程的规模，来自伯克利ELS/埃尔巴辛尼及罗根建筑师事务所的建筑师罗根将整座建筑分解成了三个单元：与旁边更衣室相毗连的东部办公侧厅；由训练室、球场及两个蓝金相间的篮球馆组成的长长的中央大厅；西部是包括三片篮球场在内的多功能大厅。此外，他设计了一座高250英尺、开有天窗的中庭，将以上三个单元巧妙地连接在一起。这间观景大厅北侧面对着玻璃幕墙的球场，南侧则被由多座阳台和楼

休闲运动中心

梯构成的水平墙壁所包围,沿这些阳台和楼梯向上,便可来到训练室及高层健身房的观景窗口。40 英尺宽的空气循环系统起于东侧俯瞰着斯比克水上运动中心的窗口,止于西侧方方正正的运动馆。它给使用者提供了明确的定位,也又一次强调了场馆内敛型的特质——使用者们需要的是无窗的活动区域以避免阳光照射以及无关人看热闹。

场馆结构庞大,但门窗较少,因此建筑师罗根需要进行一番富有想象力的外部造型设计。他在灰浆涂覆的混凝土及钢框架结构外刷上了一系列柔和的色彩,将建筑中的三个单元鲜明地凸显出来,在视觉上缩减了场馆的规模。中央大厅外墙上的蓝绿色调仿佛将这座庞大的场馆与蓝天融合在一起,而西侧陶土色调的场馆又与校园中许多建筑的砖瓦屋顶遥相呼应。建筑师采用了其他一些元素代替窗户的作用,在正面外墙上开口,带来丰富的层次感。为自然通风所设置的百叶窗也被用作丰富造型的一个元素,外墙上的水平横纹及刻痕也为整个建筑增加了层次美。罗根在外墙上还采用了对角线造型的装饰来暗示高层健身房中使用的钢结构交叉支撑,这些对角线装饰同样也被沿用至西部的场馆中。中央大厅结构对称的南立面上有 10 座结构性凸台,凸台涂成灰色,从而把南立面划分出层次。这十座结构性凸台在建筑的底层构成了一条带柱长廊——这也是一种经典的建构方式,或许设计者也试图通过这一手法向较为古老的校园建筑表达某种敬意。位于中央厅西侧的两个由地下停车库延伸而出的船形通风孔也为建筑抹上了一笔奇异的色彩。

设计者做出的种种努力为场馆外形增添了许多层次美和多样性,与此同时,场馆内敛型的特质在某种程度上也在班克罗夫特道上树立了一幢引人注目的公共建筑。场馆高高的外墙是一道无形的壁垒,丝毫不对墙外的行人及街对面历史悠久的圣马克教堂(St. Mark's Church)做出让步。柱廊基本没有实用性能,也鲜有人在这里活动;西厅的南侧有一座小型的庭院,这块户外空间虽然惬意,使用率却很低。尽管存在着这样那样的不足,这个场馆却曾经受学生的无比欢迎,甚至连中厅大堂里都摆满了各种健身器材。然而,在 1999 年校方就运动中心扩建至庭院中而举行的另外一项投票中,学生们却并未给与支持。

33. 班克罗夫特道2401号

阿尔伯特·施威因富，1898；穆勒及科菲尔德建筑事务所(Muller & Caulfield)，整修，1998～1999

最早在班克罗夫特道和达纳街拐角处的建筑是由阿尔伯特·施威因富所设计的第一唯一神教派教堂。它在19世纪末的工艺美术运动及伯克利生活方式的形成过程中都曾扮演过重要的角色。教堂质朴的建筑风格、本地取材的建筑方式、区域性的建造参照、亲近自然等，都是这场运动起源于英国的标志。这场运动是针对工业化、机械化的社会而发起的，它崇尚简单、自然的生活方式。在建筑方面，工艺美术运动则排斥维多利亚时代的建筑风格。

1891年从东部来到旧金山的施威因富，在建筑师佩奇·布朗（A. Page Brown）的办公室工作。在此期间，他或许曾与伯纳德·梅贝克共事并为后者1894年所设计的质朴风格的旧金山斯威登堡教堂贡献了许多灵感。次年，梅贝克在校园北侧为他的第一位私人客户——诗人查尔斯·凯勒（Charles Keeler）——设计了一栋叠瓦屋顶的房子。他采用粗犷、不加修饰的红木材料，使房屋整体设计与山坡地形相依，这一灵感创造了一种革命性的建筑风格，并在校园周围的知识分子社区中逐渐流行起来。由于凯勒是山坡俱乐部

班克罗夫特道2401号

班克罗夫特道 2401 号

(Hillside Club)的主要领导者,也因为他 1904 年为他的"朋友及顾问"梅贝克所创作的《简单的家》一书,建筑中工艺美术原则也为更多人所知所用。凯勒发起的山坡俱乐部创立于 1898 年,主旨是推广工艺美术运动。施威因富设计的第一唯一神教派教堂则是俱乐部的第一次集会地点。凯勒、梅贝克以及周边社区和学校众多的显要人物都是这座教堂最早的信徒。

小楼的木制屋顶特征充分代表了由工艺美术运动衍生出来的初期旧金山海湾建筑风格。坡度较缓的山墙屋顶盖在西北侧的两座入口门廊之上，由屋顶延伸而出的檐口则覆盖至小楼西南角之上。粗皮的红木木材支撑着门廊屋顶。小楼西墙的中央是一个半径 12 英尺的琥珀色圆形窗口，阳光透过这扇窗照进楼中，于是整栋楼的内部便沐浴在一片金色之中。窗周围的墙板也是精心修饰过的。四扇拱形的琥珀釉色窗为南墙增色不少，窗台之间间隔着曲线形木瓦扶壁。东侧一座半圆形的后殿则为教堂的讲坛，数座桁架横跨其上。

1960 年，学校为筹建学生中心收购了两栋建筑，这座教堂就是其中之一。教堂的教众则被安置到了肯辛顿(Kensington)附近一座更大的教会中。1965 年，为建造泽勒巴赫厅，学校拆除了一栋教区住宅及其附属结构，而教堂大楼则被继续用作绘图教室等，如今则被艺术表演系用作舞蹈室。

1999 年，来自奥克兰的建筑师及校友露丝玛丽·穆勒(Rosemary Muller)及托马斯·科菲尔德(Thomas Caulfield)对这座建筑进行了修缮，大楼的抗震性能得到了改善。与此同时，建筑师细致地保护了教堂具有历史意义的外观。在维修工程中，除了进行一些结构上的升级外，还新建了数堵剪力墙以及一条屋顶横板，此外还对桁架进行加固并新建了一座钢结构框架。另外，建筑师用雪松板条翻新了原来的外墙墙板及屋顶，将建筑原有的外部特色很好地保留了下来。

班克罗夫特道 2401 号名列国家历史遗迹名录及加州历史资源名录，也是伯克利城的一座地标建筑。

34. 校友堂

克拉伦斯·梅修(Clarence W. Mayhew)设计建造，园景建筑师利兰·沃恩(H. Leland Vaughn)协助，1953～1954；园景建筑师阿里·井上(Ari Inouye)，园景修缮，1980

“校园里的一个家。”1953 年加利福尼亚校友协会曾这样自豪地形容这栋草莓溪南岸正在建造的建筑。该协会是由 1872 年成立的大学校友会及加

校友堂

州学院的某个组织发展而来，并于1917年改为现在的名字。协会曾经与学生联盟联系紧密，1923年，由于校友们不懈地募集资金（这一优良传统直至今日还广泛地传承着），协会在斯蒂芬斯协会（即如今的斯蒂芬斯厅）设立了办公区。

"校友堂"，意为学生及校友们的集会场所，这一想法早在约翰·嘉伦·霍华德1908和1914年的赫斯特规划中就提出来了。霍华德原将这一建筑选在草莓溪南岸、如今的瓦利生命科学大楼南侧的位置上。1938年，规划已久的校友堂就落成于这个位置稍北侧一点、校方从第一唯一神教派收购过来的土地上。这一地点位于两片街区的西北角，而随后这两片街区被建成了学生活动中心。某种程度上两者在地理上的相邻也表明了两者之间的早期联系。超过18 000名校友参与了学校为准备地基及建造房舍进行的基金募集活动。

来自旧金山的建筑师、学校建筑学院的1927级校友克拉伦斯·梅修被选为设计师。他也是在霍华德担任院长期间，建筑学院最后一届毕业生。梅修将校友堂总体规划为两栋砖石结构的侧厅，两栋侧厅由中间的一栋玻璃幕墙前厅连接起来，从而形成了L形的造型，依溪畔地势的起伏而建。整栋建筑包括在西侧厅的一楼和地下室的长方形办公侧厅，以及东侧厅一楼面积稍大的会议及活动室。会议厅的屋顶为"蝶形"，即屋顶中央并非屋脊，而是反斜沟屋面。研究办公侧厅的内部发现，这个侧厅的屋顶原本也采用同样的蝶形，然而或许考虑到日后需要再增建一些楼层，后来被改造成了平顶。钢框架幕墙及篷式窗赋予了办公侧厅一种模块化的造型特征——侧厅在石制基座之上，在景观上达到一种水平"漂浮"的造型效果。

设计师对建筑的外型进行了优雅的均衡：两座侧厅由中间的前厅连接，保持不对称的平衡的两侧。这一设计是国际建筑风格的典型代表，反映了勒·柯布西耶（Le Corbusier）、麦斯·凡·德·罗（Mies van der Rohe）及沃尔特·格罗佩斯（Walter Gropius）所代表的欧洲建筑学派的影响。此外，这一风格也与威廉·伍斯特及嘉登纳·戴利所设计的旧金山海湾地区民居建筑非常类似。旧金山海湾地区建筑风格对这栋楼的影响还体现在楼与园景及溪畔环境之间的户内—户外关系上。

在建筑的内部,设计师采用了胡桃木的壁板及屋门,红砖墙壁以及绿板石地板,并在东侧厅的大小会议室使用正对北侧平台的落地玻璃门,而达到自然采光的目的。以上设计无不表达了建筑的自然主义情怀。楼中个性化的装饰及家具陈设包括数座壁炉、一座壁龛等。此外,还有一些刻着班级名称及个人捐建者名字的装饰,默默地怀念着可爱的校友们。为增加休息厅的面积,会议室使用的是活动板门。会议室以校友斯蒂芬·贝克特尔(Stephen D. Bechtel)的名字命名。贝克特尔曾担任校友堂建造委员会主席一职,并且他还是以后贝克特尔工程中心的最主要捐建者。

曾任职学校 40 载并于 1925～1962 年担任园景建筑系系主任的园景建筑师利兰·沃恩负责校友堂的园景规划及露台设计。露台周围的花园有两座日式石幢及 26 块踏脚石。这些装饰品都有着一段广为流传的历史。它们是日本校友协会 1934 年赠送给学校的,最初学校将其放置在草莓溪沿岸、威尔曼厅(参见漫步路线三)对面的空地上。1935 年,罗伯特·戈登·斯普劳尔及其夫人在大学邸举办了一场茶会,宴请了 250 名宾客。茶会之后举行了石幢

日式石幢及园林(校友堂)

及踏脚石的正式落成仪式。细长的那座灯笼属于春日风格(Kasuga type),是仿照日本奈良三月堂东大寺(Sangatsudo Todaiji monastery)里石幢制作的。精致一些的那座石幢则属于雪见风格(Yukimigata type),即著名的"赏雪"石幢。即使是在暴风雪之中,只要恰当调整石幢上的石盖角度,石龛里发出的光依然清晰可见,"赏雪"石幢也由此得名。在"二战"中,小巧的赏雪石幢遭到了破坏,于是人们把这对石幢从溪畔转移至了安全的地方藏起来。之后这对石幢便被世人所遗忘。直到1980年,校园园景建筑师阿里·井上将其修复并将它们与踏脚石一起放置在校友堂里,并围绕着它们重新规划了校友堂园景。

35. 加利福尼亚学生中心:金学生联合会、查维斯学生中心、埃什尔曼厅以及泽勒巴克厅

加利福尼亚学生中心(California Student Center) 哈迪森及德马斯建筑事务所设计,园景建筑师劳伦斯·哈尔普林(Lawrence Halprin)协助设计,1959～1968

金学生联合大楼 (King Student Union) 哈迪森及德马斯建筑事务所设计,1959～1961

查维斯学生中心(Chavez Student Center) 哈迪森及德马斯建筑事务所设计,1959～1960;肯尼迪/詹克斯/奇尔顿建筑部(John Wells of Kennedy/Jenks/Chilton Architectural Division),内部修缮,1989～1990

埃什尔曼厅(Eshleman Hall) 哈迪森及德马斯建筑事务所设计,1963～1965

泽勒巴赫厅(Zellerbach Hall) 哈迪森及德马斯建筑事务所设计,1965～1968

作为城市设计的获奖建筑群,加利福尼亚学生中心由四座主要建筑组成。四栋主楼组成一座下沉式中央广场,构成了校园最初的入口——斯普劳尔广场的西侧边界。金学生联合大楼坐落于建筑群的东南角,标志着电信大道—班克罗夫特道处的校园入口。查尔斯学生中心最早是一幢餐饮大楼,如今则扮演着学生服务中心的角色。它毗邻草莓溪,构成了南侧广场的北边界。而埃什尔曼厅则充当着广场沿班克罗夫特道的南侧边界。最后一幢建筑是泽勒巴赫厅,它充当着区域职能中心的作用,位于整个建筑群的西侧。

由于启用于1923年斯蒂芬斯联合大楼(即如今的斯蒂芬斯厅)和启用于1931年的老埃什尔曼厅(即如今的摩斯厅)无法满足学生的使用需求(参

见漫步路线一)，因此加州校友协会就新建类似设施进行了一项为期两年的研究。研究完成于 1948 年，结论为赞成新建学生服务设施。这项战后的研究也表达了校友们的一致倡议：校友们认为在校园里实施这样一项规划，能够"象征学校对那些在战争中献出生命的校友和在战争中服务国家并得以全身而回的校友们的义务"。各种提案汇总后，最终形成了兴建一座"加利福尼亚纪念中心"的计划。纪念中心中包括一座餐厅、一座礼堂、一栋学生纪念活动中心大楼及一栋学生办公大楼等。学生学费、各界捐赠、学校基金以及学生联盟组织将其名下的斯蒂芬斯厅和老埃什尔曼厅卖给学校所得的款项共同担负所需资金。弗农·德马斯(Vernon DeMars)教授的建筑系学生们各自提交了自己的设计方案，所有方案汇总后于斯蒂芬斯厅展出，以吸引更多人对这项计划的关注。当资金募集工作急需一项更详细的建筑计划支持时，助理教授约瑟夫·埃什里克和几个学生协助德马斯根据建筑计划制作了一个建筑模型。校方批准将斯普劳尔厅和哈蒙体育馆(即如今的哈斯馆)之间的地块作为建筑用地，同时还需要收购班克罗夫特道北侧的居民区。

为了给学生中心选择一位最合适的设计师，校董事邀请了六家建筑公司，其中三家来自南加州，三家则来自北加州。六家公司共同参加 1957 年的竞标，竞标内容由埃什里克决定。评审团一致决定将 1 200 万美元的项目交给弗农·德马斯及唐纳德·哈迪森的联合建筑事务所。该事务所是由在伯克利的一家小型事务所——德马斯和雷伊建筑事务所与在里士满的规模稍大的事务所——哈迪森和小松建筑事务所合资建立的。在此之前，德马斯与哈迪森曾共同承担复活节山庄的设计建造工程。这是一个 300 户人家的公共住宅工程，于 1954 年完工。作为德马斯的合伙人及学校职工的唐纳德·雷伊将他在英国设计新城镇的宝贵经验也带到了这里。合资事务所在任务安排上，德马斯负责整体的设计工作，从工程伊始至 1965 年，雷伊负责协助。1965 年，约翰·威尔斯成为德马斯的新合伙人，事务所也随后更名为德马斯和威尔斯建筑事务所。

竞标中胜出的设计方案在建造规模和城市化布景上都深受威尼斯圣马可广场的影响。建筑各具特色——餐饮大楼上伞形双曲抛物面屋顶，联合大楼前庄严的柱廊，高大的办公塔楼，宏伟壮观的泽勒巴赫厅，在这意大利文艺复兴风格的空间里各种随意的元素激发着建筑选材及纹理设计的多样化。不同于圣马可广场的钟楼，伯克利校园里的钟楼位于距斯普劳尔广场约1 000英尺处，这是设计师刻意而为的，目的在于将餐饮大楼的屋顶高度衬托得稍低一些。考虑到约翰·嘉伦·霍华德所设计的钟楼同样从圣马可广场中汲取了灵感，这样的布局就越发能够体现校园风格的一致性，从而显得恰如其分。对于德马斯来说，餐饮大楼及其薄壳屋顶“如同大型市场里形形色色的摊位一样坐落于广场的末端”，而联合大楼则“如同一座‘华丽的’大厦，主宰着整座广场”。

如同圣马可广场一样，这个广场拥有各类活动场所及交叉循环道路，设计师原本想将这里变成一处热闹的行人空间。虽然随着学校将餐饮大楼及露天餐台从查维斯中心搬迁出去后，这里的热闹程度与日俱减了，但来往的就餐者(如今大多数人都在联盟大楼的“熊穴”就餐)、去剧院的人、享受着户外活动的人、过往的行人们仍共同组成了熙熙攘攘的繁华城市景象。德马斯这样描述这一场景：“这是一处街景与广场、高大建筑与低矮建筑、商店与酒吧、露台与商场的混合景观。”面对广场的阳台和露台与圣马可广场上的凉廊功能相同，都是作为举行庆典活动时的舞台及观礼台。

艾米·楼·帕卡德创作的壁画细节(查维斯学生中心)

在建筑布局上，德马斯将这片区域划分为多个轴向关系。笔直的斯普劳尔广场充当了从萨瑟门到班克罗夫特道—电信大道大门之间的南北轴线。有着对称的新古典主义风格立面的亚瑟·布朗的斯普劳尔厅标志着东西方向轴线。一条混凝土阶梯由斯普劳尔厅正面延伸至下层广场。这条轴线最初穿过一座采用双曲抛物线桥面的天桥，天桥连通着两侧的联盟大楼和餐饮大楼。后来，出于防震考虑，学校于 1998 年拆除了这座天桥，先前被遮挡的景色也得以显露出来。这条轴线被调整至北侧，与老哈蒙体育馆入口和哈斯馆之间的连线平行。东西方向的第二条轴线构成了泽勒巴赫厅的中心轴线，将广场划分成剧院的一座前庭。此外，德马斯还在靠近广场班克罗夫特道的一侧建造了两条观景长廊。位于泽勒巴赫厅与埃什尔曼厅之间的西南入口斜对地与钟楼排列，在查维斯中心的"市场摊位"之上形成了一道引人入胜的风景。在联盟大楼与埃什尔曼厅的西南拐角处，一道交叉景观聚焦于高耸的桉树丛处，这片桉树丛也充当着泽勒巴赫厅前那座金熊雕塑的背景。

圣马可广场上一根高高的柱子上的威尼斯城象征——一座带翼狮子像激发了德马斯的灵感。他将加州及加州大学的象征——金熊的形象引入到这片建筑群中。为避免过于感性的创作，他选择了当时在学校任教、对自然主题进行抽象并采用焊接青铜工艺而闻名的雕塑家汤姆·哈迪(Tom Hardy)来担任金熊像的设计。作为 1929 级毕业生给母校 50 周年的献礼，金熊像于 1980 年揭幕。这座重 500 磅的雕塑表面镀着一层薄薄的金箔，坐落在高 18 英尺的基座上，让人无法轻易触及。

此外，加州的象征还在查维斯学生中心正对广场的露台护栏上有所表达。此处竖立着一幅由艺术家艾米·楼·帕卡德(Emmy Lou Packard，1936 级毕业生)创作的高 5 英尺、长 85 英尺的浅浮雕作品。伯卡德是著名艺术家迭戈·里维拉(Diego Rivera)的学生，也是里维拉传记的作者，以致力于公共艺术创作著称。这幅抽象的混凝土壁画展现了加利福尼亚州的土地形貌：绵延的海岸线、广阔的农场、起伏的山麓、云朵和河流。壁画采用逆向浇注工艺，作者使用各种各样的蔬果形象，包括萝卜、番茄、洋葱及炒麦花等，在壁画上增加了凹凸的纹理。

金学生联合大楼

建筑竞标进行之时,将学生联合大楼作为一幢"二战"纪念大楼的提议已经被放弃了。1985年,为纪念民权领袖马丁·路德·金,这幢大楼被命名为金学生联合大楼。大楼被设计为下层广场一个夺目的组成元素,这幢玻璃幕墙的华美建筑也成为斯普劳尔广场与电信大道—班克罗夫特道交汇处的标志性建筑。为表达社区开放性的理念,德马斯将这幢五层的钢结构框架大楼构思为即可用作正式场合又可作为休闲场所的"学生俱乐部"。庄严的环绕式柱廊为整幢大楼提供了经典的庇护感和紧凑感。从北面走过来,仿佛这幢大楼被环抱在萨瑟门的门框中一般。至于大楼顶部王冠形的花格架,德马斯意在"向学校第一位建筑师,已逝的伯纳德·梅贝克致敬"。他在花格架之上设计了加州州花——花菱草的尖顶饰,很像40多年前约翰·嘉伦·霍华德在希尔加德厅大门上所设计的。

各自独立的男生及女生俱乐部原来在斯蒂芬斯厅中, 有了这幢新的联合大楼后,这些机构都搬迁到了这里。从斯普劳尔广场拾级而上,便可来到大楼的二楼大厅。大厅最初设计为一块开阔的公共区域, 中央为核心功能

金学生联合大楼

区——包括一个问讯台、数间赏乐亭和几间办公室。这块区域如今作为游览中心。由此向西则来到克拉拉·海尔曼·海勒长廊(Clara Hellman Heller Lounge),这条长廊是校董事爱德华·海勒以其母亲的名义捐建的。由于学生需求的改变,校方将这片区域分隔成一座自习大厅及一个计算机实验室,这里从而也失去了最初的开放性。在这层最南端的大楼梯下陈列着几个展览,描绘了斯坦福斧、金熊雕塑、学生生活的历史变迁。展品还包括捐赠的熊模型,模型被放在斧形陈列柜中。熊模型是由德马斯设计的,上面有与金学生联合大楼顶部花格架相同的尖顶饰。

建筑的三楼铺设着木制拼花地板及拼花护壁板。亨利·摩斯·斯蒂芬斯纪念厅就在这一层。斯蒂芬斯是一位备受尊敬的历史学教授,老联盟大楼就是以他的名字命名的(参见漫步路线一)。校董事爱德文·保利(Edwin W. Pauley)以他爱妻名义捐建的两层高的芭芭拉·麦克亨利·保利舞厅(Barbara McHenry Pauley Ballroom)也在这里。这个多功能的大厅可容纳 800 余人,供会议、宴会、正式舞会及其他场合所用。大厅北面为玻璃幕墙,透过这堵玻璃幕墙可以欣赏到令人难忘的校园及钟楼景色。

大楼的第四层分为 8 间会议室,每间会议室都以一种加州特有树木命名,同时每间会议室的护壁板也是用对应树木的木材制作的。楼顶的提尔顿静思室是小查尔斯·李·提尔顿及其夫人为纪念他们的儿子——本校学生查尔斯·李·提尔顿三世而建的。房间的窗户由 40 块沉重的玻璃板组成。这些玻璃板是由法国雕塑家罗伯特·皮纳德(Robert Pinard)在慕尼黑制作的。同样出自皮纳德之手的还有赫兹厅里的彩绘玻璃窗(参见漫步路线五)。

这幢造价 570 万美元建筑的底层广场包括加州学生商店、“熊穴”餐厅以及从上层广场延伸下来的游戏长廊和艺术工作室。地下层是一家由一个 16 道的保龄球馆改造成的教科书及教学用品商店和一个仓库。仓库与广场下的停车场相连。

查维斯学生中心

作为与联合大楼一体的餐饮大楼在 1990 年被改为学生服务场所并改

名为金熊中心(Golden Bear Center)。直到 1997 年，为纪念联合农场工人协会领袖塞萨尔·查维斯(Cesar E. Chavez)，大楼更名为查维斯中心。早先这座三层高的钢筋混凝土结构大楼里是可容纳 1 800 人的错层式餐厅。大楼玻璃幕墙的形状和高度随双曲抛物面屋顶形状的变化而变化，北侧的阳光透过幕墙照进高高的就餐区，为当时的就餐者(以及如今大楼的使用者)带来怡人的溪畔风景。大楼开放的造型和非正式的道路系统与周边的河岸环境和谐共存。

灰熊雕塑(雷蒙德·普奇内利创作)

大楼 230 万美元预算中还有可在斯普劳尔广场提供烧烤服务的金熊餐厅。大楼的底层有几间排练大厅以及供原来在老埃什尔曼(摩斯)厅里的军乐队和合唱团所用的设施。乐团组织依旧在查维斯中心办公，每逢足球比赛日，便可看到乐队举行传统仪式，即抚摸大楼北侧溪畔的灰熊像的鼻子，据说可以为自己的球队带来好运。这座黑色的花岗石熊雕像是由雕塑家雷蒙德·普奇内利(Raymond Puccinelli)创作的。普奇内利师从于著名艺术家贝尼

查维斯学生中心

亚米诺·布法诺(Beniamino Bufano),曾任学校艺术教师。1955 年,小伍德沃德(O. J. Woodward II,1930 级毕业生)将这件艺术品赠予学校,这也是校园里第一座规模较大的以熊为主题的雕塑。

后来,餐厅被进一步划分成几块特色饭菜供应区,直到 1989 年,集中式的餐厅不再存在了,取而代之的是小规模的周边设施,零散地分布在校园里。随后,肯尼迪 / 詹克斯 / 奇尔顿建筑公司的建筑师约翰·威尔斯(弗农·德马斯的前任合伙人,曾参与学生中心尤其是泽勒巴赫堂的最初设计工作)主持了原来餐饮区的清理工程,这样这块区域提供给学生学习中心、残障学生专项服务、学生资源中心及其他一些活动中心等在内的联合学生服务部门使用。

埃什尔曼厅

埃什尔曼厅

在联盟大楼—餐饮大楼建成后,学生中心建筑群的第二次扩建就是建造学生办公室塔楼。塔楼位于下层斯普劳尔广场靠近班克罗夫特道处。为纪念约翰·默顿·埃什尔曼,这幢新建筑沿用了原出版及活动中心大楼的名字,而后者则更名为摩斯厅。埃什尔曼是学校 1902 级毕业生,曾担任 ASUC 主席,期间为学生出版事业作出了杰出的贡献。此外,他在担任加州副州长期间曾在学校董事会中任职。

建造这幢窄小塔楼的目的是安置各种办公室、各类组织、出版机构、一间图书馆以及 ASUC 的议事大厅。这幢大楼高 8 层,狭长的影子将联合大楼笼罩在内。后来,德马斯对这一美中不足之处表示深深的遗憾。塔楼的影子也时常投射到广场之上,因此天冷的时候,广场树丛中的一些长凳都不能坐人。塔楼的规模也不比班克罗夫特道上其他的建筑更大一些。在校董事们对大楼的设计工作提出一些无关痛痒的意见后，建筑师们在顶楼凉廊上装设开放的金属护栏，并在东西两端各加建了窗户及阳台。混凝土结构的带翼遮阳台为大楼的南立面增加了些许生气，而大楼北面各学生组织办事处的窗户上则挂满了形形色色的标语牌。这幢总造价130万美元的大楼于1965年9月举行落成典礼，参加典礼的有埃什尔曼家族几位成员以及荣誉校长罗伯特·戈登·斯普劳尔先生。

泽勒巴赫厅

学生中心建筑群最后一幢建筑——泽勒巴赫厅中倾注了建筑师对戏剧艺术的热爱。作为经济大萧条时期的一名学生，弗农·德马斯曾为在国际宾馆礼堂上演的以平原印第安人和西南部印第安人为主题的戏剧设计过一组舞台布景并参加表演。为了设计泽勒巴赫厅，他潜心研究了欧洲的剧院建筑，并悉心请教了声学设计及座椅设计方面的专家，从以往的剧院设计中广泛吸取经验并将当代剧院建筑的最新技术融入这个设计中。

这幢钢筋混凝土结构的大楼中包括两个剧院：大门朝向广场的2 100个

泽勒巴赫厅

座位的礼堂和北面校友堂对面为戏剧艺术学系专门建造的500个座位的多功能剧场。在大礼堂的设计中，建筑师充分考虑到了歌剧表演上的声学要求,并可以满足包括戏剧、舞蹈、交响乐等各种表演艺术的要求。礼堂中有一座约62英寸长的弧形舞台,可供当时所有的主流戏剧及芭蕾舞剧演出。礼堂内部结构紧凑,上下两层看台由大厅侧面级联下降至舞台前方,环抱着管弦乐队席位。四周墙壁上有着形形色色的艺术灯饰及绚丽的凹凸结构,起着消声的作用，同时也是对巴洛克时期歌剧院及音乐厅中经典雕刻的一种现代手法的表达。德马斯早年曾参观的一座瑞典剧院影响了他对这座礼堂的设计,出于声学角度的考虑,这些雕刻而成的包厢非常接近声源,而不是太靠后。至于观众席上方的天花板,德马斯原打算将其设计成帆布天幕,让天花板上的灯光铺洒下来,映照在精工雕刻的墙壁上。

大剧院前的门厅是一座两层高的混凝土框架玻璃包厢,包厢面朝广场。包厢上悬挂着10幅条幅,其中9幅表述了西方戏剧的历史变迁,第10幅则介绍了亚洲戏剧的沿革。这些条幅是由建筑师的妻子、艺术家贝蒂·德马斯设计的。这对夫妻的紧密合作也令人联想起近40年前贾尼尼厅的缔造者雕刻家伊莱·海尔·海斯和她的丈夫建筑师威廉·查尔斯·海斯(参见漫步路线三)。

多功能剧场在一条南北方向的校园轴线上，与大剧院所处的东西轴线互相垂直。剧场与旁边大剧院之间用大型的隔音缓冲墙隔开,以保证两者可以同时举行演出而互不干扰。作为一个戏剧艺术系专用的多功能实验室,这座小剧场有多种多样的用途:舞台台口表演、伊丽莎白风格剧院、圆形剧场以及其他一些非传统的舞台表现形式。可滑动的壁板可以控制舞台的大小,升降梯和活动座位使得剧场的座位安排更有灵活性，也方便了乐队席位的安排。

为了保证泽勒巴赫厅能在学校百年校庆之际按时完成,1968年5月,学校为这座还未全部竣工的礼堂举行了落成典礼，当天晚上还举办了庆祝音乐会。音乐会以作曲家伊戈尔·斯特拉文斯基(Igor Stravinsky)的音乐作品为主题,学校1938年毕业生、著名演员格里高利·派克(Gregory Peck)担任旁白。斯特拉文斯基也列席了当晚的演出。而在广场上,剧院的赞助者们却与一队抗议的学生发生了冲突。学生们游行抗议校方为这幢大楼取的名字。这幢造价 700 万美元的建筑的资金主要来源于学生学费，此外还有一些捐款以及泽勒巴赫家族赠予的 100 万美元的基金。为纪念野生动物保护学者及泽勒巴赫纸业集团前任主席伊萨多·泽勒巴赫先生和他的夫人慈善家珍妮·巴鲁·泽勒巴赫，这幢大楼被命名为泽勒巴赫厅。而广大学生们认为大楼的名字应当由他们最终决定。在两次投票表决中，学生们都驳回了校董事的提议，他们倾向于以当时被杀害的斗士小马丁·路德·金的名字命名大楼。最终，随后落成的学生联合大楼的命名采取了这个方案。数月之后，剧场随着公共开放而正式启用了。1969 年 1 月，小剧院上演了戏剧艺术系研讨会的作品，演出仅向部分持有请柬的观众开放。3 天之后，剧院里又上演了尤金·奥尼尔 (Eugene O'Neill) 的三幕戏剧——《伊蕾特拉的哀伤》(*Mourning Becomes Electra*)。深具讽刺意味的是，就在剧场公众开放的前一晚，在过去的 50 多年里上演戏剧艺术的场所、久经考验的惠勒厅礼堂(参见漫步路线一)在一场大火中被烧毁了。

36. 斯普劳尔厅和斯普劳尔广场

斯普劳尔厅(Sproul Hall) 小亚瑟·布朗，1940～1941；建筑及工程办公室，内部整修，1958、1973

斯普劳尔广场(Sproul Plaza) 哈迪森及德马斯主持，园景建筑师劳伦斯·哈尔普林协助设计，1959～1961

作为自 20 世纪 60 年代起便成为历史性政治标志的斯普劳尔厅是为学校众多的行政办公室而建的。由于这座建筑的建成，位于校园中心的加利福尼亚厅便可以解放出来，被改造为更需要的教学场所。这幢大楼也是“为建成校园气派的前厅”而在“电信大道轴线上进行的里程碑式规划”中落成的第一座建筑。大楼最初被叫作行政大楼，1958 年，为纪念学校第 11 任校长罗伯特·戈登·斯普劳尔(1930～1958 年在任)，更名为斯普劳尔厅。

大楼建筑在电信大道东侧，班克罗夫特道与萨瑟门之间。这片区域原为一些面向校园的商铺，其后的巴罗街(即如今的巴罗巷)上则是数家维修车

斯普劳尔大厅

间以及学校公司的仓库。小亚瑟·布朗决定将大楼位置稍稍后移，并计划以后将前面的商业街改造成一条林阴大道——并非如今的广场。斯普劳尔厅日后成为出自接受美艺建筑教育的建筑师之手的五座校园建筑中最显赫的一座。

大楼结构对称，位于中央的四层大楼建于地下层之上，南北两侧各有一座三层外凸型侧厅。与布朗其他的一些校园建筑一样，这座大楼在风格和选材上都与约翰·嘉伦·霍华德的美艺建筑群遥相呼应。然而，在建筑中广泛采用成本昂贵的花岗岩的那个时代早已一去不复返了。为了以一种与新校园主大门风格相符的方式完成这幢钢筋混凝土大楼的外部装饰，布朗在大楼基部及门厅上使用了花岗岩材料，而墙壁则用陶土材料(后期又用另外一种材料重新粉饰)，主要色调则与校园早期的花岗岩建筑一致，红瓦四坡屋顶则更是遵循了霍华德早期建立的校园建筑风格的主基调。

中央大楼的主立面划分为不同区域，包括基座、主楼以及一层缩进式阁楼，两座侧厅则各包括地下层及主楼部分。条纹式外墙上开有简朴的窗户，窗户不带有任何窗台结构及装饰细节。古典风格的入口门廊之上有一块由四根爱奥尼亚式圆柱支撑的三角形楣饰，使得入口门廊成为建筑中最引人注目的特色。主楼有古典式檐口,而侧厅阳台的铁护栏装饰着蹲伏的灰熊及加州深红色的玫瑰,分别象征着加州大学和加利福尼亚州。

由主大门进入,便可来到空旷的大堂中,大堂四壁用印第安纳产石灰石建造,地面铺设黑底绿白条纹的大理石。大堂很开阔,却空空荡荡的,只有一扇侧门通往大楼的中央长廊,这样的设计招致了许多批评。设计者也希望改造大厅的内部构造,改变"人们走进大厅的冰冷感觉",他们咨询了这个领域的专家——建筑学教授迈克尔·古德曼和艺术学教授尤金·纽豪斯。两位专家建议在墙壁上装饰壁画、一幅全州范围内的大学系统图、一幅题字,或者另外再开一扇通往中央走廊的小门等。然而,这些设想也都未能实行,直至近年,墙壁上新添了一幅后现代主义者名录。

与大理石大厅遥遥相对的是两座著名的半身铜像。北侧壁龛中是 1907 级校友捐赠的斯普劳尔校长半身铜像,这座铜像创作于 1959 年,作者是颇有建树的雕刻家,同时也是著名的神经外科医生埃米尔·赛莱茨(Emil Seletz)。在南侧楼梯下的是 1903～1923 年校董事约翰·布里通(John A. Britton)的古典风格的英雄主义肖像。肖像的作者是著名的雕刻家梅尔文·厄尔·康明斯。他的其他作品还遍布萨瑟门及杜恩纪念图书馆上。大楼里壮观的楼梯的灵感则是来自凡尔赛宫的类似结构。如同外部阳台护栏一样,楼梯上也装饰有加利福尼亚州首字母 C 和灰熊形象。

大厅和楼梯的富丽堂皇一定程度上也暗示了经由它们通向二楼的董事会议室必定也是金碧辉煌。由楼梯顶部一座井然的门廊向内,便可来到这间会议室了。1959 年,当校董事会和校长办公室由此处搬迁到大学厅之后,学校便将这座门廊以及有橡木护壁板的会议室进行重新分隔。同样重新分隔的还有北端的镶板式校长套房和南端的数间系主任办公室。每间办公室之前都有一座八角大堂,大堂均采用石膏飞檐装饰,飞檐上开有圆形天窗,起到采光的作用。如今,各种各样的行政办公室依然占据着这幢大楼,其中包括本科生招生及学院关系办公室、财务援助办公室、户籍管理办公室、学生活动及服务办公室、研究生部、公共信息部及政策部等。

在历史上的数个场合,由于各种政治集会,导致斯普劳尔厅有些声名狼藉。在这里发生的最有名的是自由言论运动(Free Speech Movement rallies)

高潮时期 1964 年 12 月 2 日的那次静坐示威。主要由学生组成的约 1 000 名示威者，伴随着琼·贝兹(Joan Baez)的歌声，行进到大厅中并占据了各个楼层，直至次日政府进行了大规模的逮捕——加州历史上最大规模的一次逮捕——这种情况才有所改观。亚瑟·布朗建造的这座新古典主义风格的建筑已经取代电信大道街成为官僚主义的新象征，大楼也日渐成为在其阶梯式讲坛和广场前上演的各类重大事件的一个幕布及背景了。

斯普劳尔广场

由哈迪森和德马斯设计、园景建筑师劳伦斯·哈尔普林协助建造的斯普劳尔广场建成于斯普劳尔厅落成 20 年后。广场位于金学生联合大楼和查维斯学生中心之间，是加利福尼亚学生中心建筑群后期新增的第一座建筑。学校将先前的电信大道由 75 英尺拓宽至 100 英尺，以便在斯普劳尔厅入口对面打造一座开放的砖制广场；此外，学校还在前电信街通行道上修了一条 550 英尺长的林阴步行大道。排列整齐的法国梧桐树(与生长在钟楼下萨瑟广场上的同一品种)从电信大道一直延伸至萨瑟门，形成了一道轴向的观景长廊。日复一日，这座广场呈现着变换的学生生活景象：各个学生组织在此处放置桌子，摆放摊位；时有形形色色“海德公园”式人物喋喋不休地诉说宗教消息，开展娱乐活动或者安排个人日程。

广场上使用最为频繁的中心集会区域为路德维希喷泉。这是一个圆形的池塘，其名字来自一条德国短毛猎犬路德维希·施瓦森伯格。这条猎犬曾经每天都从它在伯克利的家跑到这个喷泉与学生们嬉戏，偶尔还会摇头摆尾地接受学生们喂的一两块三明治。路德维希赢得了广大学生们的喜爱，在学生联合会执行委员会的提议下，1961 年，校董事会将这个喷泉命名为路德维希喷泉。这也是校园历史上首次给予一只动物这样的殊荣。1965 年，路德维希离开这个以他名字命名的喷泉，随着它的家庭回到了它的出生地阿拉美达市。然而，人们并没有很快忘记它，它的官方画像被挂在学生联合大楼内，校友杂志也表彰它为“名校之友、学生心目中的英雄、大学背后众所周知的力量”。

斯普劳尔广场及路德维希喷泉

在喷泉附近上演的各类事件将斯普劳尔大厅和斯普劳尔广场推至国际舆论的风口浪尖，路德维希或许也会感到精疲力竭。当斯普劳尔广场建成后，自由言论集会从萨瑟门外也向南转移到班克罗夫特人行道上。当时，人们还认为这条人行道为城市公共财产。然而，当得知这块狭长的区域属于学校财产后，校方于 1964 年 9 月出台了一系列禁止在此处举行集会抗议和政治游行的规定。一小撮学生为在这块区域上安放一些牌桌募集资金，争议就由此产生了。校方对这些抗议的学生们采取了政策性措施，于是学生们便在斯普劳尔厅静坐示威。随后学生们采取反击措施，在广场摆放了许多张牌桌，这也是为了给言论自由争取一个更为民主的学校政策。学生们建立了自由言论运动组织(FSM)。组织建立后的第一年 10 月份的一天，学生运动达到了白热化状态。当日，数以千计的示威者包围了一辆试图逮捕名叫杰克·温伯格的学生的警车。在之后的 32 小时内，示威者们将广场围了个水泄不通。在此期间，活跃的学生骨干们站着警车顶上发表了各种演说。新生代学生领袖、哲学系学生马里奥·萨维奥(Mario Savio.)就是其中之一。

随后，约 5 000 人在斯普劳尔广场及斯普劳尔厅前的台阶上举行了大规模午间集会，集会发展到后来，学生们占据了斯普劳尔厅。1964 年 12 月 2

日，萨维奥在此发表了著名的演讲："曾经有那么一段时期，操作器械变成了一项令人作呕的工作，这工作令人发自内心地厌恶，让人不愿投入其中。我们必须将自己的身心感受置于机器转动的齿轮和车轮之上，置于所有的器械之上，我们必须让这一工作停止下来。我们必须向企业主们表明：我们一天无法获得自由，这机器就一天别想再转动起来。"

FSM 事件之后，在伯克利校园内政治活动的时间、地点和方式等都建立了新的秩序。20 世纪 60 年代末和 70 年代初复杂的社会及政治问题(种族歧视、劳工抗议、越南战争、人民公园等)同样也在伯克利校园内找到了新的集会地。这些问题引发了更多的抗议、静坐行动，进而发展成校园内的暴力行为并招致国民警卫队采取行动，将斯普劳尔广场笼罩在催泪瓦斯下。后期的运动延续了斯普劳尔广场作为自由言论运动中心的这一传统，其中最著名的是 20 世纪 80 年代的反种族隔离游行。

1984 年和 1994 年，在 FSM 成立 20 周年和 30 周年庆时，马里奥·萨维奥两次回到门庭若市的斯普劳尔厅前的台阶上，面对众人发表演说。1997 年 12 月 3 日，恰逢那次历史性的游行 33 周年纪念日，学校正式以于前一年过世的萨维奥的名字命名这些台阶。1992 年，由旧金山艺术家马克·布莱斯特·凡·凯姆彭(Mark A. Brest van Kempen)设计的纪念碑在靠近大楼台阶附近的广场上落成，以纪念 FSM 组织。这个概念式的艺术作品是由学校教工发起的设计竞赛的获奖作品。竞赛的目的是"为纪念 FSM 组织成立 25 周年，以及 FSM 组织成立后进行的民权运动及反战运动"和"歌颂以前学生运动的最高理想，并以此激励后继学生"。纪念碑的主体是一根直径 6 英寸的"自由空间"柱子，柱子安放在直径 6 英尺的花岗石圆盘基座上，刻着："此处向上的泥土、空气不隶属于任何国家，不受任何组织管辖。"1999 年，校友斯蒂芬·希尔伯斯坦(Stephen Silberstein) 捐献了 350 万美元设立马里奥·萨维奥暨自由言论运动基金。这一举动也是为了纪念 FSM。学校用这笔资金在墨菲特本科生图书馆开设了 FSM 咖啡馆，剩余资金则用于支持 FSM 档案馆及班克罗夫图书馆的运营。

斯普劳尔厅前的台阶和广场上还有另外一项长盛不衰的集会传统：每次主场足球比赛之前，加利福尼亚军乐队都会从下层广场列队走出，行进至台阶之上,在斯普劳尔厅门廊前进行表演。伴随着拉拉队的绒球之歌和表演的赛前音乐会后,乐队继续行进,穿过萨瑟门来到加利福尼亚纪念体育馆。这些台阶还是铁斧拉力赛举办之地。这是一项涉及斯坦福之斧的传统赛事。如今的斯坦福之斧被作为一座奖杯,由加利福尼亚—斯坦福足球赛的年度冠军保存。

斯普劳尔广场名列加州历史资源名录。

漫步路线五

中央校园东南区域

37 安东尼厅和旧艺术画廊

38 赫斯特体育馆

39 加利福尼亚大学伯克利艺术博物馆和太平洋胶片档案馆

40 克勒伯厅和莫里森及赫兹厅

41 伍斯特楼

42 米诺厅及米诺厅附楼

43 教工俱乐部、高年级厅、女教工俱乐部以及哥顿厅

44 教工空地、古德斯皮德自然区、最后的森林精灵雕塑以及1910级毕业生桥

45 哈斯商学院

46 学院路2241号、2243号、2251号

47 法学院楼和西蒙楼

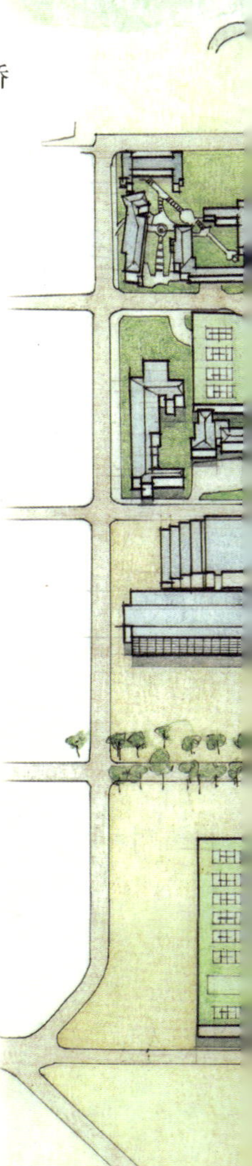

莱斯熊雕塑(丹·奥斯特米勒创作,哈斯商学院)

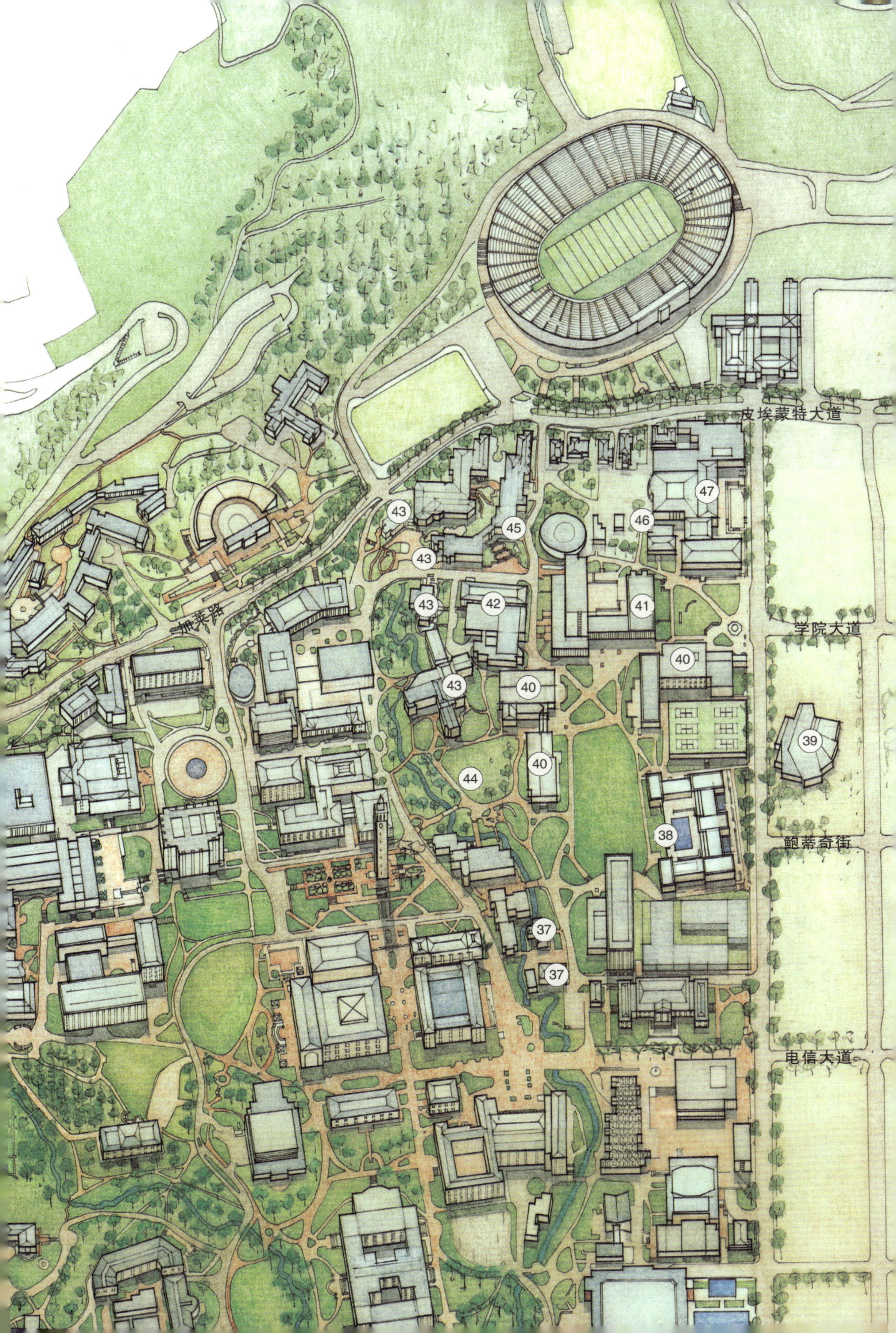

皮埃蒙特大道
47
46
45
43
43
43
43
42
41
学院大道
40
40
40
39
44
加莱路
38
鲍蒂奇街
37
37
电信大道

艺术、音乐和职业生涯

这一游览路线从草莓溪延伸至班克罗夫特道，位于斯普劳尔厅与盖里山麓之间。在整个20世纪里，诞生了许多旧金山海湾流派的建筑师们。这一游览路线中的建筑形式多样，有些源自这些海湾建筑师之手，有些则深受海湾建筑风格的影响，其中包括出自伯纳德·梅贝克、约翰·嘉伦·霍华德、茱莉亚·摩根和约瑟夫·埃什里克之手的数座溪畔海湾传统建筑，以及由梅贝克和摩根联合创作的一座未完成的美艺风格中心景观建筑、查尔斯·莫里所构思的最后存世之作。这片区域有着悠久的学术史及社会史，这一点或融入现存建筑中，或可从往昔建筑的典故中探寻而出。这里原是校园艺术、音乐及职业规划等领域的大本营，在开发形式和土地规划上，颇有霍华德、梅贝克、小亚瑟·布朗和威廉·威尔逊·伍斯特等大师的遗风。

在历史上，本区域曾被划分为两片独立的区域进行开发，两片区域以学院路为界。直至20世纪60年代时，学校才将学院路继续向北修建，从班克罗夫特道一直延伸至草莓溪。西侧的土地(位于法学楼和斯普劳尔厅之间)跟随希里加斯地块的开发而开发。希里加斯地块是一块面积为17英亩的楔形土地，原为早期庄园主威廉·希里加斯所有，20世纪初叶被校方收购。由于这块土地的开发，校园范围得以扩展至遍是小型农舍和商店建筑的草莓溪南畔。

在为赫斯特规划而举行的国际竞标大赛中，首次埃米尔·贝纳德提出这片倾斜却相对平坦的坡地的开发方案。方案是将这片土地开发为田径运动场所，具体是建造一座奢华的罗马式体育场及体育馆。担任监理建筑师的霍华德构思了两座拱廊式体育馆，用以开展足球及田径运动，体育馆旁则为球类运动场及体操馆。1905年,他在如今的赫斯特体育馆及北体育场原址上建造了加利福尼亚运动场,并在场地周围搭建临时性的木制看台,供观众欣赏足球及棒球运动;10年后,他又在运动场西侧增建田径跑道,或称加利福尼亚椭圆跑道。而那时,由梅贝克设计的哥特式拱顶女性体育馆、1901年由南侧搬迁而来的赫斯特厅及其附近的网球馆、篮球馆以及游泳池等早已建成于如今伍斯特楼所在位置上。

在以上体育运动设施和草莓溪之间,有数座各式各样的小型建筑。梅贝克1902年设计的教工俱乐部和霍华德1906年设计的高年级厅就建造于男女公共峡谷(如今被称为教工空地)附近的废旧农舍旁边。空地南侧邻近莫里森厅和赫兹厅的地方曾矗立着数幢由霍华德设计的临时性大楼,用作各种学术活动,其中包括木制的斯普雷克尔斯生理学实验室(Spreckels Physiological Laboratory,1930～1955年更名为斯普雷克尔斯艺术大楼)——它建成于1903年,是校园里最早的研究实验室之一;此外还有1904年建成的波纹铁皮材料的人类学大楼——它被称为“锡皮小屋”,菲比·阿佩尔森·赫斯特的收藏品就放在这里。位于这些建筑西侧的是木制的肥料控制大楼(1920～1930年更名为农业化学大楼,1930～1964年又更名为装饰艺术大楼)和波纹铁皮材料的脊椎动物博物馆(1930～1964年更名为装饰艺术附楼),两座大楼均建成于1909年。1908年,学校又在加利福尼亚运动场和赫斯特厅之间的空地上建造了卫生学及病理学大楼。由克林顿·戴设计、建于1898年的另外两幢木制大楼——动物学实验室东厅和植物学大楼也于1921年分别从勒康特厅和斯蒂芬斯厅附近搬迁到这片拥挤的区域。

1922年,当梅贝克设计的赫斯特堂在一场大火中烧毁后,人们又提出了在希里加斯地块建造一座大型的菲比·赫斯特纪念堂的提议。新方案提出建造一座纪念碑式礼堂,在礼堂两侧分别建造一座女性体育馆和一座用以收藏人类学藏品的博物馆。然而,只有前者即由梅贝克和摩根共同设计的赫斯特体育馆最终建成:这一建筑总体上与霍华德规划的校园轴线和钟楼对齐。

学校的健康服务最早起源于如今小型厅原址上木板瓦的米诺厅(Minor

Hall)中。这栋小屋曾经是存放赫斯特人类学收藏品的地方,1906 年旧金山大地震后,这里又被用作救治地震受灾群众。1907 年,这里成为美国历史上第一个学生医务室,并在之后的岁月里一直保持这一用途,直至 1930 年由亚瑟·布朗设计的新古典主义风格的考威尔纪念医院落成(由韦和、弗里克及克鲁斯建筑师事务所和建筑师杰弗里·邦斯分别于 1954 年和 1960 年进行扩建)。纪念医院位于学院路对面,如今哈斯商学院的位置上。医院与霍华德的校园早期美艺建筑群风格一致, 然而其历史价值却更多地体现在社会学意义上,而非建筑学造诣。1962 年,学院招收了一位四肢瘫痪的学生爱德华·罗伯茨(Edward V. Roberts),因此学校开展了一项建造肢体残疾学生宿舍项目,而这里则曾是肢体残疾学生宿舍的最初选址。而在学校取得了博士学位之后的罗伯茨,继续致力于残疾人福利事业:他与合伙人共同在电信街上创立了著名的独立生活中心(Center of Independent Living);他曾担任加利福尼亚康复中心的指导,并且还组建了残障人士世界机构(World Institute on Disability)。这一史无前例的项目也对日后的"不依赖运动"起到了主要的推动作用。这一项目一直在考威尔纪念医院中进行,直到 1975 年,该项目的学生达到了更高的自立水平,可以接受更为整体化的教育后,项目转移至了 2 号宿舍楼(Unit 2 Residence Halls)。1993 年,学校将考威尔医院拆除,并在法学院西侧的一幢大楼的混凝土墙壁上悬挂了一块铭牌, 用以纪念这座具有历史意义的大楼。

在 20 世纪 40 年代末期, 那些住房——其中包括沿老学院公共道路及山麓地带的那些至今仍在使用的住房——一直占据着医院南侧的这片土地,而班克罗夫特道上富有传奇色彩的约瑟夫·勒康特教授旧宅中的学校儿童福利中心和早期校园建筑师克林顿·戴的住宅则得以存留至 20 世纪 60 年代,直至因建造法学大楼附楼而不得不面临被拆除的命运。

赫斯特体育馆建成后成为希里加斯地块上特色最鲜明的标志。它四周环绕着开放的休闲场地及网球场,唯一例外的就是 1948 年建于如今伍斯特厅西侧广场原址上的校园自助餐厅。餐厅的前身是原先位于阿拉米达县露营公园中的四个原海军食堂。四个食堂被搬迁到这里后,建筑师米勒和沃耐克对其进行重新设计。改造这间餐厅目的是替代斯蒂芬斯厅中过度拥挤的餐厅,缓解由于“二战”后老兵复员回到校园而带来的就餐压力。餐厅可以容纳大约 2 000 人同时就餐,被称为是“自粒子回旋加速器之后,校园迎来的最大事件”。这间餐厅在之后的 20 年内一直担任着服务学生的任务, 直到 20 世纪 60 年代学生中心公共餐饮大楼建成。

那时,原赫斯特厅游泳池曾坐落在餐厅东侧、如今伍斯特塔楼所在的位置上。赫斯通体育馆建成后,游泳池由男生专用改为女生专用。随后,学校又对其进行扩建并将其改造为水力模型试验槽, 供工程学院流体力学研究所用。海军 1946 年在比基尼环礁(Bikini Atoll)开展原子弹爆炸的“十字路口计划”时,曾在这里进行过原子弹爆炸试验的尺度模型分析。

接下来针对这一区域的综合性规划来自布朗。1944 年布朗提出总体规划,将这一区域总体布局为音乐、艺术、人类学及法学专用建筑——1951 年,沃伦·佩里设计的法学大楼落成,标志着布朗计划的第一座建筑完成。在伍斯特指导下制订的 1956 年及 1962 年长期发展规划中, 提出了在 20 世纪 60 年代建成数座高层建筑以达到保护开放空地的目的, 对布朗设想的密集型低层建筑计划进行修改,其中包括紧邻人类学及艺术大楼的环境设计学专用的伍斯特楼(德马斯、埃什里克及奥尔森建筑事务所,1962～1964);工商管理、政治学、经济学及社会学专用的巴罗斯厅(阿历克·威尔逊联合建筑事务所,1962～1964); 以及作为法学院学生公寓的曼维尔厅(伍斯特、伯纳迪及埃默斯建筑事务所,1965～1967,即如今的西蒙楼)。20 世纪 70 年代时,视光学院的麦克金雷(Mackinlay)、温耐克(Winnacker)和麦克尼尔(McNeil)扩建了由亚瑟·布朗设计的米诺厅;由马里奥·希安比(Mario J. Ciampi)设计的位于班克罗夫特道对面的艺术博物馆也在同一时期落成,由于它与克勒伯厅的艺术项目联系紧密,因此也被涵盖在本游览路线中。由摩尔、卢堡、尤戴尔为回廊环绕的哈斯商学院而重新开放考威尔医院原址和由拉特克利夫建筑师事务所对法学大楼进行的扩建工作则是 20 世纪 90 年代中这一区域发生的主要变化。

37. 安东尼厅和旧艺术画廊

安东尼厅(Anthouy Hall) 约瑟夫·埃什里克,1956~1957

旧艺术画廊(Old Art Gallery) 约翰·嘉伦·霍华德,1904;斯蒂芬森(W. P. Stephenson),改建,1931

约瑟夫·埃什里克曾将安东尼厅视为他最富有趣味的作品。对于为安置全国排名第一的学生幽默杂志而建造的安东尼厅来说，这是一个相当中肯的评价。《加州鹈鹕》(*California Pelican*)杂志创刊于1903年,创始人是厄尔·安东尼(Earle C. Anthony),配有卢比·古德伯格(Rube Goldberg)创作的富有创意的插图。人们也亲切地将其称作"鹈鹕"、"老鸟"或者"脏鸟"。它的名字来源于19世纪晚期的一句描述男女学生碎步跑进教室的俚语。杂志社最初设于安东尼的公寓中;1904年,搬迁至北厅中;又于1931年改址到斯蒂芬斯联合大楼(即如今的斯蒂芬斯厅);1931年,与其他一些学生刊物一起再次搬迁至埃什尔曼厅(如今的摩斯厅)。

后来,安东尼成为一名显赫的企业家,他拥有一座大型商业广播站并成为帕卡轿车西海岸的销售商。他非常推崇伯纳德·梅贝克的设计。20世纪20年代，他委托梅贝克设计了位于旧金山、奥克兰和洛杉矶的帕卡轿车展示

安东尼厅及其前面由弗朗西斯·里奇(Francis Rich)创作的鹈鹕雕塑

厅，此外，他位于旧金山山地上的宅邸也是由梅贝克设计的。所以当他决定为《加州鹈鹕》杂志捐建一栋楼时，梅贝克自然成为他心目中设计师的不二人选。然而，当这位德高望重的建筑师婉拒了这份工作后，校园建筑师路易斯·德蒙特(Louis DeMonte)举荐建筑学教授约瑟夫·埃什里克来担任大楼的设计工作，并提出由梅贝克担任顾问。

埃什里克在宾夕法尼亚大学接受专业教育。20 世纪 30 年代，他来到旧金山海湾地区。在这里，他被梅贝克具有民间地域风格的作品和厄内斯特·考克斯海德(Ernest Coxhead)、威利斯·波尔克(Willis Polk)、阿尔伯特·施威因富及佩奇·布朗的作品所折服。1952 年，他成为建筑学院教工联合会中的一员，那时教工联合会的领导者为威廉·伍斯特，也是他所仰慕的一名建筑设计师。

在设计过程中，埃什里克一方面会不定期地向梅贝克咨询，另一方面他也经常与委托人安东尼先生商谈。在梅贝克的工作室中，他兢兢业业地以白粉笔和彩色粉笔为工具，成功地提出具有大师风格的作品思路。同时，他随时将大楼的建筑进度报告给斯普劳尔校长，而斯普劳尔也很期待安东尼能在日后为校园建设再次慷慨解囊。

在鹈鹕楼(建造初期的暂时名字)的溪畔工地上，埃什里克创造了一座类似展馆的建筑，充分体现了梅贝克及海湾地区的建筑风格。小楼采用一层式梁柱结构，主体由一座两室主厅和北侧一座凸厅组成。建筑的整体风格通过埃什里克风格化的红木桁架、柱子和护壁板等展示出来。小楼南侧入口外墙处和溪畔北侧露台上分别有一座栅格凉棚，这也是梅贝克的标志性设计。建筑的红瓦山墙屋顶由多根雕梁支撑，而栅格凉棚也为这种结构增添了几分明快和亮度。小楼外墙玫瑰色粉饰灰浆的灵感来自于梅贝克色彩绚烂的奥克兰帕卡轿车展示厅(已于 1974 年拆除)。建筑中其他一些受梅贝克风格影响的结构还有工业风格的钢框窗户和采用混凝土浇注柱顶的红木附壁柱，而附壁柱上总共有 30 个小型鹈鹕雕塑。此外，入口门廊上还有数个更大些的带有铭文的浅浮雕鹈鹕奖章饰。

1956 年的大赛日举行了小楼的落成典礼。在一只活鹈鹕的陪伴下，安东尼先生出席仪式并发表演讲。2 年之后，小楼前面的铜制鹈鹕雕塑落成。该雕塑由雕刻家弗朗西斯·里奇创作。创作中他采纳了安东尼提出的“这是鹈鹕不是圣鸟(this pelican is no saint)”的意见,赋予了这只鸟咧着嘴、带有一丝狡黠笑意的形象。当“老鸟”杂志停刊之后,校方将这栋楼分配给研究生会。这样自1974年开始,小楼就一直被研究生会使用。而小楼中砖砌壁炉的木制壁炉架上铭刻的信条“做个好人——如果你做不到的话——那就做个小心的人”,如今人们是否还继续遵循,就无从得知了。

老艺术画廊

从供电房到艺术画廊,再到供应商店,到最后被提议为音乐厅,这栋位于巴罗巷末端的砖结构小楼默默地为学校提供了将近一个世纪的忠诚服务和支持。小楼最初是作为中央供热及供电站而建造的。在将近30年内,它为约翰·嘉伦·霍华德当时正在草莓溪畔建造的“西部雅典”承担着发热发电、配热配电的任务。

霍华德为这座实用主义的建筑赋予了许多风格。小楼的圆弧形开孔结构以及外墙上内嵌壁板顶端的砖制梁托等都深受罗马风格的影响。红色半圆形截面瓦的山墙屋顶环绕在阶梯式端墙之内,屋顶上开有铜框天窗,这与霍华德的中央建筑主题非常协调。支撑屋顶的钢桁架则显露在内部。

1917年,为完成国债出资建设的项目(该项目还包括惠勒厅、希尔加德厅、吉尔曼厅以及杜恩纪念图书馆),在小楼东侧又建造了一座小型的附属建筑,同时还铺设了向各个校园建筑输送蒸汽和电力的管道、地下线路和电线等。然而,20世纪20年代末时,这座电热站却已经跟不上校园发展的步伐了,随后校园西南部一座新建成的中央供热站(乔治·凯尔海姆设计,1930)取代。

当艺术学教授尤金·纽豪斯(Eugen Neuhaus)看到这座清空了的高天花板供电站后,意识到这里可以改造成一个小型的画廊,在校园里进行艺术展览。他的想法遭到了其他一些教工的反对,他们认为没必要建立这样一座不能以研究为目的的艺术博物馆。哲学教授斯蒂芬·佩珀则支持纽豪斯的提议,他认为学生们将会从中受益:“若天赋薄弱如我们,亦能获得一点创造力

老艺术画廊

的提升，能够创作出渺小的作品，那么我们必定能够在一个理解层次上去体会伟大的艺术家和他们不朽之作的内涵。”

斯普劳尔校长同意了这一提议，并批准耗资不超过 5 000 元完成改建工作。由旧金山艺术赞助人阿尔伯特·本德(Albert Bender)募集的基金为改建工作提供了资金援助，此外 1933 级毕业生及校董事也提供了捐助。

人们把东侧附楼、变压器和高高的金属通气管拆除后，又在入口处安装了顶棚，随后将这栋 40×80 英尺的小楼内外清扫一新，将室内的砖粉刷成白色，改头换面准备作为新大学艺术画廊。1934 年 3 月，在画廊的落成及开放典礼上，由本德捐赠的一系列亚洲艺术藏品被悬挂于画廊内。本德还捐赠了一对佛教石狮。这对石狮最初被安置在小楼入口两侧直至 20 世纪 80 年代时被移至杜兰特厅(参见漫步路线一)。在之后的 35 年内，馆长纽豪斯和温菲尔德·斯科特·威灵顿(Winfield Scott Wellington)教授共同为师生呈现了丰富多彩的展览，其中包括菲比·赫斯特收藏的油画、织锦画和其他藏品的展览，中国、埃及和加州印第安人的手工艺品展览，动感雕塑展以及学生的作品展等。

大楼东侧外墙镶嵌着瓷砖组成的数幅壁画，这也是 1936～1937 年工作振兴署(WPA)联邦艺术项目的一个组成部分。由于画廊展览时通常伴随着音乐家的演奏,因此壁画中精美艺术所描绘的内容与建筑用途也关系紧密。艺术家弗洛伦斯·阿尔斯通·斯威夫特(Florence Alston Swift)负责创作南侧壁画《音乐与绘画》,海伦·布鲁顿(Helen Bruton)则负责完成北侧壁画《雕塑与舞蹈》。

1970 年,当位于班克罗夫特道上的大学艺术博物馆(即如今加州大学伯克利分校艺术博物馆及太平洋胶片档案馆)落成开放后,这座小型画廊便随之闭馆了。校方曾考虑将这栋小楼改造成为视觉艺术、实验性项目及非正式戏剧作品的展示中心,但是自 20 世纪 70 年代开始,这里便一直被用作办公用品供应处、校园保卫处及财政援助处。

如今,音乐系正请求将小楼重新改造为一个国际表演中心,除了用来表演音乐系具有悠久历史的印尼嘉美兰管弦乐外,还可以安排室内音乐、爵士以及其他一些现代合奏乐队等,此外,也可用作音乐专业学生准备大型表演的训练场所。而由艺术家斯威夫特和布鲁顿创作的镶嵌壁画的主题也与这座老电站的新用途非常协调。

老艺术画廊名列加州历史资源名录中。

38. 赫斯特体育馆

伯纳德·梅贝克和茱莉亚·摩根,1926～1927;汉森、村上、绘岛,内部整修,1996

为学校女学生体育教学及丰富女学生社交活动而建的赫斯特体育馆可谓是一座不完整的圣堂。它是为纪念校董事及赞助人菲比·阿佩尔森·赫斯特而规划的一系列宏伟建筑群中唯一最终落成的一座。菲比·赫斯特为这座体育馆的前身、于 1899 年建成的赫斯特厅提供了资金资助,同时还出资在学校设立了多项奖学金,为女性学生的文化和教育方面的福利做出了重大的贡献。

这座体育馆的用途和主旨与其所采用的虽庄严但不耐久的结构是密不可分的。体育馆的最初目的是用以接待赫斯特规划国际竞标大赛决赛阶段的外地评审人员和其他相关人士。体育馆由伯纳德·梅贝克设计,建造于钱

赫斯特体育馆

宁街的南侧，与皮埃蒙特大道上的赫斯特府邸相毗邻。巨大的接待大厅可以容纳 500 人就坐在宴会桌前，还可以表演音乐剧和戏剧。此外，大厅在世纪之交还广泛用于举办舞会、艺术展览以及其他一些可以丰富大学文化生活的活动。1897 年梅贝克仍在巴黎协调竞赛事宜时，便开始着手大厅的设计工作了。当时,正在申请巴黎高等美术学校入学资格的茱莉亚·摩根恰与梅贝克夫妇居住在同一栋公寓楼内,因此摩根便担任了梅贝克的助手。

由于预料这座木结构大厅终有一日会搬到校园内——梅贝克别出心裁地采用多个层压式哥特风格拱顶来支撑建筑中的可移动部分——随着赫斯特规划的贯彻执行,1901 年大厅被迁至如今伍斯特厅南侧厅所在位置。之后,学校对大厅进行了改造,用惠勒校长的话来说,“满足一个伟大的需求”,“改造成一座彻底的女士专用建筑”。校方为大厅配备了体操设施后,渐渐地将大厅扩建为体育教学专用大楼,与其相邻的还有一片户外篮球场、数片网球场和一个游泳池。这栋楼的用途还不仅限于此,它还被用作“女学生通用集会场所”、社交中心以及校园活动和演出场地。

然而,1922 年 6 月 20 日的一场大火烧毁了这座大厅, 学校的女学生们一夜之间失去了锻炼的场所和设备。威廉·兰道夫·赫斯特随即向大卫·巴罗斯(David P. Barrows)校长提出要新建一座防火性能良好的新建筑来取代这座大厅,以此纪念他于 1919 年离世的母亲。他举荐伯纳德·梅贝克担任这项工程的设计师。但是,那时赫斯特脑海中却不仅仅是为纪念母亲而新建一座体育馆这么简单: 可以借这个良好的契机为学校建造长久以来一直亟需的礼堂和博物馆;再建一座艺术长廊,这组建筑群便可用来展示世纪之交时由

赫斯特厅(1901)

菲比·赫斯特资助的探险活动中获得的艺术藏品及文物。这些设想早在多年之前约翰·嘉伦·霍华德提出的赫斯特规划中就构思好了：神殿一般的大礼堂矗立在校园中心轴线的最前面，而古典主义的博物馆则与对面的杜恩纪念图书馆沿轴线对称。然而由于霍华德反对学校1922年加利福尼亚纪念体育馆的选址，他的支持率也随之降低。随后校方将建造这座大型纪念建筑的任务委派给建筑师梅贝克，这座大楼最终建成于希里加斯地块上的加利福尼亚运动场原址。

梅贝克设计的精美艺术穹顶宫殿在1915年旧金山举办的巴拿马—太平洋国际博览会上成为了万众瞩目的焦点。在取得如此成就大约9年之后，梅贝克又重新拾起彩色粉笔和大幅棕色牛皮纸。他富有远见的草绘图反映了一如既往的梅氏风格：与精美艺术宫殿类似的恢宏穹顶礼堂、造型很像1896年他在赫斯特规划竞标大赛中的主打作品拱桶形博物馆，以及带有雕刻水池、步行道及露台的一组绚彩建筑群。这组美艺风格的建筑群与赫斯特规划的校园中心轴线相对齐，而大型的穹顶则以钟楼及其前方空地为中心。而在穹顶大厅南侧、同样位于轴线之上的是结构对称的体育馆，体育馆仿佛是可容纳600人的礼堂的前庭。在建筑师当时的构思中，这些建筑将与东面一系列博物馆建筑、柱廊、庭院及花园相连接。

这些如诗如画的设计草绘图并未突出这些建筑的实际用途，而且梅贝克提交的最初一批设计图甚至不被校方接受。威廉·坎贝尔校长随后与威廉·兰道夫·赫斯特进行商谈，并做出决定：委任茱莉亚·摩根协助梅贝克完成建筑群中功能性内部结构的设计。早在1919年赫斯特在圣西蒙建造著名的城堡时，就曾聘请过摩根担任建筑师。1924年，摩根与梅贝克共同开办联合建筑师事务所。次年，学校批准了建造体育馆的提案。然而，体育馆竣工前夕，校方却收到赫斯特的汇报。汇报指出由于资金短缺，导致他不得不放弃剩余工程。已经建成的体育馆孤零零地矗立着，成为草莓溪南岸与中央轴线对齐的唯一一座主要建筑。原打算为方便户外大厅和步行道上的人群参与穹顶大厅中举办的活动而建造的泳池露台，如今也只能空对着加利福尼亚体育场(如今的北侧体育场)拆除后留下的大片空地了，而这片空地原本应是恢宏的穹顶大厅所在之处。

这座U形混凝土结构的体育馆由三个侧厅组成，侧厅顶上即为泳池露台。主泳池与中心馆的门廊相对，建筑师们在设计阶段发给赫斯特的一封电报中曾这样描述泳池，“它周边的立柱如同古老神庙中的一般”，而柱廊之后则是“由庞贝铁青铜支撑着的大块玻璃”。这些铜制的细长立柱都是特别设计制造的，还有大楼窗户上的铜制中楣，此外整座大楼的门框也是铜制的。但梅贝克标志性的绚彩石膏装饰——绿色的柱子、玫瑰色的墙壁和女性雕像及其他一些阁楼中楣的装饰图案却最终未能完成。

游泳池对面的中心馆两侧却的确有多座雕塑，小天使雕像和瓮式雕塑在南侧泳池旁边也被重复采用，这些装饰与法国尼姆市清泉公园(Jardin de la Fontaine)森林女神像周围的雕塑几乎一模一样。而种植箱旁头戴花冠、身着褶裥长衣的希腊女性浅浮雕则与雕刻家乌尔里克·埃勒赫森（Ulric H. Ellerhusen，1879～1957）为梅贝克精美的艺术穹顶宫殿的花瓮上创作的作品如出一辙。这个33码的游泳池及其前面平台表面均铺设着来佛蒙特州采石场的白底绿纹大理石地砖，而当时的采石场如今也关闭很久了。1997年，学校对游泳池进行修整时，拆除了旧的平台地砖。施工人员在另外一家采石场找到了相同的大理石板，随后将石板加工成与原来地砖纹理相配的地砖铺

包含穹顶礼堂的赫斯特纪念厅草绘图(伯纳德·梅贝克，1924)

设在平台上。

装饰瓮上的狮头图案(赫斯特体育馆)

数个小型场馆占据了建筑两座侧厅的北端，其中包含一间休闲运动室以及数间人体生物力学系的办公室。在这两座侧厅和泳池露台中间有两片内部庭院，阳光可以从这里照进大楼的一楼。一楼有数间更衣室、一间举重室、多台科学潜水设施等，此外 ROTC 总部也设在这里。由拱形门厅走进，便来到一条长长的走廊，阳光透过墙壁上朝北开的工业风格推拉窗洒在地上。大楼东、西两个主入口位于走廊的两端。

大楼南侧有三个开有天窗的高顶体操室。这三个体操室面朝班克罗夫特道，构成了规模更大的凸出式场馆。位于其中的是一些小型体操馆，以及开有天窗的斜坡式走廊，走廊直通向一楼的更衣室区域。这些场馆中有两座是下沉式的，其中容纳了多个规模更小的泳池，泳池还配备带有地面高度围墙的花园。带有狮头雕像的形形色色的装饰瓮点缀于花园古典式扶栏上。这些具有纪念意义的装饰瓮一直延伸至建筑的东、西外墙上。如今我们看到的装饰瓮中有许多用玻璃钢材料制造的仿制品，这是 1981 年工匠按照日渐磨损的混凝土真品浇注并安放的。

茱莉亚·摩根对于这座体育馆的贡献绝不仅是内部结构设计这么简单。所有工程图纸都在她的办公室绘制而成，同时她还负责现场施工的监督工作。1927 年 4 月 8 日晚，在赫斯特厅拆除近 5 年后，菲比·阿佩尔森·赫斯特女生体育馆终于落成了。坎贝尔校长和威廉·兰道夫·赫斯特先生在落成典礼上发表致辞。坎贝尔校长这样说道："赫斯特先生现在所做的这一投资将在今后几十年内对我校的女生们带来持续可观的教育价值。"这座新古典主义风格的体育馆矗立在校园内，提醒着人们那个尚未完成的更大梦想，它还代表校园建筑风格转变阶段的一个过渡元素。

赫斯特体育馆名列国家历史胜地名录中，并作为加利福尼亚历史性地标建筑收录于伯克利校园指南中，此外，它还名列加州历史资源名录中，是伯克利城的地标性建筑。

39. 加利福尼亚大学伯克利艺术博物馆和太平洋胶片档案馆

马里奥·希安比(Mario J. Ciampi)设计，保罗·雷特(Paul W. Reiter)、理查德·霍拉克(Richard L. Jorasch)以及罗纳德·瓦格纳(Ronald E. Wagner)协助，1967～1970；大卫·罗宾逊(C. David Robinson)及弗瑞尔/埃塞尔工程公司(Forell/Elesser Engineers)，临时结构改造，2001

与其用途相匹配的是，伯克利艺术博物馆和太平洋胶片档案馆的分段式混凝土结构大楼本身就是博物馆中规模最大的雕刻作品，它富有艺术感地坐落于都市风格的园景中。1996 年，在美国建筑学院 25 周年颁奖典礼上，加利福尼亚委员会宣布这座建筑是“加利福尼亚建筑史上一座拥有持久魅力的建筑，一座一直以来保持着核心造型和风格的建筑，一座拥有完好无损的完整性结构的建筑”。然而，2001 年进行的临时结构改造已经破坏了这座大楼的完整性，由于地震安全方面的考虑，大楼本身也正面临着无法预测的命运。

建造这座大楼的提议是 1963 年提出的，申请要建造一座长久以来亟需的艺术长廊，以支持艺术与人文学院的教学活动，并丰富学生们和大学社区中的文化生活。自 1934 年开始，大学中各类展览活动只能在 1904 年校园供电站改造的大学艺术长廊(参见老艺术画廊介绍)中举行。教工组织成员、艺术家汉斯·霍夫曼(Hans Hofmann，1880～1996)捐赠了 47 幅油画作品及 25 万美元资金，捐赠前提是需要建造一座专用的展厅来安置这些作品。他的慷慨解囊极大地推动了计划的进展。剩余的近 500 万美元资金缺口则主要来自学生学费和其他一些来源。大楼选在班克罗夫特道与杜兰特路之间，既邻近校园学术中心，又毗邻校园南区学生密度最大的中心区域。

为了建成一座富有艺术美感的大楼，校董事会组织了一次两阶段的建筑竞标。竞标过程中共收到来自全国的 366 份作品。1965 年 7 月，评审团最终从 7 个竞标小组中选择了由马里奥·希安比领导的一支来自旧金山的小组。评审团被他们作品中“对自然光线的驾驭以及楼层和房间高度的互动效果”以及“凹凸造型中蕴藏的雕刻美感”所打动。

新式粗犷风格的大楼中的数座艺术画廊的整体造型如同一把扇子,沿班克罗夫特道的入口辐射开来。多条上升式坡道将各个画廊连接起来。坡道汇聚于一座开有天窗的中庭，俯瞰着下方的画廊。从杜兰特厅走进大楼一层,便可来到一座大堂画廊。乔治·甘德剧场(太平洋胶片档案馆直至最近才停止使用这座剧场)、售票处、会议室和咖啡厅等便围绕这座大堂画廊而建。沿着倾斜的基面、悬于周围花园之上的画廊那棱角分明的外形在大楼的总体外观上被充分表现出来。

博物馆花园和广场上有多座雕塑作品,其中最有名的便是亚历山大·凯尔德的固定作品《和平之鹰》。这一雕塑优雅地坐落在大楼班克罗夫特道一侧前面的空地上。1968 年，凯尔德为纪念他的姐夫肯尼·奥兰德·海耶斯(Kenneth Aurand Hayes,学校 1916 级毕业生)创作了这一作品。这座重 6 吨的钢制雕塑于 1970 年被安放在这里。而由亚历山大的父亲——斯特林·凯尔德(A. Sterling Calder)创作的作品《最后的森林精灵》如今还在草莓溪畔的教工空地上(参见教工空地介绍)。

加利福尼亚大学伯克利艺术博物馆和太平洋胶片档案馆;亚历山大·凯尔德创作的《和平之鹰》雕塑(右)

这幢大楼最初被命名为大学艺术博物馆。1996 年,随着收到一笔 500 万美元的匿名捐款后,大楼更名为加利福尼亚大学伯克利艺术博物馆。博物馆中收藏了 9 000 多件丰富多样的艺术作品,藏品范围涵盖了从欧洲大师级艺术家的作品到 20 世纪主要艺术家的作品、从传统的亚洲藏品到抽象主义风格的油画作品。每年春天,艺术实践系的艺术学研究生们的作品也会在画廊里展出。太平洋胶片档案馆因其对胶片及视频资料的展示、收藏、保存及研究工作而闻名于世,其收藏品来自世界各地,总数超过 7 000 卷。稀有的经典照片、独立作品以及各类回顾展基本上以每天一次的频率在赫斯特体育场附馆中播放。

造价 400 万美元的大楼防震改造工程于 2001 年完成。建筑内部及外部的部分结构增加了一系列钢制托架,以达到对悬臂式画廊的加固作用。在人们积极寻求长效防震解决方案时,这些托架也使得大楼能够继续发挥它的作用。所提出的长效方案中包括将博物馆和档案馆搬迁到牛津街上的加州大学印务中心处。

40. 克勒伯厅和莫里森及赫兹厅

克勒伯厅(Kroeber Hall) 嘉登纳·戴利(Gardner Dailey)设计,园景建筑师道格拉斯·贝利斯(Douglas Baylis)协助,1957～1959

莫里森及赫兹厅(Morrison and Hertz Halls) 嘉登纳·戴利(Gardner Dailey)设计,园景建筑师道格拉斯·贝利斯协助,1956～1958

克勒伯厅是一座现代实用主义建筑,它与莫里森及赫兹厅相对,组成了艺术广场的南侧部分。由学院街入口走进这片区域,便可来到一座园景四方院,克勒伯厅即在四方院的西侧。它最初是为艺术应用及人类学系和菲比·阿佩尔森·赫斯特人类学博物馆而建造的,而且至今仍如此。大楼以著名的美洲土著部落学者阿尔弗雷德·刘易斯·克勒伯(Alfred Louis Kroeber)的名义而建。克勒伯是伯克利校园首位全职人类学教师、博物馆创建者并曾连续 14 年担任人类学系主任。

嘉登纳将整座建筑规划为三座侧厅。朝北的工作室侧厅和东侧厅共同

克勒伯厅

组成了一个三层高的L形长方体。东侧厅中是藏书量为70 000卷的乔治及玛丽·福斯特人类学图书馆。北面的阳光可以通过东侧厅上工业风格的锯齿形天窗照射到内部的办公室中。主要用来展览学生作品的沃斯·艾伦·雷德艺术画廊也在东侧厅，该画廊以艺术学教授沃斯·艾伦·雷德（Worth Allen Ryder)的名字命名。雷德曾在1927～1955年担任学校艺术系教师,为艺术系课程安排作出了重大贡献。北、东侧厅连接处的开放式楼梯堪称是整座建筑的神来之笔。镀金下凹金字塔形嵌板上的垂直空间随着行人的脚步而发出共鸣。

旁边两层南高的侧厅沿班克罗夫特道而建,著名的博物馆就在其中。博物馆中收藏了来自世界各地尤其是加利福尼亚本地的约380万件人类学和考古学藏品。博物馆以大学赞助人及董事菲比·赫斯特的名字命名。菲比·赫斯特于1901年创建了人类学系和这座博物馆,在她的大力支持下,大学的考古探险队在20世纪初期时取得了丰硕的成果。

在超过半个世纪的时间里,大学藏品的收藏地点呈“游牧方式”:藏品主要放置在旧金山市和散布于数座校园建筑中。1959年克勒伯厅落成后,学校里一些分散的院系得以整合,同时新博物馆中也开设了展览场所。克勒伯厅开放后，学校以罗伯特·洛维（Robert H. Lowie）教授的名字命名了其中的博物馆。洛维教授自1917年起便担任学校教师，并于1934～1950年担任系主任，同时也是印第安乌鸦部落（Crow Indians）研究的权威。1992年，在许多教师的反对下，博物馆更名为菲比·赫斯特博物馆，同时主展厅以洛维的名字命名。

莫里森及赫兹厅

莫里森厅

由嘉登纳·戴利为音乐系设计的两幢互相毗邻的楼占据了教工空地南侧以及艺术广场北侧的区域，与其设计的克勒伯厅相对。这幢L形的复合建筑中包括音乐系的教学楼莫里森厅和被公认为全加州最精致的小型音乐厅之一的赫兹厅。一条带柱廊的封闭式走廊将两栋楼连接起来，成为通往空地的东南入口。

这两栋楼建成后，音乐系这个全国历史最悠久的院系终于有了一个永久的家。而在之前的25年，音乐系一直“蜗居”在约翰·嘉伦·霍华德的早期临时木结构建筑——德文奈尔附楼（参见漫步路线三）里。莫里森及赫兹厅采用混凝土建造，外墙粉刷成赭色，浅顶山墙式红陶瓦屋顶。复合建筑中高悬的檐口、瓦顶的走廊等无不闪耀着加州布道院建筑风格的经典元素。虽然两栋楼现代风格的外部结构并没有什么亮点，但是却与相邻的教工空地居住区背景非常和谐。

莫里森厅是一栋东西方向的长方形大楼，其中有多间教室、练习室、办公室以及一个著名的音乐图书馆。图书馆中收藏了约16万卷藏书和印刷品以及录音资料、稀世手稿和多件历史悠久的乐器。大楼以学校第一位女性毕业生、大楼的主要捐建人梅·崔特·莫里森（学校1878级毕业生）的名字命名。

赫兹厅与莫里森厅互呈直角，游客沿其带顶棚的门廊前行便可来到一

赫兹厅

座面向广场的南庭院。大门上方有三扇彩色玻璃凸窗。这三扇玻璃凸窗是由法国艺术家罗伯特·皮纳德创作的,他还创作了金学生联合大楼中提尔顿静思室中的玻璃嵌板(参见漫步路线四)。可容纳700人的音乐厅拥有一架奥尼尔纪念风琴,这架风琴是由前化学系教授迪恩·埃德蒙德·奥尼尔(Dean Edmond O'Neill)先生及其妻子埃迪丝·弗农·奥尼尔(Edith Vernon O'Neill)捐赠并以这对夫妇的名字命名的。除了定期在这里举办各类演出外,大厅里还上演很受校园社区欢迎的午间音乐会节目。为纪念前旧金山交响乐团乐师、纽约大都市剧院乐团指挥阿尔弗雷德·赫兹,大厅被命名为赫兹厅。正是由于他所捐助的基金加上来自州政府的拨款,这栋楼才得以建成。

两座大楼都落成1958年,落成时举办了为期五周的梅·莫里森音乐节。音乐评论家阿尔弗雷德·弗兰肯斯坦在《加利福尼亚周报》中这样描述这次盛会:"旧金山湾地区耗资最大、规模最大的一次盛会。"音乐节期间举办了17场演出,其中包括多个为此次盛会创作的最新作品。目前,人们提出了多个扩大音乐系设施规模的计划,其中包括翻新莫里森厅,在莫里森厅南侧新建一座音乐图书馆以及将霍华德设计的原供电站(参见老艺术画廊)改造成演艺中心等。

41. 伍斯特楼

德马斯、埃什里克和奥尔森建筑事务所设计，结构工程师伊萨多·汤普森(Isadore Thompson)、园景建筑师托马斯·切奇(Thomas D. Church)协助,1962～1964;福尔纳和哈特曼建筑事务所,咖啡厅改建,1984;埃什里克、荷姆西、道奇及戴维斯建筑事务所,防震改建,2000～2002

或许没有哪幢校园建筑能够像环境设计学院大楼——伍斯特楼这样，能够激起如此激烈的"爱恨"反应。20世纪60年代时学校建造的多幢高塔建筑——虽然饱受讥讽然而还是最终建成，其中最著名的是巴罗斯楼及伊万斯楼——被许多人视为扩张的官僚主义泯灭人性的象征。而高大的混凝土结构的伍斯特楼即是高塔建筑之一。然而,当这幢建筑引发着人们强烈的议论时(评论家艾伦·泰姆科将其形容为"技术专家政治手段装饰下的冷酷的歌利亚巨兽"),也有一批对大楼的建筑哲学非常欣赏的支持者们,认为实用主义和雕塑美学让伍斯特楼成为了一个复杂而又精美的"歌利亚巨兽"。

环境设计学院成立于1959年,由系主任威廉·威尔逊·伍斯特创立。学院成立的目的是为了整合当时四分五裂的建筑学专业、园景建筑专业和城市及区域规划专业。当时,建筑学专业规模增长飞快,方舟楼里已经容纳不

伍斯特楼

下(参见漫步路线二);而园景建筑专业(如今更名为园景建筑学环境规划专业)那时仍为农学院的一个专业。

建造法学大楼时,当时的建筑系主任沃伦·佩里召集了一支四人教工小组来完成大楼的设计工作。系主任伍斯特效仿了他前任的做法,从建筑学教员中挑选了四个人——弗农·德马斯、约瑟夫·埃什里克、唐纳德·奥尔森以及唐纳德·哈迪森——共同完成由州政府出资的环境设计大楼的设计建造工程。德马斯曾与哈迪森联合参加了1957年学生中心的工程竞标并最终获胜。和伍斯特一样,他也是一名方舟楼毕业生(1931级),同样在加入伯克利大学前曾在麻省理工学院短时间地教学过。德马斯是特莱西斯组织(旧金山的一个建筑师、园景建筑师以及城市规划师组织,主要职责是向设计职业提供新的社会及协作性方向,使其不受美艺运动格式化思维的影响)的创始人之一。随后,他协助城市及区域规划系教授肯特(T. J. Kent,同为特莱西斯组织的创始人)获得了学术评议委员会对成立一个新学院的赞成。这一概念与当时年轻的特莱西斯组织的改革者密不可分, 如今的伍斯特楼也充分体现了这个概念。埃什里克毕业于宾夕法尼亚大学,于1952年加入伯克利教工协会。在伍斯特和嘉登纳·戴利(即埃什里克的老板)早期海湾地区风格的民居设计的影响下,他也渐渐成为著名建筑师伯纳德·梅贝克的门下弟子。奥尔森则在明尼苏达大学及哈佛大学接受专业训练, 并曾在伍斯特位于旧金山的事务所——伍斯特、伯纳迪及埃默斯建筑事务所工作过一段时间。小组的最后一名成员哈迪森则过早地离开了这个团队,只留下德马斯、埃什里克和奥尔森三人共同为团队设计过程所需的协同精神而奋斗。

三位现代主义大师各陈己见,各有自己鲜明的特点。德马斯接受的是美艺教育,但最终却成长为一名现代主义风格的设计师,他将自己的风格视为如画风格与实用主义的结合。师从建筑大师格罗佩斯(Gropius)的奥尔森则为德马斯的现代实用主义风格增加了纯粹主义的元素。埃什里克则被视为他另外两个同伴之间的协调者,他的角色更像是一位美学家,主要负责大楼外观雕刻的设计。最初,设计小组定期在德马斯的伯克利办公室中碰头,在此期间,德马斯的工作搭档唐纳德·雷(Donald Reay)也曾为大楼的设计献计献策。随后,在埃什里克担任小组领导之后,设计图的定稿地点随即改到了埃什里克的办公室,而他也会每周与德马斯和奥尔森会面一次,商讨工程进展等事宜。

伍斯特楼面向正西方,整体为U形。整座建筑的三座侧厅构成了建筑东侧的一个巨大的庭院。大楼的主北厅包括一座三层高的裙楼,裙楼有一间礼堂、数间展示厅、环境设计图书馆以及数间办公室、工作室和教室等。整个裙楼是它后面六层高的塔楼的一个平台。塔楼中是数间工作室。拔地而起的塔楼则直通向十楼会议室标志性的顶层阳台。建筑师们曾这样论证:在大部分时间内,设计工作室里都有人在工作,因此,将工作室安排在高层就不会需要频繁地使用电梯上下;而若将学生教室安排在高层,由于学生上下课会引起大范围的拥挤和堵塞, 如果将工作室安排在这里, 则会避免这类情况发生。但这样的安排也导致不同年级之间机缘巧合的互动机会较以前在小方舟楼时减少了许多。

位于中央的三层大厅里有门厅、咖啡厅、展示区域和办公室等。中央大厅起着联系南、北两座侧厅的作用。此外,还有一些办公室、工作室被安排在共有四层楼的南侧厅中。在南厅中的还有艺术实践系的数间陶艺及雕塑工作室,而艺术实验室的总部则在旁边的克勒伯厅中。

方舟楼在培养一代又一代建筑师和艺术家的创造力时, 曾默默地承受了许多年的粗野对待。为了将方舟楼的精髓注入这幢新楼中,伍斯特和他的设计小组设想这幢大楼也应当能够承受相同的待遇。这位系主任饱含浪漫色彩地说:“方舟楼是一幢成熟的大楼,我们曾住在那儿,随意地使用她,粗野地对待她,可谓无所不用其极。终于,她破茧成蝶了。我们这幢新大楼也将用 20 年的时间退去青涩,走向成熟。”

在工程前期,建筑师认为对于长跨距结构来说,使用钢材并无必要,因此,建筑师选择了混凝土这一经济的材料。这种材料也可以较好地将那个时代因粗犷主义运动而流行的大胆直率的雕刻装饰表现出来。而在建筑的端墙、地板、屋顶以及竖井封口等部分,建筑师们采用了现场浇注的混凝土材料,而这些部分的附属细节结构则采用了预制混凝土,其中包括构成主外墙的列柱及三角壁, 以及大楼朝阳面上遮阳并构成纹理的那些无所不在的厚板结构。设计师在外墙上安装了许多柱子,目的是使内部空间的使用更富灵活性。这些数不胜数的结构系统地组合在一起,使这幢大楼成为当时使用预制混凝土结构建造的规模最大的建筑。

伍斯特楼内部修饰并没有完成，置身于大楼中的学生们随处可以看到交叠的机械管道、水管、污水管、电线(德马斯将其描述为“保持大楼正常运转的骨骼、神经及循环系统”)暴露在外。通常情况下,这些管道线路应该是隐藏在墙壁或天花板内的。在这幢大楼里,建筑师将这些管线悬吊在格板天花板之间,但在空间上进行了巧妙的处理,并未影响大楼的高度,同时又保证了大楼的维护和教学效果的最大化。大楼内墙采用可更换的胶合木板,学生们可以将他们的作品钉在上面进行展示或者检查。德马斯曾说过,建筑师们在设计时还“考虑到作为教育年轻学生的场所,这幢大楼应当完全匿名化和实用化,只有这样才不会影响到他们对自我的表达”。埃什里克将这一理念视为“无倾向性,即:大楼既不能像伊利诺伊理工学院的皇冠厅那样,成为某种既有理念的展示和表现,又不能像耶鲁大学的艺术和建筑大楼那样,成为某个人个人想法的表现”。对系主任伍斯特来说,这幢大楼达到了朴素的实用主义效果，吸引了众多的建筑师们来到高高的阁楼式工作室中潜心研究:“我希望它看起来像是一座废墟……它是如此的不完整、粗糙、笨拙,然而却又无比强大。这是建筑本身所能达到的最高境界。”

对园景建筑师托马斯·切奇来说,能够使这幢刚毅的大楼变得稍微柔和一些的机会却少之又少。建筑东侧庭院的设计灵感来自方舟楼的小砖院。东庭院的最初是用来举办毕业典礼以及户外教学。而园景建筑师提议在此铺设砖石甬道时,却遭到了建筑设计师们的反对。他们更倾向于用柏油沥青来铺设小径，再在小径两侧点缀上几棵橄榄树——这样的处理手法与主体建筑的朴素粗犷风格更为协调。而在建筑西侧的园景处理上,设计师们就仁慈许多了。树下的水泥长凳为这片区域带来一些明快的色调。而随着 1984 年由福尔纳和哈特曼设计的伞形咖啡露台的建成，这片区域便更加富有生气了。作为学院路大门的南侧四方院及院里 1914 级毕业生捐建的喷泉是由切奇设计的。

分阶段完成的防震整修工程开始于 2000 年,由埃什里克名下的附属事务所埃什里克、荷姆西、道奇及戴维斯建筑事务所完成的。工程包括增建一幢九层高的管结构建筑，这也为塔楼东端增添了新的空间。1964年，为纪念系主任伍斯特及其妻子凯瑟琳·拜尔·伍斯特(Catherine Bauer Wurster，学校城市与区域规划系教工，以住房及城镇规划而闻名)，学校将这幢大楼命名为伍斯特楼。

42. 米诺厅及米诺厅附楼

米诺厅(Minor Hall) 小亚瑟·布朗，1941；麦克金雷、温耐克、麦克尼尔，改建，1977～1978；方—陈建筑事务所(Fong & Chan)，增建，1991～1992

米诺厅附楼(Minor Hall Addition) 麦克金雷、温耐克、麦克尼尔，1977～1978

由监理建筑师小亚瑟·布朗设计的米诺厅建成于美国加入第二次世界大战的前夕。米诺厅建造的目的是作为一栋紧急教学楼，开设由政府出资的防御课程以及数学和新闻采编课程等。当时，这栋两层的新古典主义风格的混凝土小楼与老学院路对面如今哈斯商学院所在位置上的考威尔纪念医院(1929～1930)的建筑风格非常协调。和布朗的其他校园建筑一样，这栋小楼静静地与约翰·嘉伦·霍华德美艺风格的校园格调保持着一致。这是一栋长方形的小楼，风格非常质朴，只有在建筑的四角和缩进式的入口处依稀可以

米诺厅

看到乡土风格的粗石修饰：古色古香的护栏装饰在平拱结构上。1942 年，为纪念学校第一任校长亨利·杜兰特(1870～1872 年在任)，这座建筑被命名为杜兰特厅。

米诺厅附楼

随着“二战”的进一步发展，原子弹研究成为当时举国上下的首要大事。因此，放射研究实验室接手了这栋小楼。1946 年，学校又重新拥有这个建筑，用作数学及新闻采编、海军科学和视力验光课程的教学。为应对战后入学人数的激增，学校将这栋小楼分配给了原来位于勒考特厅的视光学院。1952 年，小楼也随之更名为视光楼(之前小楼已经由杜兰特厅更名为博尔特法学厅)。1970 年，为纪念视光学院终身荣誉院长拉尔夫·米诺(Ralph S. Minor)，小楼更名为米诺厅。

20 世纪 70 年代，由于学校招生人数的扩大和学校临床教学的需求日益增长，建造一栋五层的米诺厅附楼的计划迫在眉睫。工程由健康科学公债和一些个人捐款资助。附楼总造价 500 万美金，由来自奥克兰的建筑师麦克金雷、温耐克和奥尼尔设计。工程完成后，学院的设施扩大了三倍——教学诊所、办公室、研究实验室、教室及视光学图书馆有了新的空间。同时，学院曾分散在校园不同区域的一些职能部门也得到了整合。

水平均匀分布的窗台和层次分明的木制梁鲜明地突出了整栋楼现代主义风格的混凝土结构，也为大楼的正面增加了一些温暖的色调。二楼的眼科中心及门诊部以一种独特的方式排列组合在一起，构成了三楼办公室和实验室的一个露台，在三楼通过一座天桥与米诺厅主楼相连。作为学校 1962 年长期规划中所未曾规划的这座附楼建筑，它在西侧赫兹厅与南侧九层高的伍斯特楼塔楼之间的狭长空地上拔地而起，使得这一区域的土地使用率达到最高。尽管附楼所处的空间非常狭窄，然而建筑师们通过面朝外部庭院的窗户,为建筑获得了充足的开放性。

1992年,来自旧金山的方—陈建筑事务所对布朗设计的米诺厅的阁楼进行翻修,抬高楼层并在上面加了一层,总共增建了两层楼。工程由各界捐款及校董事基金出资赞助,为学院各项研究及教学实验室、办公室增加了许多空间,取代了原来在考威尔厅中的一些公共设施。建筑师通过在屋顶的东、西两侧开天窗将顶层实验室的空间扩大,窗口的装饰以及红瓦四坡屋顶则与布朗原来的美艺设计相呼应。

43. 教工俱乐部、高年级厅、女教工俱乐部以及哥顿厅

教工俱乐部(The Faculty Club) 伯纳德·梅贝克,主厅设计,1902;西侧厅增建,1903;约翰·嘉伦·霍华德,南侧厅增建,1903～1904;沃伦·佩里,北侧厅、东南结构以及主厅附属结构增建,1914;北侧厅附属增建,1925;温菲尔德·斯科特·惠灵顿,修整,约1925;唐斯和拉加里奥建筑事务所,东侧附楼及南侧附楼增建、西侧厅整修,1958～1959;迈克尔·古德曼,1974～1975,修整;克里斯多弗森 & 科斯斯基建筑事务所,防震改建,1976;山姆·戴维斯,修整,1992

高年级厅(Senior Hall) 约翰·嘉伦·霍华德,1905～1906;增建,1914;拉特克里夫建筑事务所,修整,1985

女教工俱乐部(Women's Faculty Club) 约翰·嘉伦·霍华德,1923;拉特克里夫建筑事务所,增建及改造,1956;科尔贝克及克里斯多弗森建筑事务所,增建及改造,1975;本耐特·克里斯多弗森(Bennett Christopherson),整修,1976～1977

歌顿厅(Girton Hall) 茱莉亚·摩根,1911

虽然由伯纳德·梅贝克设计的教工俱乐部是从仅有一间房间的俱乐部逐渐扩建而成的,但是历经时间的洗礼后,它不但维持着最初的个性,而且还具有惊人的可适应性。一代又一代的建筑师们遵循着大师最初设定的风格与意图,贡献着自己的想法与创意,见证着建筑的发展与变迁。

坐落在教工空地东侧边缘、草莓溪南岸的俱乐部是由学校餐饮联合会发展而来的。1874年,学校为给女性学生提供住处,在这一区域建造了两栋房舍,而餐饮联合会最早就在其中一栋中。由于校园里急缺体面的就餐场所,1893年学校成立了餐饮联盟,为学生和教工提供餐饮服务。1898年时,

随着校园附近越来越多的私人住宅、俱乐部和兄弟会等场所的建立，学生们有了更多的食宿和活动场所，因此广大教工便成了餐饮联盟的主要服务对象，而教工们也慢慢发现这个小房舍成为茶余饭后休闲社交的最佳场所。

慢慢地，教工们希望能拥有一个条件更好的聚会场所，随后他们决定成立"加利福尼亚大学教工俱乐部"，同时在餐饮小屋的西侧建造一栋俱乐部楼，目的是"举办一般性聚会、娱乐活动、演讲、音乐会等"，还可以"抽烟、打台球、读书以及淋浴等"。赫斯特厅的设计者、赫斯特规划竞标大赛的幕后协调者、工程绘图导师梅贝克自愿为小楼的设计工作无偿提供服务。

梅贝克设计了一间长方形的主大厅，大厅的长轴大致呈东西方向，大厅北侧有一条长廊可以欣赏溪畔风景，而大厅南侧铺洒着温暖的阳光。他独创性地用深色的粗锯红木建造了陡峭山墙屋顶的哥特式大厅，大厅的西墙以一个具有纪念意义的石制壁炉作为焦点。大厅南北两面成对地安装着玻璃嵌板的木门，木门两端分别有一座沉重的木制桁架，桁架由自立式的木墩支撑。受年轻时在木雕匠

龙头梁(教工俱乐部主大厅)

教工俱乐部主大厅

父亲手下学徒生涯的影响，梅贝克又在木墩的顶端设计了成对的悬臂梁，并将其雕刻成栩栩如生的龙头造型。猛龙仿佛从横梁上探出头，俯视着这座中世纪式大厅里的就餐者们。

在整个 20 世纪早期内，这栋小楼一直具备男士专用俱乐部的一切特征，早期的一些成员们推选为小楼装饰作出独特贡献的菲比·阿佩尔森·赫斯特为俱乐部终身成员。在许多年内，这栋楼一直是那些手持雪茄的大胡子教工们的静修之所。大厅里的麋鹿角、动物头骨制成的奖杯以及来自美西战争的各类工艺品(其中包括麋鹿角、菲律宾武器、莫罗旗以及其他一些纪念品)无一不为大厅增添了更多的乡土气息。为了营造学院派氛围，设计者们在玻璃嵌板的厅门上装饰了彩色玻璃制成的各个学校徽章，以此代表国家早期教工成员联合会。装饰在北侧厅门上的有美国国家陆军军官学院、布朗大学、加利福尼亚大学、康奈尔大学以及牛津大学等；在南侧大门上的有斯坦福大学、哥伦比亚大学、哈佛大学、耶鲁大学以及普林斯顿大学等。而在东端，俱乐部小楼与老餐饮屋舍仍旧相通，当时的餐饮屋如今成了俱乐部的厨房。

建筑的外观上，梅贝克并未把陡峭的山墙屋顶表现出来；相反，他采用了平缓的山墙屋顶，上面覆盖红色半圆形瓦。他将大厅中使用的成对的悬臂梁延用至走廊上，以支撑走廊顶上的木制栅格，但没有采用龙头修饰。最早的俱乐部成立于 1902 年 9 月，成员在石制壁炉前聚会，举行了“炉火的第一点火星”仪式。

然而，小楼初期工程竣工前期，一些单身教工会员们提议在主大厅西侧修建一座两层的侧厅，侧厅的一楼可作为俱乐部娱乐房间，而二楼可作为公寓房。他们主动提出为增建工程买单，但前提是必须得到公寓房十年的免租金使用权。他们的这项提议得到了校方的批准。随后，在梅贝克的主持下完成了小楼的第一次增建工程，建筑的风格是以灰浆墙壁和红瓦屋顶为特征的加利福尼亚修道院风格。

新建侧厅的一楼是现在仍使用的一些游戏吧，包括南、北两侧均开有大型拱窗的台球室和阅览室，而侧厅二楼则设计了挑出式窗台。主大厅与新侧厅之间的连接处为一座三层高的塔楼，塔楼有一个小小的拱门。

教工俱乐部

随后的一年里，教工俱乐部成员发展到 150 人，学校又在小楼南面新建了另外一栋两层高的附楼。这栋附楼由学校首席监理建筑师、学校建筑系史上首位教授约翰·嘉伦·霍华德设计。附楼为俱乐部成员们提供了一层底楼休息室以及一间规模更大的台球室（如今休息室以霍华德的名字命名）。此外，附楼还包括为两位教授设立了生活区，其中一位就是广受爱戴的亨利·摩斯·斯蒂芬斯教授。霍华德将他设计的附楼里的两个壁炉分别与主大厅中央朝南的玻璃门相对齐，而那些玻璃门的功能也随着这栋附楼的建成由外部用途改为内部用途。而在原有建筑和新增建筑之间，霍华德设计了一扇玻璃天窗。设计师通过这一充满敬意的设计，将附楼与主大厅连接起来，并且静静地提醒着新楼的使用者们，这栋楼里的门顶窗曾是俱乐部楼外立面的一部分。

1914 年，在发行的二期政府债券、校董事拨款以及俱乐部管理者们个人捐款的联合资助下，俱乐部聘请建筑师沃伦·佩里再次对这栋小楼进行增建。俱乐部渐渐成长起来，恰似教工空地上点缀着的那些庄严的橡树一样。在俱乐部的历次增建中，这次工程带来的最可贵的财富是将梅贝克设计的主厅向东扩建了，同时新建了一座朝向草莓溪的侧厅，与原来的西侧厅共同构成了一个 L 形结构。新建的两层侧厅中包括一间带有朝西露台的新餐厅以及其东侧的现代化厨房;新侧厅的二楼是数间可供出租的公寓。

随后,俱乐部又新建了一座东南侧厅,在现在的海恩斯餐厅里提供一间规模较大的台球室。此项工程的意义还在于其带来的两幅寓言式壁画。壁画由艺术导师内森·那赫尔(Perham Nahl)创作:在台球丛中长袍盛装的水泽女仙仿佛在向教工草坪上的女学生们年复一年演绎着向邪教神帕西尼娅表达一种复仇的情绪(当时那赫尔壁画未完成的部分于 2000 年由艺术实践系终身荣誉教授卡尔·凯森完成)。通往台球室的大门上铭刻着这样一段希腊文:"几何学薄弱的任何人都不得进入。"据说柏拉图的大门上也有同样的文字。新东南侧厅二楼是老餐饮联合会小屋,虽然它不再具有厨房的功能,但是它曾经扮演过的种种角色——最早的学生宿舍之一、约瑟夫·勒考特教授曾经的住所、教室以及教工俱乐部最初的就餐处所等——依然令人肃然起敬。

1959 年,建筑师乔治·唐斯(George A. Downs)和亨利·拉加里奥(Henry J. Lagorio)共同主持了建筑的增建整修工作。正是此次工程将建筑的外形轮廓打造得与现在几乎一样。在社会捐赠以及校董事的借款资助下,小楼内餐厅、厨房和居住区又进行了扩建,并且新建了数间私人会议及就餐室,将就餐室的数量增至 15 间。梅贝克设计的西侧厅二楼也进行了整修:拆除了四间寝室以及一排朝北的靠窗座位,并在此基础上将这一区域变成大型的阅览区。

1973 年俱乐部向东扩建的计划被中止(参见高年级厅),这座建筑以后经历的也限于小规模的扩建及内部整修。1975 年,建筑师迈克尔·古德曼对开有天窗的东侧就餐区(如今的自助餐室)进行扩建,在建筑西侧新建了一个较低的就餐露台,此外还新修了一个南侧入口及门廊,并且对霍华德室和西侧厅进行了整修。

最近的一次整修工程开展于 1992 年,由山姆·戴维斯主持。此次工程将西侧厅二楼的阅览空间改造成西博格室,以表彰诺贝尔奖获得者、学校前任董事格林·西博格(Glenn T. Seaborg)。西博格室中有一块壁炉嵌板,其上铭刻着所有获得过诺贝尔奖荣誉的校友们。虽然这一区域不再沿北侧长廊分割成数个房间,然而此次整修工程仍鲜明地反映了梅贝克的后继者们(和梅贝克一样,他们也同为大学教工成员)那种敏锐的处理方式:与原建筑精髓时刻保持一致。

教工俱乐部名列国家历史遗迹名录，同时作为加利福尼亚历史地标建筑被伯克利校园指南收录。此外,教工俱乐部还名列加州历史资源索引,是伯克利城的地标性建筑。

高年级厅

整个校园里几乎没有哪座建筑能够唤醒加利福尼亚精神的遗风，而这栋屹立于草莓溪南侧支流旁两栋教工俱乐部中间的朴实木屋即是其中的典范。建造这样一间小木屋的想法源自 1903 年 5 月金熊社的某次聚会上。金熊社成立于 1900 年 4 月，是一个由高年级男生中的精英组成的荣誉社团。一向推崇学生自治理念的惠勒校长曾经常就校园问题向金熊社咨询，寻求解决问题的新思路。

高年级厅虽然属于学校名下产业,却是由金熊社管理的,而其后排房间也全权归金熊社使用。楼内第二大房间的使用权属于高年级男生们,然而男性校友及男士教工们也可以在此开会、吸烟和歌唱——“班级之家以及围炉夜话场所,与其最悠久的传统紧密相连”。建成伊始,这个大厅的定位是“一个通过自由讨论的方式提出公共意见导向的场所”。直至今日,作为学生领导下社团的传统集会场所,这座大厅一直秉承着这样的精神。在这里,社团的终身会员们(如今包括男性会员及女性会员们)——学生、教师、管理人员、行政人员以及历届校友们——一直以一种坦诚、宽容和保密的态度探讨着校园发展问题。

到 1903 年 9 月时,建造工程已经收到大约 2 000 美元捐款,其中一半来自校董事菲比·阿佩尔森·赫斯特,另外一半则来自其他的人捐款。监理建筑师约翰·嘉伦·霍华德在 1904 年底左右起草了初步设计计划,并且宣布免收设计费用。虽然总体资金仍有所短缺,金熊社依然决定按计划开工。1905 年时,地基已经完成。接下来的 10 月份,各界人士为大厅壁炉底石举行了奠基典礼,惠勒校长参加了典礼。

建造这栋常被人们昵称为“金熊小屋”所用的红木圆木是从位于俄罗斯河畔的伐木小镇盖尔南韦尔(Guerneville)运来的。这一过程也相当曲折。木材公司经理曾向小屋建筑委员会主席这样汇报:“河谷中水量暴涨,水流湍急,我们也很难在够得到的地方找到大小合适的圆木。”但是这位经理本着整个建造过程中一贯的合作精神说道:“但请放心,我们会想到办法解决这一问题的。”铁路公司也作出了相当的贡献。加利福尼亚西北铁路公司无偿将建筑圆木从盖尔南韦尔镇运送到斯涅乐市(Shellville)的所诺玛郡(Sonoma County)。随后南太平洋公司以特殊折扣的运费将这批木料运送至伯克利城,并于 1905 年最终运抵校园。木材问题的解决大大振奋了金熊社成员们的精神,而当时他们还周旋于各个校友之间,募集工程所需资金。

对于曾在加州山麓中研究过圆木用途的霍华德来说,圆木建物可谓是一个熟之又熟的东西;而对于在阿拉斯加和爱达荷州有建造木舍经验的承包商凯德和麦卡洛来说,这也不是什么问题。在整座建筑中,圆木保持着最原始的形态,树皮都保持完好。基本上建筑中所有的结构都用圆木建造,甚

高年级厅

至房间里的椅子、长凳、桌子以及小屋中陈设的架子也不例外。

起初霍华德将整座大厅设计为5个开间，这五个开间构成了两个区域：由四个开间构成了一间约30×60英尺的前厅；余下的小开间构成供金熊社成员们举行会议的私人后厅。随后，使用者们发现这间会议室太过狭小，霍华德又于1914年在此基础上另外增建了一个开间。两个区域由一堵圆木隔墙隔开，圆木隔墙上还有一个双面弧形烧结砖壁炉。穿过一扇最初遮蔽于一张熊皮之下的“秘密”平门，便可来到内室中。凹槽式中柱型桁架支撑着斜尖屋顶，而凸窗之间的数根圆木壁柱支撑着整座桁架的重量。山墙式屋顶下的西墙上开有一个单扇式隐门，隐门正对一条原本分为两支的楼梯。霍华德的早期规划图中曾设计过一条笔直的楼梯，人们可以穿过建筑西侧延伸出的柱廊式凉亭来到这座楼梯前面。和霍华德设计的其他一些木制校园建筑一样，小楼窗户上的条纹装饰遍布每个凸台的檐口之下，并且在山墙的尾端也采用了这样的修饰。

初定于1906年5月举行的小屋落成典礼由于当年4月份的旧金山地震被推延至9月举行。在典礼上，惠勒校长面向高年级男生们介绍这栋新建筑。校董事们还对霍华德“为这座小屋付出的汗水和创意、想象及热情”表达了赞赏之情。

高年级厅作为处理学生自治事宜场所的这一用途随着1923年斯蒂芬斯纪念联合大楼(斯蒂芬斯厅)的落成而日渐消失了。然而金熊社一直坚持在此举行会议，直至1973年有关部门宣布这栋建筑不符合防震安全标准，此后这里就仅仅作为教工俱乐部的储物场所了。之后，学校开始考虑将这栋废弃的房屋拆除，以便清出地方建造新近提议的教工俱乐部餐厅附楼。然而一石激起千层浪，这一想法遭到了历史遗迹保护者们以及各界校友、学生、教工和管理者们的激烈反对。“校园中高年级厅的朋友们”包括数位著名教授、一位前任校董事和数位城市及历史保护组织领导者，他们向学校的行政部门施加了巨大的压力。各界支持高年级厅的行动收效显著，1973年8月，在原定拆除日的前一天，校方下令停止拆除工程。次年，高年级厅被国家历史遗迹名录收录，收录理由是“曾经盛极一时，如今却几乎绝迹的木材建筑的典型范例”。

之后,校方又对这座建筑进行了多次小规模改造,其中包括由拉特克里夫建筑事务所进行的为后厅修建坡道入口等工程。改造过后,1985 年金熊社恢复了高年级厅的传统用途,同时,社团还规划着更大规模的后期修复工程。

高年级厅名列国家历史资源名录及加州历史资源索引中, 同时还是伯克利城的地标性建筑。

女教工俱乐部

女性教工俱乐部是约翰·嘉伦·霍华德设计的木制校园建筑中的最后一座。这是一座四层高的建筑,外墙覆盖着棕色木瓦,墙用灰浆粉饰,屋顶为四坡式木瓦屋顶。小楼与西面的教工俱乐部和高年级厅共同构成了草莓溪南岸风格质朴的民居建筑群落。

1919 年,一群女教工和女行政人员共同组织了女教工俱乐部,目的是为女教工和学校职员以及大学捐赠者们提供聚会及住宿场所。原来俱乐部在

女教工俱乐部

赫斯特厅和林业学学生们专用的小楼里召开会议。1922 年赫斯特厅在火灾中被毁后，执政官批准俱乐部建造这栋小楼，工程资金通过向俱乐部成员发行债券募得。

开始，霍华德为俱乐部建筑设计的是地中海复兴式风格(Mediterranean Revival-style design)，这一设计大概特征为灰浆外墙、瓦片屋顶、圆拱形窗户以及凸出式柱廊。而最终版的木瓦外墙设计，学名为第一海湾地区风格(the First Bay Region style)。建筑整体呈东西走向的长方形，其中的一座侧厅向北凸出，正对草莓溪。大楼南侧外墙被分为三个部分，每部分各包括三个开间，而每个开间的中间都稍稍向外凸出，其前各有一扇别具特色的白色木制柱式大门。门厅的顶部风格质朴：上为古典主义的栏杆式檐口，下由一对托斯卡纳式立柱支撑，立柱立于胶合平面之上。整座建筑统一使用上下推拉窗，根据内部用途，推拉窗或成对出现，或单个使用。1973 年进行的防震安全调查显示，霍华德在这座木框架建筑中使用了木材贴面的钢梁横跨在一楼的天花板上。

俱乐部于 1923 年 10 月正式开放，而楼的首批入驻者却是在前一个月那场灾难性大火中摧毁的北侧校园社区里的人们。一部分因大火而“无家可归”的人们甚至在这栋小楼里一呆就是数年之久，为了表示对热情好客的俱乐部的感激之情，他们将从大火中抢救出的家具和一些艺术品赠予俱乐部作为陈设。

除了小楼上两层中有 25 间客房外，俱乐部还为会员们和客人们提供会议及特殊场合的午宴服务。小楼的一楼是以曾为俱乐部 1919 年成立作出巨大贡献的妇女协会主席露西·斯特宾斯(Lucy Stebbins)的名字命名的露西·斯特宾斯大厅。同在这一层的还有 1979 年增建的一座图书馆以及带有溪畔花园露台的餐厅。

女教工俱乐部名列加州历史资源名录中。

歌顿厅

在高年级男士厅(如今的高年级厅)落成 5 年后建成的歌顿厅最初用作

高年级女生召开会议和正式集会的场所。“如果男生们有这样一座建筑,”惠勒校长在 1911 年说道,“同样为学校秩序和学生自治履行着责任的广大女生们也应当拥有一座这样的建筑。我认为她们会像男生那样,很好地利用她们的这栋楼。”

随着赫斯特厅无法继续满足规模日益扩大的高年级女生歌唱活动和其他一些活动,女学生联合会便开始着手为建造一座建筑募集资金了。小楼被命名为歌顿厅,以纪念 1869 年在剑桥大学成立的第一所寄宿制女子学院——歌顿学院。至于建筑设计,她们立即想到了茱莉亚·摩根。摩根因她在所设计的当地民居以及奥克兰米尔斯学院而广受赞誉。此外,她受雇于约翰·嘉伦·霍华德时为学校设计的赫斯特希腊式剧院以及赫斯特纪念矿业楼也得到了一致的好评。就当霍华德正在为高年级男生殚精竭虑设计小木屋时,1894 年毕业于工程学院的摩根则在为歌顿厅贡献着自己的力量。这对于 1910 及 1911 级学生们来说是一种莫大的帮助。与此同时,来自妇女协会主席露西·斯普拉格(Lucy Sprague)的一笔捐款也将她们募款总额大大提高。

歌顿厅

女性协会向学校提议将这座建筑建造在草莓溪北岸、希腊式剧院南侧空地上,并最终获得学校的批准。而这一建筑最初的选址则是在邻近草莓溪峡谷口、小楼现址向东约160英尺处。在设计这座一层式建筑(又可被称为高年级女性厅)时,摩根将她所掌握的美艺风格轴向结构与第一海湾地区质朴的独具匠心地融合于一体。整栋小楼由中央主楼和两座相对较低的缩进式侧厅组成。其中一座侧厅作为入口前厅和一间小厨房,另外一间侧厅中是一条带顶棚的开放式门廊(后期又被封闭起来)。在建筑的内部,她设计了一间会议室,会议室有暴露在外的红木屋顶桁架以及红木墙框,并在会议室中央砌了一个圆拱式开口的壁炉。壁炉对面为一个配有一排靠窗座位的落地阳台,可以欣赏溪畔风景。阳台上开有数扇小门,可以通向外面的砖制露台。大楼的外墙上包覆着红木的护墙板和木瓦,四坡屋顶的檐口下是数扇带状窗户,这一切都与周围的溪畔环境相得益彰。"这栋平凡的平房,"惠勒校长称赞道,"它木制的结构朴实无华却品质非凡。"

大楼于1911年11月正式开放,楼内装饰着教工妻子们捐献的桌椅器具和1913级学生们带来的帷幔等针织品。次年3月,女学生联合会将这栋楼作为一份礼物赠予校董事,而校董事接受了这份慷慨的馈赠,同时表达了对设计师摩根所付出的努力的赞赏。慢慢地,这栋小楼仅由高年级女性们使用的最初用途发生了改变,学校其他一些女性团体也可以在这里召开会议了。由于建造这栋小楼时,校方将原本流经此处的草莓溪通过一条涵洞引至教工空地西侧,因而这栋小楼的自然背景也影响了1923年加利福尼亚纪念体育馆的建造。

当女性协会最初提议建造这栋小楼时,她们就曾保证,若将来学校需要在这块土地上建造寝室,她们同意将小楼搬往别处。随着1946年化学院的刘易斯厅开始建造,校方需要将原本与学院路相对的加利路向西改道,使其与皮德蒙特大道相对。为了给这一规划让出空间,歌顿厅被向西搬迁至现在的位置。而当时,这一位置地处考威尔纪念医院北侧,周围的自然环境还十分优美。搬迁到新址后,小楼又被重新定向,凸窗不再朝向正南,而是朝向西南方,楼前的砖制露台也被木露台所取代。随后,学校对旁边的考威尔医院进行扩建,后来又将医院拆除,并在其原址上建造了哈斯商学院。

岁月变迁,唯剩小楼仍躺在绿树环抱中,但小楼前优美的开放景观已不复存在了。

1969 年后,歌顿厅被改造成儿童照管中心。那时包括歌顿厅在内,校园里共有 8 个儿童照管中心,为校园里的 200 多个家庭服务。虽然小溪已经不再是一个鲜明的地表特征,但是歌顿厅仍是包括高年级厅以及其他两座教工俱乐部等四座河畔木结构建筑中最东端的一座。

歌顿厅名列国家历史胜地名录中,并被加州历史资源索引收录,是伯克利城的地标性建筑。

44. 教工空地、古德斯皮德自然区、最后的森林精灵雕塑以及1910级毕业生桥

古德斯皮德自然区(Goodspeed Natural Area) 1969 年命名

最后的森林精灵雕塑(The Last Dryad) 雕塑家亚历山大·斯特林·凯尔德于 1921 年创作,约 1926 年铸成,1968 年安装

1910 级毕业生桥(Class of 1910 Bridge) 贝克威尔和布朗,1911

作为校园里历史最悠久、风景最优美的开放空地,教工空地激励着一种精神的存在,这种精神与校园数十载的光荣传统密不可分。草莓溪南支流畔这块略带倾斜的绿地曾经是奥隆尼族印第安人的宿营地。绿地上点缀着数株加州橡木,周围生长着许多河岸红木,由此处观赏远方钟楼时,这些茂密的红木如同画框一般,镶嵌在如画的风景中。这里一直是举办特殊聚会以及进行休憩性娱乐及学习的场所,此外它还作为一块重要的步行区域联系着校园的南区和北区。

这块碗形的空地北侧被草莓溪及溪畔树木包围,东边是教工俱乐部,西邻斯蒂芬斯厅,而南侧高地顶端是音乐系的赫兹厅及莫里斯厅。此外,古德斯皮德自然区沿溪畔从教工俱乐部一直蜿蜒至斯蒂芬斯厅,整个环绕在教工空地的北侧和西侧边缘。古德斯皮德自然区是建于 1969 年的三片中央校园自然区之一,为纪念植物学教授及植物园园长托马斯·哈珀·古德斯皮德(Thomas Harper Goodspeed)而命名的。这些半自然状态的自然区为学术研

教工空地

究提供“活实验室”(参见漫步路线三:维克森自然区)。

那时,教工俱乐部及其周围空间四处散发着男性主导的气息:台球室内雪茄烟气缭绕,熏黑了屋顶的兽头装饰,相对而言教工空地却浸染在大学女生的传统活动里。1874年,12位女学生入住空地东侧的小屋中。这一小屋随后被用作教工俱乐部的厨房并最终被整体搬到教工俱乐部的二楼。这12位女学生建立了校园里第一个女性服务组织——青年女性俱乐部。不久之后,曾被称作“草莓溪峡谷”北侧延伸地的区域渐渐演变成“伊里苏斯(Illissus,古希腊河流,两岸居住着许多著名的学者、哲人)”河岸的“男女公共峡谷”。从“伊里苏斯”演变而来的维琉草社团(Rediviva Society)成立于1904年。社团名字来源于拉丁文“崭新的生活”。这个女性社团的宗旨是“个性与学术”,影响了许多荣誉社团的成立与发展。1955年,社团先驱维琉草社团成立约80年后,一群曾经的维琉草女校友们齐聚教工空地西北角,为斯蒂芬斯厅旁瓷砖镶嵌的饮用水喷泉举行落成仪式。喷泉是为了纪念青年女性俱乐部而捐建的。另一座初衷相同但稍微质朴一些的纪念建筑则位于以捐建者、1878届校友、当初12位女生之一的梅·崔特·莫里森命名的莫里森厅附近。1993 年,学校 1926～1935 级的 9 位维琉草女校友们齐聚一堂,为喷泉举行了落成典礼,藉此纪念那些英名永与这片热土共存的女性

最后的森林精灵雕塑(亚历山大·斯特林·凯尔德创作)

创始人。

“男女公共峡谷”还是由女学生自编、自导、自演的帕西尼娅年度化妆盛会(参见漫步路线三:格林尼尔自然区内容)中一些活动的举办地之一。随着盛会规模的扩大,桉树丛附近的橡树下容纳不下活动和观众们后,盛会就转移至教工空地。直至 1931 年,每年的春天人们都可以看到改编剧目《黛尔德雷之梦 (*The Dream of Derdra*)》、《玛尔佩萨之所见》(*The Vision of Marpessa*)以及《德鲁伊德的杂草》(*The Druid's Weed*)中的溪畔少女、森林仙女和自然精灵们身着飘逸的长袍和披风,在这里翩翩起舞。

虽然不再有盛装的水泽女仙和少女们在那片橡树下翩翩起舞，但最后的森林精灵雕塑却永久地提醒着那段历史。这座优雅的铜像亭亭玉立于溪畔的杜鹃花丛中。亚历山大·斯特林·凯尔德(1870～1945)创作的这座雕塑于 1926 年左右铸成，铸成后 20 年来一直保存在艺术家纽约的工作室中。1948 年，艺术家的遗孀和他的女儿玛格丽特·凯尔德·海耶斯(Margaret Calder Hayes,学校 1917 级毕业生)一起将这件作品赠予学校。然而,当时的管理者们却认为这件作品有伤风化,不适合纯真的大学男生们欣赏,就将其放在赫斯特女生专用体育馆的内庭里。1968 年,捐献者质询雕塑的下落,于是管理者们才将它安放在更为公众化也更为合适的场合——溪畔自然区内。雕塑的作者斯特林曾是 1915 年在旧金山举办的巴拿马—太平洋国际展览会首席雕刻家,是著名雕塑家亚历山大·米尔内·凯尔德(Alexander Milne Calder)之子。米尔内最著名的作品是费城市政厅上的威廉·佩恩雕塑。斯特林的儿子亚历山大·凯尔德也是著名的动力雕刻家，他所创作的固定雕塑《和平之鹰》优雅地站在加州大学伯克利艺术博物馆及太平洋胶片档案馆前面向班克罗夫特道一侧的空地上。

教工空地对面与森林精灵雕塑相对的是单膝跪地的“老爹”——沃道夫的雕塑。沃道夫是位富有传色彩的加州大学美式足球教练(1947～1956 年在任),他曾连续三次率领自己的球队在玫瑰碗大赛中最终获胜。除了在足球场上取得的巨大成就外,他重视学术、建立个性等特点也广为人称道。这座塑像位于空地西侧边缘上，距离这位传奇教练在斯蒂芬斯厅中的办公室很近。这座铜像由道格拉斯·凡·豪德创作,加利福尼亚纪念体育馆旁边凶猛的灰熊雕塑同样也是出于他之手。沃道夫的雕像由教练的前任弟子们——“老爹的孩子们”——出资，于1994年揭幕。“老爹”手持的写字板上铭刻着他的球队与斯坦福大学队历次大赛交锋的最终比分。

空地边缘靠近赫兹厅及莫里森厅处是1961年由艺术系教授理查德·奥汉隆(Richard O'Hanlon)创作的抽象主义铜像《远航》。这件作品是以海伦·塞尔茨(Helen Salz)和她已故丈夫安斯利·塞尔茨(Ansley K. Salz)的名义捐赠给学校的。这件作品在旧金山艺术博物馆举办的奥汉隆个人艺术展中展出后，被这对伉俪买下。坐落在惠勒厅对面，由艺术家拉尔夫·斯塔克波尔(Ralph Stackpole)创作的《内部力量》也是由这对夫妻慷慨捐赠的。他们赠予学校的其他礼物还包括一系列稀有的小提琴收藏——或许这也多少影响到学校将《远航》这一雕塑安放在音乐系附近的决定。

理查德·奥汉隆创作的《远航》雕塑

距离《远航》雕塑不远，地势倾斜的草坪中心有一块大石头，大石头上挂着一块牌子，示意这儿曾经是亨利·摩斯·斯蒂芬斯橡树所在。那棵橡树曾是一个“活的纪念碑”，生长在这位备受爱戴的历史学教授在教工俱乐部中的住宅与曾经的斯蒂芬斯学生联合会大楼之间。大石头俯瞰着教工空地，斯蒂芬斯曾在这里举行的传统毕业典礼午宴上送别了一届又一届毕业生。1919年4月16日，刚刚从旧金山的菲比·阿佩尔森·赫斯特葬礼归来的斯蒂芬斯教授猝然离世。两天后，校园钟楼上传来的悲伤的钟声，人们从1910级毕业生桥的拱门下鱼贯而过，来到这棵橡树下。送别仪式在上午10点至11点举行，这恰恰是教授最受学生欢迎的课程的时间。这棵橡树被誉为校园中最大的橡树，也是空地北坡上200到300年树龄的树木中最茂盛的一棵。

参加斯蒂芬斯葬礼的人群穿过的那座阶梯桥优雅地横跨于草莓溪上，仿佛是空地西北侧一座古典主义门廊。它的设计者是美艺风格建筑师小约翰·贝克威尔(学校1893级毕业生)和小亚瑟·布朗(学校1896级毕业生)。这座桥取代了最初连接东厅与教工俱乐部的木桥。桥的罗马式拱门上用拉丁文铭刻着:“恐自己留于后人的记忆湮没于芸芸校友中,1910级毕业生建造此桥。菲比·阿佩尔森·赫斯特提供协助。”在这位显要的校董事及赞助人的影响下,这座小桥很受重视。然而,拉丁文教授威廉·梅林(William A. Merrill)却引起很大的争议,一名学生指出由他撰写铭文中的拉丁文“Hanc pontem”(意为“此桥”)应当写作“Hunc pontem”。1912年,即小桥建成次年,梅林教授很不情愿地授权更改文字,同时还宣称他先前的那种用法也是有经典权威的语法依据的。如今,若是仔细辨认仍能看出更改的痕迹。那时,贝克威尔和布朗还想邀请著名的动物形象雕刻家亚瑟·普特南(Arthur Putnam)用水泥为这座拱门进行装饰,然而,后者日益恶化的健康状态或许是导致这次合作最终没有成功的主要原因。小桥建成后,拱门后的下坡道在新闻报道中被描述为“通往一片满是橡树、月桂树、七叶树的地方,沿斜坡而下生长着各种各样的树,如画卷一般”。如今,许多古老的橡树已经不复存在了,而自1882年便成为地标性景观的一棵古老加州七叶树仍然坚毅地生长在小桥南端的土地上。

1910级毕业生桥

1923级毕业生桥

在草莓溪下游有另一座1923级毕业生捐建的小桥。这座小桥是约翰·嘉伦·霍华德在斯蒂芬斯厅设计中的一个元素。在约40年的时间里,这座小桥一直是一个主要的人行通道,连通着斯蒂芬斯厅的楼梯和钟楼对面的

沃道夫“老爹”雕像(道格拉斯·凡·豪德创作)

穹顶式走廊。随着学生联合会从斯蒂芬斯厅中搬出,以及20世纪60年代园景建筑师托马斯·切奇又在大楼东侧建造了一座新的混凝土小桥,这座小桥便渐渐没落了。

1923级毕业生桥南侧有两片纪念树林。草莓溪南岸上的阿利和鲁西威廉姆斯树林(Arleigh and Ruthie Williams Grove)命名于20世纪90年代,目的是纪念“那两只健壮的小金熊”。树林以学生处主任阿利·泰伯·威廉姆斯(学校1935级毕业生)及其妻子鲁西·维莱特·威廉姆斯(学校1934级毕业生)的名字命名。小溪对面的布鲁特斯·汉密尔顿红树林(Brutus K. Hamilton Grove of redwoods)是为了纪念著名的田径教练(1933～1943年及1946～1965年在任)而种植的。汉密尔顿教练还曾担任过学生处主任(1945～1947年在任)及田径指导(1947～1955年在任)。而他担任上述最后一个职务时,恰恰是沃道夫“老爹”执教的辉煌时期,因此这片树丛更可谓是附近“老爹”雕塑最恰当的背景。

由于教工空地是一座天然的“圆形大剧场”,因此非常适合举办各类表演及庆祝活动,除帕西尼娅盛会以外,还有从鹈鹕时尚秀(Pelican Fashion Show)到宗教布道会(Baccalaureate Sermon)等一系列种类繁多的活动。其中最著名的莫过于1934年由麦克斯·莱茵哈德(Max Reinhardt)编导,米奇·罗尼(Mickey Rooney)、斯特林·海洛维(Sterling Holloway)和奥利维亚·德·哈维兰(Olivia de Haviland)主演的《仲夏夜之梦》了。这一剧目在教工空地首演,数场之后于赫斯特希腊式剧场的火炬光下进行终场演出。

教工空地被作为加利福尼亚州历史性地标景观收录于伯克利校园指南中。1910级毕业生桥被加州历史资源索引收录,小桥旁边生长着的那棵七叶树是伯克利城的地标。

45. 哈斯商学院

摩尔、卢堡和尤戴尔(Moore Ruble Yudell)建筑事务所和 VBN 集团，1992～1995

带有建筑师查尔斯·摩尔印记的最后一座主要建筑——哈斯商学院坐落在中央校园加莱街—皮埃蒙特大道的边缘。当系主任雷蒙德·米尔斯(Raymond Miles)提出“要将学院大楼设计成一个能够构建一片社区的建筑，一座能作为整个校园的一个门户的建筑，一座将校园与商业区连通起来的桥梁式建筑”时，摩尔和他的合作伙伴约翰·卢堡(John Ruble)以及巴兹·尤戴尔(Buzz Yudell)欣然接受了这一挑战。

圣塔·莫妮卡建筑师事务所与总部设在奥克兰的 VBN 集团合作，为学院大楼奠定了一个高水准的起点：学院自 1964 年开始就在喧闹拥挤的巴罗街大楼里占据着三个楼层的面积。在大楼尚未最终落成前便于 1993 年辞世的摩尔先生对整个校园来说也不是陌生人。1963～1965 年，正值环境设计学院从历史悠久的方舟楼(北门厅)搬到伍斯特楼时，他就担任建筑系主任。他对学校的这份熟识以及他与校园之间的历史瓜葛也对他所设计的新学院大

哈斯商学院

楼产生了深远的影响。

5 500 万美元的建筑资金也有深厚的历史根源。最重要的 1 500 万元资金是沃尔特和伊莉斯哈斯基金受托人(即校友小沃尔特·哈斯、彼得·哈斯和罗德·哈斯·古德曼)于 1989 年捐赠的。在当时,这笔捐款是伯克利校园收到的最大一笔。而这笔资金是为了纪念基金受托人的父亲老沃尔特·哈斯而捐赠的。老沃尔特·哈斯是学校商学院前身——商业学院 1910 级的毕业生,1928～1955 年担任李维斯特劳斯公司主席,商学院大楼即以他的名字命名。1992 年,来自哈斯家族名下其他一些基金的捐款使募集资金的总额达到了 2 375 万美元。这些赠款延续了哈斯家族一贯支持学校发展的光荣传统。这项传统可以回溯到 1897 年,在加利福尼亚淘金热时代制作了第一件铆接帆布工艺的"齐腰工装裤 (waist overall)"的家族长者李维·斯特劳斯(Levi Strauss)。

为了达到渴望的紧密性,同时又要避免如此大规模建筑工程或许会引起的不美观的建筑,查尔斯·摩尔和他的助手们将整个建筑设计成三幢各自独立的大楼,其间由两座桥梁相连,三幢楼均匀环绕在园林式中央庭院周围。双拱桥构成了通往混凝土建筑群的意义深远的入口,建筑群上有斑驳的四坡屋顶结构。三幢楼均匀分布在从东侧加莱路至西侧的老学院街之间 45 码长的斜坡之上。整个庭院从一座上升式花园开始——花园里一条"干涸小溪"令人回想起曾经流淌在这片土地上、如今却通过附近一个涵洞由山麓引至教工空地上的草莓溪。在 L 形庭院地势较低的一端,人们精心培植的园林树木朝向北方,面对着草莓溪的真正方向。整座庭院风格随意,由三幢楼上数个起伏的凹入式及凸出式结构围成。一条曲折的楼梯由东侧门厅延伸而出,引导人们来到一条精心布置的小径,领略整片不规则空间中的景致。庭院中还陈设着两件艺术品,为整片空间增添了美感。

俯瞰着南侧大门的是异想天开的雕塑莱斯熊。这是由出生在怀俄明州的全国数一数二的野生动物雕塑家丹·奥斯特米勒(Dan Ostermiller)1991 年创作的铜制作品。威廉和珍妮特·克朗克夫妇(William and Janet Cronk)将这一作品买下来送给了学校,而一侧的门厅即是以这对夫妇的名字命名的。西侧大门(以捐建者唐纳德和多丽丝·费舍尔夫妇的名字命名)对面花园里的

切特厅及庭院(哈斯商学院)

是由纳帕(Napa)雕塑家弗莱切·本顿(Fletcher C. Benton)创作的《折叠三部曲》(*Folded Circle Trio*)。本顿以其出色的动力雕塑作品和精美对称的几何雕塑造诣而闻名于世。这一不锈钢材质的作品是来自哈斯商学院顾问委员会和其他一些支持者的礼物。1997年,校方为雕塑举行了揭幕典礼以纪念捐赠者罗德·哈斯·古德曼、小沃尔特哈斯以及小尤金·特雷费森 (Eugene E. Trefethen, Jr)的慷慨:他们的"洞察力和领导力帮助哈斯商学院建起了这样一个温暖的家"。

和庭院一样,整座建筑内部空间的设计也仔细考虑了空间体验感。内部的楼梯和走廊也不仅仅只限于实用主义用途, 还为整座建筑带来了沟通的美感。大楼的这些特点与楼内精心布置的长凳——在长廊中、在走廊里、在楼梯转角处、在窗户下——促进了学生、教工、研究者和管理者们之间的交流,也强化了建筑带给人们的社区归属感。

北教工楼长廊交汇处的125间办公室是各界人士召开会议和进行交流协作的场所。整座建筑群的中心点——阶梯式美国银行论坛即在这幢五层

美国银行论坛(哈斯商学院)

高的楼内。论坛入口位于正对西侧门厅的庭院转弯处。这个两层高的空间通过高高的落地窗俯瞰着整座庭院,而论坛本身也如同一个帐篷形的亭子,具有很强的开放性。在第一层上,它与一家咖啡馆、一座主礼堂和一间会议室相连,沿楼梯而上即可来到二楼夹层处的一间非正式的学生活动室。大厅上面三层是办公室、研究机构和研究中心,这一层通过一座开放式的桥与南侧的学生服务楼相连。

三幢楼的东端都有部分地下结构,并且相互结合构成一个整体,与附近皮德蒙特街上的那排房屋共同创造了一个非常和谐的住宅规模的建筑群。四层高的学生服务楼中的大部分空间和学院大楼中约四分之一的空间都被托马斯·龙商学及经济学图书馆(Thomas J. Long Business and Economics Library)占据。托马斯·龙是学校校友,也是龙氏药店(Longs Drug Stores)的创建者之一。这座两层的图书馆中收藏了约 12 万册图书及相关读物,涵盖几乎所有的管理学科。图书馆中还有一个世界范围的信息中心。楼梯沿朝向中央庭院的窗户连接地下两层,这一灵感来源于约翰·嘉伦·霍华德设计的带有观景长廊的方舟楼。一个计算机中心在二楼与图书馆相连，而学生服务中心和系主任办公套间则分别位于大楼的三楼和四楼。

西侧门厅的一座内部连通桥连接着三幢楼中规模最小的厄尔·切特厅。这座大厅以整座建筑群早期规划的领导者、商学院第九任系主任厄尔·切特(Earl F. Cheit，1976～1982 年在任)的名字命名。这座四层高的楼中有三层是教室，其中几间专门设计成半圆形的阶梯式结构，以便促进教师和学生之间的交流互动。顶层是会议及宴会厅——威尔斯·方格室(Wells Fargo Room)。室内的尖顶天花板和两侧的阳台模仿伯纳德·梅贝克在教工俱乐部主厅中的设计。风格独特的烛台随处可见，与屋顶上四个灯具组成的铜吊灯遥相呼应。

虽然建造过程中或多或少地遇到了困难，建筑群的外墙和细部装饰中还是体现了许多历史典故，同时这其外墙造型也为三幢楼整体一致的风格作出了应有的贡献。混凝土结构的外墙可划分为三个区域，造型各自不同，整体为泥土色暖色调。驼色的墙基为条纹造型，采用校园中美艺风格建筑和新古典主义建筑所常用的仿乡村风格。外墙高高的中部为深棕色竖条纹的面板，非常美观。而浅色的顶部区域则为仿板条壁板，这一设计手法在海湾地区的木质建筑中经常出现，在教工俱乐部及其北侧由茱莉亚·摩根设计的歌顿厅就可以看到。建筑师们在建筑中还采用了檐口、穹顶和通风圆屋顶等元素，同样体现了对历史建筑的敬意。森林绿色的窗框令人想起霍华德经典建筑中的类似结构，特别是入口为霍华德常用的罗马拱式窗口和开放形式。

46. 学院路2241号、2243号、2251号

学院路 2241 号　约 1885

学院路 2243 号　卡尔·爱立信(Carl Ericsson)，1902

学院路 2251 号　查尔斯·彼得·威克斯(Charles Peter Weeks)，1911

屹立在伍斯特楼后的两栋维多利亚时代晚期风格的房子是原学院路前那座砖结构建筑的剩余部分。那时的学院路由此处蜿蜒向北，从班克罗

学院路 2241 号

夫特道一直通向横跨于草莓溪上的一座小桥。1962 年，为建造伍斯特楼，学院将这片区域清理了出来，原来位于班克罗夫特道和米诺厅之间的学院路被改道至别处，而只留下这几栋房屋还坐落在米诺厅到草莓溪之间的土地上。

如今主要用作办公室的学院路 2241 号的两层式小楼建于 1885 年。小楼是由当时从学校毕业不久的沃伦·切内(Warren Cheney)设计的。随后这位建筑师踏上了记者的职业生涯，曾担任过《日落杂志》撰稿人，还成为伯克利地区著名的地产经纪人。他的妻子梅·卢克雷西亚·切内(May Lucretia Cheney)是学校 1883 级毕业生，也是大学的首位教师任命处秘书。在职 40 年里，她一直致力于将在大学接受过教育的老师们安排至全国各个合适的岗位上。1960 年，校方为纪念她，将居住区一座塔楼命名为切内厅。

这栋木框房屋为东湖建筑风格(East lake style)，西侧入口上采用了悬伸出的人字形三角楣。三角楣由门厅处的木制托架支撑。门厅两侧各有数扇凸窗，凸窗分别开向北侧的会客室和南侧的起居室。房屋的木制外墙非常具有装饰性：荷叶边形的木瓦、或垂直或呈角度的木板条以及三角楣上钻石图案中的圆形栅格等。而木屋风格随意的内部则经历改造，但中厅还是保留了原汁原味的木制壁板，内部的楼梯上依然是最初的雕花栏杆和螺旋线中柱。

1902 年，切内又建造了第二栋规模略小的房屋——学院路 2243 号并将其作为个人财产。由卡尔·爱立信设计的这栋小楼体现了棒式建筑风格和小舍建筑风格(Stick and Chalet styles)的共同影响，有悬出式的削边山墙屋顶、凸窗和由板条组成的墙板框架。建筑内部的办公室专门进行了整修。这栋小屋最早的住户是希腊文学教授詹姆斯·特内·艾伦(James Turney Allen),曾指导1903年赫斯特希腊式剧院落成典礼上学生自导自演的阿里斯托芬的《鸟儿》(参见漫步路线六)。

学院路2243号

两栋切内设计的房屋南边是学院路2251号,这栋小屋躲在法学院大楼下,半隐半现。学校里历史最悠久兄弟会社团泽塔社(Zeta Psi)最初就栖身于此。泽塔社也是1876年最早在密西西比河以西建造房屋的组织。当时这里耸立着一座三层高的第二帝国风格的折线式屋顶建筑。1995年,在建造法学院大楼附楼时,意外发现了包括带有兄弟会徽章的茶杯、各种装饰瓶以及可以追溯至20世纪初叶的桌椅等一些原来放在那栋老屋里的古董。具有讽刺意味的是,当时主持发掘工作的是来自人类学系考古研究中心的考古学家们,而如今占据这栋小楼的也正是这一机构。

学院路2251号

由建筑师查尔斯·彼得·威克斯设计、建于1911年的学院路2251号体现了建筑师所接受的美艺风格教育。这是一座对称的经典主义风格建筑,整体布局为U形,上面盖着红瓦四坡屋顶。拱顶的入口门廊令人回想起文艺复兴时期的宫殿。整座门廊由三道带有拱顶石的圆拱门组成,拱门用水泥浇注而成。刻着兄弟会徽章的水泥纹章饰装饰在中央拱门的两侧。高高的水泥边框的圆拱形窗户均匀分布在一楼的餐厅和起居室一边，每道拱门之上的二楼区域各开有一扇长方形窗户。窗户木制框架上的面砖形成了装饰壁板的作用。

由三角门楣的木制大门走进,便可来到一个桶拱形大厅。狭长的大厅位于两边的侧厅中间。穿过大厅可以看到一座带有木制护壁嵌板的中央楼梯。原来用作就餐及起居的房间如今被改造成会议专用。这些房顶是方格密封式天花板,房间内都配备用经典的橡木细部修饰的壁炉。大门对面的拱门则通向建筑中庭,这个中庭原本为一座朝东的中央庭院。人类学系入住小楼之前,这里曾用于灵长类动物研究。就是在那段时期,人们将中央庭院封闭起来并加建了屋顶,将其改造成中庭。人类学系搬入小楼后,艺术家罗伯特·佩特尔森 (Robert Peterson) 创作了一系列西班牙阿尔特米拉洞穴(Altamira caves of Spain)中旧石器时代岩画的复制品,并将其装饰在中庭的东墙上。

学院路 2241 号和 2243 号名列加州历史资源索引中, 并且是伯克利城的地标性建筑。学院路 2251 号被加州历史资源索引收录。

47. 法学院楼和西蒙楼

沃伦·佩里设计,雷蒙德·珍斯(Raymond W. Jeans)和斯塔福德·乔里(Stafford L. Jory)协助,1950 ～1951;沃伦·佩里和安德森、西蒙德、杜赛尔及康帕尼建筑事务所,图书馆扩建及整修工程,1958～1959;伍斯特、伯纳迪和埃默斯建筑事务所,法学院大楼增建、整修以及西蒙楼建造,1965～1967

拉特克里夫建筑事务所,北楼增建、翻新以及西蒙楼翻新,1995～1996

法学院群楼的第一次增建工程是为了缓和老博尔特厅(如今的杜兰特厅,参见漫步路线一)的拥挤状态以及容纳战后学校扩招的生源。当时的法律学院搬迁到新楼之后,为更好地适应学院设置的课程,正式更名为法学院。

法学院楼建造工程的第一阶段见证了沃伦·佩里这位受古典主义熏陶的建筑师在现代主义运动影响下风格的转变。按照自己的准则,佩里对“为‘所谓的现代建筑’而大费周章”感到非常懊悔,他说:“凡是优秀的建筑,必

法学院楼

定是与时俱进的，当代建筑作品健全的品质最终必能得到自我证明。”他选用新式建筑材料，在建筑中也较少使用繁复的装饰，显示了这一建筑可以随时接受现代主义风格改造的灵活性；而同时大楼里地板设计也为他的美艺背景进行正名。当时担任建筑学院院长的佩里成功地说服了斯普劳尔校长，使其批准从教工中选出一个团体负责为学校提供所需的建筑学服务，随后他与同为学校教工的同事雷蒙德·珍斯和斯塔福德·乔里（约 20 年后，他还曾协助佩里完成了爱德华德体育馆的建造工作）共同组建了这一顾问团体。

为了表彰两位主要捐赠者的资助，佩里将整座建筑设计成两座侧厅，中间由一座天桥连接，与班克罗夫特道前朝南的庭院共同构成一个 L 形轮廓。西侧的教室侧厅名为博尔特厅，它沿用了原来老法学院楼的名称，作为对约翰·博尔特(John H. Boalt)法官的一种长久怀念。三间大型演讲厅和数间办公室被安排在这座侧厅内。东侧的图书馆侧厅被命名为加内特·麦克厄内法学图书馆，以纪念曾长期担任学校董事并为图书馆的建造慷慨解囊的旧金山律师加内特·麦克厄内(Garret E. McEnerney)先生。至于两座侧厅之间的天桥,佩里规划为以旧金山地区著名的法庭记录员卢克·卡瓦纳·穆特(Luke Kavanagh Moot)命名的卢克·卡瓦纳·穆特法庭。

这座三层结构的建筑基本上整体采用钢框架,除了用钢筋混凝土建造的图书馆密集书库。密集书库是为了存放 1959 年佩里增加的四大排书籍而设计建造的。建筑盖着红瓦四坡屋顶,外墙涂覆水泥灰浆,墙上的窗户没有任何修饰。以上设计手法将这座建筑与校园内早期新古典主义建筑的总体形式和颜色统一起来,而外观又不失现代美感。窗框和门框均采用铝合金材料,而图书馆阅览室南墙上安装了遥控百叶窗、雕栏和刻字装饰(代替了"二战"前常见的那些外墙装饰元素)。佩里认为"若非这些结构,大楼外墙便会成为极度平凡的灰浆墙",而这些结构能够为整座大楼"带来一种恰如其分的现代性格"。

设计大楼面朝学院路上的西侧立面给佩里出了一个不小的难题:他早期本打算在此处采用风格闲适的开窗式布局,然而这一提议被学院管理者驳回,后者坚持将西墙建成无窗结构。为了给外墙增添几分生机,佩里在上面安装了两块瑞典花岗岩质地的铭牌,其上分别以阳文铝字刻着由学院教工从美国高级法院法官奥利弗·温德尔·福尔摩斯(Oliver Wendell Holmes)和本杰明·卡多佐(Benjamin N. Cardozo)语录中摘抄下来的文字。当佩里询问这两块铭牌应当怎么排放时,当时的法学院系主任威廉·普罗西这样回复:"最好还是将卡多佐语录放在左侧。你此刻脑中或许已经为此想出了一个支持的理由:在政治上,卡多佐有些左翼色彩,而福尔摩斯本质上是个保守派。虽然这一理由有些牵强,但我也说不出什么好的理由了。"为了能在远处便看清这些文字,铭牌上用了被斯普劳尔校长叫作"大号黑板"的大字体,但现在却被西墙前那排茂盛的树木遮挡着,朦朦胧胧看不清楚了。

建筑的内部大量采用了西非榄仁木材料,主要用于固定长凳、护壁板以及西侧厅中演讲室内的镶边角等。引人注目的还有由旧金山雕塑家贝尼亚米诺·布法诺(Beniamino B. Bufano)创作的陶土熊雕塑。这座雕塑安放于 1955 年,是学校 1948 级毕业生为纪念同学马丁·博登(Martin Bordon)而捐赠的。佩里认为若将雕塑放在室外有些不太妥当,因此最终他选择将雕塑放

西蒙楼

在一楼长廊端的水磨石基座之上。

20世纪60年代，伍斯特、伯纳迪和埃默斯建筑事务所对建筑进行了整修和扩建。这项工程将建筑内部构造改造得更加曲折复杂。工程中修建了曼维尔厅（如今的西蒙楼），从而改变了整座建筑群的整体规模。曼维尔厅是一幢七层高的混凝土框架塔楼，可为超过100位法学院学生及一些来访宾客提供住宿。面对着暴露在外的碎石墙板，大楼最初是以约翰斯—曼维尔集团前总裁哈莱姆·爱德华·曼维尔（Hiram Edward Manville）的名字命名的，藉此表达对曼维尔基金捐助的表彰和感谢。和同时期校园内建成的那些高层建筑一样，这幢塔楼与周围环境并非十分和谐。它坐落于班克罗夫特道和皮埃蒙特大道的拐角处，衬托着皮埃蒙特大道上的民居建筑，显得非常突兀，而干扰了街对面乔治·凯尔海姆设计的穹顶国际屋的视觉美感。扩建工程还包括建造厄尔·沃伦法学中心和在佩里设计的大楼旁扩建一座四层附楼以提供更多的办公室、图书馆和教室。厄尔·沃伦法学中心以学院1912级毕业生厄尔·沃伦（Earl Warren）命名。沃伦曾担任加州州长以及美利坚合众国首席大法官。

法学院大楼北附楼

图书馆(法学院大楼北附楼)

1995～1996 年，由拉特克里夫建筑事务所负责的一项工程将学院面积增加了大约三分之一。这次工程把整幢塔楼改造成教工和学生组织专用的办公区域，并将其更名为西蒙楼，以纪念博尔特厅毕业的杰出校友、出色的法学专家威廉·西蒙(William G. Simon)(而位于伯克利市区钱宁路 2100 号的一栋学校后备公寓则沿用了曼维尔这一名字，即曼维尔公寓)。此项工程还对法学大楼中近一半的区域进行翻新，并将大楼向西侧扩建，实现了图书馆的扩容，同时加建了多间办公室。作为一次建筑设计竞标的胜出队伍，克洛德·秦(Crodd Chin，学校 1966 级毕业生)领导的建筑事务所和查尔斯潘科建筑队(Charles Pankow Builders)同时被任命来负责这项工程。

四层高的北附楼有着令人过目难忘的弓形外立面。附楼内部有一座两层楼高的天窗式中庭，用来作为阅览室并与老楼里的图书馆相连。北附楼与老图书馆通过一座桥相连，楼内有数间自习隔间。弓形凸出的部位是为 50 万册罗宾斯藏书所专门开辟的一块阅览空间。罗宾斯藏书是世界上最负盛名的宗教法和民法藏书之一。藏书形成于 1952 年，后由旧金山律师罗伊德·麦卡洛·罗宾斯(Lloyd McCullough Robbins)的图书馆捐献出来，并为纪念捐赠者的父母鲁埃尔·德林克沃特和萨迪莎·麦卡洛·罗宾斯而命名。附楼顶部两层是数间教工办公室和一间教工休息厅,休息厅与外面凸出式阳台相通。虽然如今登上大楼，只能俯瞰到北面的一个停车场，然而在1990年由ROMA设计集团提出的校园长期发展规划中曾将这幢大楼归入这块区域未来园景空地之中。

漫步路线六

山麓区

48　斯特恩厅

49　山麓学生公寓

50　赫斯特希腊式剧院

51　鲍尔斯厅

52　加利福尼亚纪念体育馆

53　宪章山和大 C 标志

道格拉斯·凡·豪德创作(加利福尼亚纪念体育馆旁)

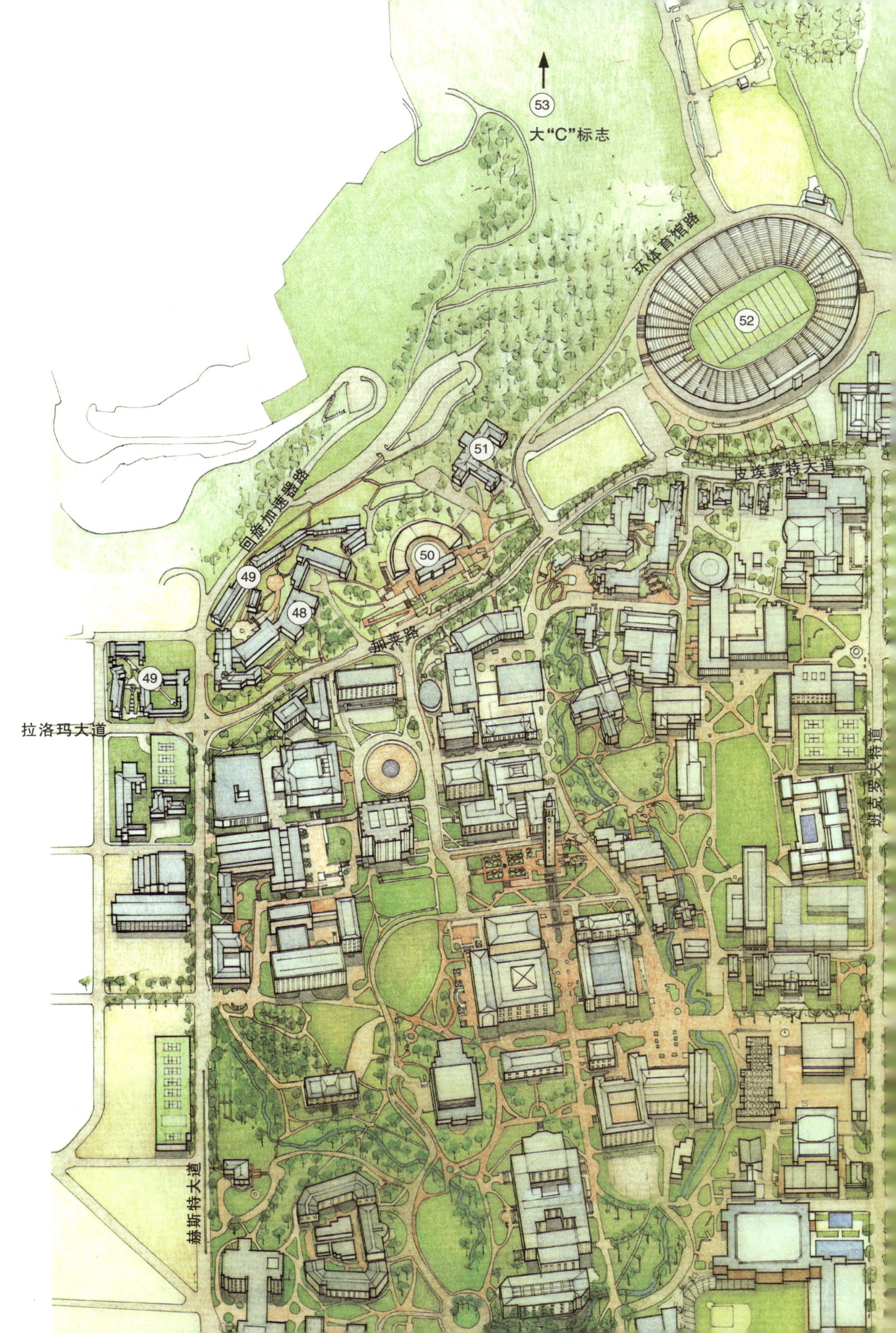

53
大"C"标志
环体育馆路
52
51
皮埃蒙特大道
回旋加速器路
50
49
48
盖莱路
49
拉洛玛大道
班克罗夫特道
赫斯特大道

戏剧、足球、寝室和加州精神

本章介绍的游览路线蜿蜒于有百年历史的大 C 标志的宪章山脚。游览路线中的建筑包括加莱路和皮德蒙特大街东侧的一排房屋，而这些房屋最初是作为学生住宅和体育场所。

作为这片山麓上建成的首座建筑，赫斯特希腊式剧院也是 1903 年在监理建筑师约翰·嘉伦·霍华德指导下完成的首座建筑。剧院建在“本·惠德圆形露天剧场”上。遵循惠勒校长的意愿，剧院最终采用希腊式风格，以此作为校园内这片新建的古典主义建筑群一个恰如其分的开端。

随后于 1923 年建成的是庞大的罗马拱式加利福尼亚纪念体育馆。体育馆选址于草莓溪峡谷出口处，这一选址方案并未遵循霍华德的最初规划，也未得到他的首肯，而是当时管理者所作出的一系列决议的结果，也恰恰是这些决议推选霍华德为全权负责建筑计划的体育馆委员会主席。这一选址虽然牺牲了便利的交通和优美的周围环境，却换来了观赏体育盛会最壮丽的背景。

6 年之后，霍华德的继任者首席监理建筑师乔治·凯尔海姆指导完成了鲍尔斯厅的建造。鲍尔斯厅位于希腊式剧院的东北侧，是学校首座居住型大厅。虽然这座学院派哥特式风格建筑的选址与权威的霍华德规划并不十分一致，但却与埃米尔·伯纳德和霍华德早期提案中将学生住宅楼建于山麓之上的精神相符。

随后，校方又提出在鲍尔斯厅后侧建造第二幢男生寝室楼的提案，却最终因为土质状况较差而放弃。相反，学校第一幢女生寝室楼（初步建成于 1942 年的斯特恩厅）于加莱路和赫斯特大道的拐角处建成了。建筑师们周密地将这座由威廉·伍斯特设计的现代主义海湾传统建筑建造在山麓的等高平面上,并在1959年和1981年分别对建筑进行了扩建。

在"二战"后校园繁荣发展时期,1946～1951年校方对这片区域进行了整治。为了给化学系的刘易斯厅(参见漫步路线二)腾出空间,加莱路被改道至东侧与皮埃蒙特大道对齐。加莱路是为了纪念英语语言文学教授查尔斯·米尔斯·加莱(1889～1923年在任)而被命名的。在加莱教授不懈努力下,英语系发展成为了一个辉煌的院系。加莱教授还曾担任学术学院院长(1918～19年在任)。1918～1919年,在惠勒校长任期最后一年里,他还与亨利·摩斯·斯蒂芬斯教授和威廉·卡内·琼斯教授同为行政董事会成员,共同作为首席行政官协助身体抱恙的惠勒校长处理学校繁杂的日常事务。但或许加莱教授最著名的还是他为校歌《金熊》所填之词。1895年加州大学田径队在东部巡回赛中高奏凯歌,高高飘扬的镶金队旗激发了加莱的灵感,创作了这首不朽的歌词。旗帜上的加利福尼亚州字样和灰熊像将"金熊"这一意象升华成为大学的精神守护者。

这片区域的重新规划工程还涉及将茱莉亚·摩根设计的女学生集会场所——歌顿厅迁移至他处。歌顿厅建于1911年,最初坐落于加莱路和环体育馆路之间的空地上。1946年,在重新规划工程中,这栋小屋被向西迁移至如今哈斯商学院的北侧(参见漫步路线五)。

此次规划也在鲍尔斯厅和体育馆之间创造了一块空地,1951年科勒伯格体育场就建于此。科勒伯格体育场由沃尔特·斯特尔伯格(Walter T. Steilberg)设计,主要用于举办校际运动会。"二战"后,学校师生们对运动休闲设施的需求与日俱增,因此校方建造了这一体育场。时至今日,体育场仍被广泛地使用着。体育场以一生致力于发展校内校际运动项目的体育教授弗兰克·科勒伯格(Frank L. Kleeberger,学校1908级毕业生)的名字而命名。

1991年,威廉·特恩布尔设计的海湾传统风格的山麓学生公寓为山麓地区的规划划上了完美的句号。这座木瓦覆盖的木框复合建筑占据了赫斯特大街两侧的区域。北侧的拉洛玛公寓群(La Loma Housing)占据了1962校园长期发展计划中为高层寝室楼群所规划的大部分土地,该公寓楼在设计中全面地考虑了北面的建筑背景。赫斯特厅南侧的山坡公寓楼(Hillside Housing)则依地形而建,环绕着东侧的斯特恩厅,共同构成了一个密集而又彼此相通的公寓村。

48. 斯特恩厅

考伯特 & 麦克马力建筑事务所(Corbett & MacMurray)和威廉·伍斯特主体设计,约翰·格雷格(John W. Gregg)和伊莎贝拉·沃恩(Isabella Worn)园景设计,1941～1942;伍斯特、伯纳迪和埃默斯建筑事务所,扩建,1959;马奎斯联合建筑事务所(Marquis and Associates),扩建,1980～1981

作为首幢学校产权的女生寝室楼,斯特恩厅的启动资金来自旧金山有名的商人和赞助人西格蒙德·斯特恩(Sigmund Stern,学校 1879 年毕业生)的遗孀罗萨莉·梅耶·斯特恩(Rosalie Meyer Stern)所捐献的基金。大楼落成后,为纪念斯特恩的贡献,校方将其命名为斯特恩厅。这也是校园内与商业先驱李维·斯特劳斯的后人合作的数座建筑中落成的第一座。1897 年,斯特劳斯先生在学校内设立了第一个奖学金,从此便开创了该家族作为学校赞助者的传统。

斯特恩厅

斯特恩夫人 1938 年时最初的想法是在鲍尔斯厅后建造一幢男生寝室楼。然而,这里的土质被发现不稳定,于是她将目光转移到了赫斯特希腊式剧院与赫斯特大道之间的备选地址。校方告诉她这一地块是预留建造女生宿舍之用的。随后她改变了自己的计划,决定出资在此处建造一幢女生寝室楼。1940 年 8 月,校董事批准了这项工程,当时正在这里地下的罗森坑道(参见漫步路线二)开展的地质学研究工作也为此项工程放行。

两位校友——来自旧金山的现代

派的威廉·伍斯特(学校1919级毕业生)和来自纽约考伯特和麦克马瑞建筑师事务所的美艺派的哈维·威利·考伯特（1895级毕业生，1930年获法学博士学位)——为完成这项工程组建立了一个设计组。为了适应新的选址，同时为了更好地满足女性学生的日常生活需求，两位建筑师对最初的设计方案进行了修改。

这幢可容纳90名女生的大楼展开在这块新址上，长300英尺，随地形的起伏而起伏。大楼的室内—室外关系和选材及色调等都反映了伍斯特在现代风格建筑和海湾传统民居设计中的强大驾驭能力。整栋大楼划分为三块功能区域。大楼北端的南北走向侧厅包括一片一层高的服务区和一座三层高的入口厅，有数间会客室、就餐室、图书馆和常驻董事的套房及办公室。这一侧厅通过一座玻璃幕墙的楼梯与另外两座东西走向的四层寝室侧厅相连。寝室侧厅西端的火灾逃生通道被设计成露天游廊形式，可以观赏优美的海湾风景；位于阴面的东侧区域则设计成长廊。大楼仿木纹理的混凝土外墙上依然保留着最初的赭色及陶土色，而玻璃幕墙楼梯上蓝色的直棂和各色的镶边、瓦作和金属栅格也一如当年。

斯特恩厅的内部在选色上也非常大胆。卡梅尔装饰师弗朗西斯·埃尔金斯(Frances A. Elkins)广泛使用了黑色、红色、浅绿色、黄色和蓝色等色调。早在1939年金银岛金门国际博览会时，埃尔金斯就曾为他负责的耶尔瓦布埃纳俱乐部的设计向伍斯特请教过。大楼内，时尚的陈设与富含异国风情的元素——牛皮桌椅、黑白相间的荷斯坦乳牛皮地毯及手工制作的银灯和银镜等——结合得天衣无缝。大楼圆形楼梯底层的餐厅大堂里还有一幅迭戈·里维拉的绘画——《静物人生和开花的杏树》(*Still Life and Blossoming Almond Trees*)。这幅作品于1931年在斯特恩家中创作，描绘了家庭生活中的孩子。舒适的陈设和绚丽的颜色，再加上大楼内刻意开辟的大型社交空间、玻璃楼梯以及观景窗口等，无一不反映了捐建者和学校为女性学生营造一个优雅的生活环境的良苦用心。

1959年，伍斯特、伯纳迪和埃默斯建筑事务所承接了斯特恩厅的二次扩建工程。当时，伍斯特正担任学校建筑学院的系主任并兼校园建筑顾问一职。这项工程在主体建筑的南侧新建成了一座四层高的混凝土框架侧厅。工程所用资金来自学校拨款和沃尔特·哈斯(学校 1910 级毕业生)的捐赠。哈斯先生是李维·斯特劳斯公司的董事会主席,原建筑捐建者的女婿。这一和谐的扩建工程又额外提供了 46 个床位,将寝室的容量增加至 136 人。

大楼最后一次扩建的资金来自住房债券和专项资金,在原主体建筑南端建成了一座东西走向的居住侧厅,并对原餐厅进行了扩建。这座高四层、内含 110 个床位的侧厅是由马奎斯联合建筑事务所的建筑师凯茜·西蒙设计的。侧厅的建筑主旨是“发扬但不照搬原大楼富有责任感、令人肃然起敬的风格”。侧厅并未采用混凝土结构,而是采用木框架结构,用灰浆粉饰。楼内的房间格局为几间小房间组成一个套间,也反映了学生生活方式变化的趋势。

现在,斯特恩厅内居住着约 250 名女学生。1991 年山麓区学生公寓群楼的建成标志着一系列直线形方院的完成,而斯特恩厅则构成了这个方院的西侧边缘。

斯特恩厅名列州历史资源索引中。

49. 山麓学生公寓

威廉·特恩布尔联合建筑事务所和拉特克里夫建筑事务所设计,MPA 园景设计,1989～1991

山麓学生公寓

山麓学生公寓是一片木瓦覆盖的建筑,它映射出建筑形式和材料对深深植根于百年历史的工艺运动中的海湾地区传统风格的继承。来自旧金山的建筑设计师威廉·特恩布尔与总部设在东海湾的拉特克里夫建筑事务所组成了一个设计小组,共同负责建造从希腊式剧院一直延伸至北侧社区山麓路的可容纳 800 个床位、总耗资 5 000 万美元的楼群。

山麓学生公寓由两座互相连通但风格各异的建筑构成。直线形山麓住宅位于

拉洛玛公寓

威廉·伍斯特设计的斯特恩厅东侧。整排房屋随地势的跌宕而起伏，构成了一系列互成角度的庭院，与附近的那栋现代风格的女生公寓相映成趣。大楼一直延伸至赫斯特路和加莱路相交的东南角落的冬青树丛。而在赫斯特路对面的拉洛玛公寓则是另外一种更为都市化的风格。它从斜坡上层叠而下直至拉洛玛路上，整栋公寓呈现一种与世隔绝的对角线方院风格。特恩布尔本打算在赫斯特路上建一座步行天桥，将这两块区域连通起来，同时步行天桥又可以充当山腰上劳伦斯伯克利国家实验室的门廊。然而，伯克利市政府提出校方无权在赫斯特街上方建造天桥，只有两个桥墩空留在赫斯特街两端，等待政府有朝一日批准天桥建造计划。

由于大楼最初的选址距离海沃德地震带的活动断层太近，建造时遭到了周围社区的一致反对，甚至起诉。建筑师不得不缩减这栋最初规划可提供1 500个床位的大楼的规模，并改建在一小块建筑条件较好的山麓土地上。这一争议导致工程向后拖延了一年，并耗费人力物力挖沟开渠数千英尺进行广泛的地质学研究和测评。为应对地震带的存在，建筑采用特殊的混凝土筏式地基，使得建筑主体能够在潜在的地表裂隙上漂移。

建筑外墙覆盖着板状的木瓦和胶合板质地的板条壁板，这些材料很好地突出了北方民居的传统。建筑上采用的一些表达形式也融入了由阿尔伯特·施威因富、伯纳德·梅贝克、厄内斯特·考克斯海德等海湾地区建筑大家们开创的建筑风格。居住区入口长长的人字形屋顶在大门上的穹顶处戛然而止。门廊周围排列着数座阳台,阳台用红木圆木柱支撑——圆木未经细节修饰,树皮还留着——处理手法恰如施威因富在班克罗夫特道 2401 号建造的那座第一唯一神教派天主教堂(参见漫步路线四)一样。带有花式栏杆的柱廊连通整片建筑群,而托架式露台和成组的小窗格窗户等,为住宅增添了几分多样性,也使整片建筑很好地融入山麓环境中。拉洛玛公寓凸出的外墙拐角上更多的装饰性露台则带来一种类似小木屋的形象。

餐饮楼的圆形大厅上采用穹顶构造，这座大厅是整片建筑群的一个焦点所在,也是整片建筑群的标志性建筑。大厅中有高耸式餐饮中心、礼堂、休息厅和邮政服务处等。一栋小型的八角塔楼则被巧妙地用作这一建筑群和斯特恩厅北端之间的交通中心和枢纽。

50. 赫斯特希腊式剧院

约翰·嘉伦·霍华德设计,茱莉亚·摩根协助,1902～1903

厄内斯特·布恩(Ernest Born),整修,1957 年

1894 年夏日的一天,一队“身着棕色长袍,头戴风帽,唱着挽歌,在树林中蜿蜒行进”的人群出现在俯瞰校园的山麓上,他们在一座由桉树树桩改造而成的烟火讲坛旁边集结。这并不是一座神秘的中世纪法庭,而是 1894 年毕业班学生表演的一出毕业日化装剧。传统的毕业日上,通常会表演一些歌咏节目和讽刺短剧等,而他们想在毕业日做些新颖又有意义的事情。

节目在“本·惠德露天圆形剧场”中表演。剧场以其创建者、大四学生本·惠德的名字命名。人们广泛认为此处较“男女大峡谷(即教工空地当时的称呼)”而言,更适合上演班级戏剧。新的场地更为开阔,声学效果和观众视线也更好,而且只需要校方批准将凹地中央的大桉树砍掉,把树桩改造成剧院讲坛,树干和树枝制成高台便可。这片天然的圆形剧场在此后的数年内一直被用作以原始戏剧和滑稽素描为表现形式的大四学生年度“狂妄剧”的表

演场所。

之后，希腊文学研究者惠勒校长萌生了将这块广受欢迎的户外场所改造成永久性建筑的想法。到这片略为倾斜的坡地实地考察后,他发现这块土地有建造一座希腊式剧院的潜力,可以作为“西方小雅典”的校园中一个应景标志。学校师生对大型集会场所的需求也与日俱增,而常用作集会场所的木结构的老哈蒙体育馆因为缺乏必要的音响设施,被改作竞技运动场所。惠勒校长观察到在许多场合中,这所大学“都将自己置身于加利福尼亚的蓝天下,并未意识到‘西方希腊人’应当遵循‘东方希腊人’的做法”。此时威廉·兰道夫·赫斯特带着必要的资金支持挺身而出,将梦想变成了现实。赫斯特先生此举是在他母亲、校董事及赫斯特规划国际竞标大赛的赞助者菲比·赫斯特的建议下做出的。

虽然剧院的建造工程并未包括在最初校园规划之中,但是那时看来,这座剧院将是在新任监理建筑师约翰·嘉伦·霍华德指导下建成的第一座校园建筑。至于剧院的原型他选择了希腊爱帕蒂奥斯(Epidauros)的著名圆形剧院。这座建于公元前350年的剧院保存完好,声学效果堪称完美。出自雕塑建筑师小波利雷托斯(Polykleitos the Younger)之手的古希腊剧院背靠一座天然的山坡,依山势而建。那个地形与伯克利校园里的地形非常相似。霍华德采纳了它的原始形式:圆形的管弦乐池(最初是为咏唱而建的舞池);半圆形观众座位区,又称观众席;景屋,又称舞台,带有升降式装置,或称升降台;以及管弦乐池两侧的入场通道,或称坡道式通道,供咏唱者和表演者入场之用。爱帕蒂奥斯剧院中有两个区域安放着石制阶梯座位,共可容纳约12 000名观众。与此设计不同的是,霍华德在校园剧院的管弦乐池周围建造了用以安装可移动式座椅的11条缓坡深层阶梯，这11条阶梯延伸至前后两个区域间的半圆形横通道,组成了剧院的第一个区域。在半圆形横通道处,一排未完成的大理石纪念座椅安放在第一区域的最后，由此再向上便是由阶梯式混凝土座椅构成的第二区域。这一区域坡度陡峭,一直向上延伸至后面的山坡上。上层区域有19排座位,被由圆心处延伸出的放射状台阶分隔成十块楔形扇区，或称为三角扇区。第二区域的最高点与舞台后的景屋高度一致。剧院后面山坡上青葱的草地可为观众提供额外的座位。

那排大理石座椅是数年来由多个班级和个人捐建的，目前座椅数目为31个，上面以受人尊敬的教工、管理者、校友和董事的名义镌刻着铭文。“这是一个不错的想法，”惠勒校长说，“如果每届学生都可以捐建一个这样的座椅，这一行为将会书写一段富有吸引力、具有纪念意义的佳话。”这些直背座椅仿照雅典卫城中建成于公元前3世纪到公元前1世纪间的狄俄尼索斯剧院中的荣耀之椅。大理石座椅由建筑系模塑导师梅尔文·厄尔·康明斯(1876～1936)设计。他还曾协助霍华德完成萨瑟门和杜恩纪念图书馆的设计工作。康明斯最初设计的座椅原型和两个成品在1906年旧金山大地震后的一场大火中被烧毁，他不得不再动手制作第二个座椅原型。然而，剧院中安装的第一把纪念座椅却是由校董事弗莱德里克·道尔曼(Frederick W. Dohrmann)从意大利运到此处的，学校于1909年将这把座椅献给了菲比·阿佩尔森·赫斯特。后续座椅既用到了产自意大利的大理石材料，也用到了产自加利福尼亚本地的大理石。

剧院的西侧为混凝土建造的舞台。舞台拔地而起，高40多英尺，两侧边墙将135英尺长的舞台整个包围了起来。剧院采用多里安式石柱和柱头进行古典主义装饰，舞台幕墙上有5个开口。中央古老的“皇家门”两侧各有一

赫斯特希腊式剧院（约翰·嘉伦·霍华德，约1901～1902）

座小型门廊，而两座侧厅中各有一座大型门廊，由此可通向“陌生人之屋”。

霍华德所设想的更为封闭的、“在壮丽程度上可以与古希腊神庙媲美”的剧院却最终未能建成。例如，构成多里安式石柱柱头的女像柱，给整座舞台增加几分引人瞩目的美感；最高层观众席外将环绕着一个带有屋顶的双列围绕式柱廊，柱廊将会一直延伸至舞台的边墙；剧院外墙全部用昂贵的大理石材料装饰。

为了迎接惠勒校长的密友——美国总统西奥多·罗斯福定于1903年5月14日出席学校结业典礼，在舞台还未完成前，剧院就交付使用了。霍华德手下干将、当时担任项目主管的茱莉亚·摩根紧张地投身于未完成的舞台景屋的装饰工作中。此时，舞台景屋中只有刚刚浇注完成的列柱已经就位。她在列柱上悬挂油画，各个立柱之间以花环饰相连，以此作为舞台前新搭的演讲华盖后的临时布景。摩根与同为学校1894级毕业生本·惠德一样，在离开学校26年后重返校园，母校光荣地授予了她荣誉法学博士学位，以表彰她在建筑生涯中作出的卓越贡献。

9月24日，在罗斯福总统来访4个月后，学校为全部竣工的剧院举行了落成典礼，盛典吸引了8 000名观众。惠勒校长、本·惠德和霍华德先后发表演说，其间掌声雷动，学生们的欢呼声不绝于耳；随后一名学生以原汁原味

赫斯特希腊式剧院

的希腊语表演了阿里斯托芬的戏剧《鸟儿》。赫斯特名下的《旧金山观察报》(*San Francisco Examiner*)文采飞扬地对这一盛会进行报道,文中将剧院描绘为"自从今日,当希腊人还是希腊人,世人见到过的最高贵的剧院建筑"。

两天后,由英国莎士比亚研究社团——本·格莱特剧在剧院公演《第十二夜》。这也是一系列专业表演中的第一场演出。然而,为剧院带来公众的关注的是女演员萨拉·伯恩哈特(Sarah Bernhardt)的演出。1906年,旧金山的地震和大火摧毁了旧金山市几乎所有的剧场,地震一个月后,这位女演员为包括受灾难民在内的观众们表演了拉辛的悲剧《菲德尔》(*Phèdre*)。五年之后,"圣女萨拉"在这个剧场中重新演绎这一名剧,而与她配戏的是玛格丽特·安哥林(Margaret Anglin)和毛德·亚当斯(Maude Adams)等广受赞誉的艺术家,这场演出为这座露天剧院建立起不可动摇的国际声誉。

在其充满传奇色彩的历史中,这座剧院中也曾经常开展其他一些活动:合唱演奏会、乐队演出、歌剧、演讲、会议、宗教仪式和篝火晚会等。篝火晚会上震耳欲聋的"再加点柴火,一年级新生"的吼叫声估计能把此处的希腊神祇们都唤醒。近一个世纪以来,结业典礼、宪章日庆典中,除1903年泰迪·罗斯福出席结业典礼外,还有很多名人都曾走上这个剧院的讲坛:1909年的威廉·霍华德·塔夫托(William Howard Taft);1911年罗斯福总统再次莅临;1958年著名诗人罗伯特·弗洛斯特(Robert Frost);1966年参议院议员罗伯特·肯尼迪(Robert F. Kennedy);1975年的参议院议员爱德华·肯尼迪(Edward M. Kennedy)和1986年的菲律宾总统科拉松·阿基诺(Corazon C. Aquino)等。此处还举行过一些令人心酸痛楚而又难以忘怀的仪式。1943年的战争集会中,老北大厅钟声长鸣,师生们为军队中为国捐躯的近300名男学生而默哀。正值自由言论运动进展得如火如荼之时,1964年12月7日,在由克拉克·科尔校长发起的旨在和平解决争端的会议上,剧院中摩肩接踵的近12 000名集会者目睹了FSM领导者马里奥·萨维奥从讲台上被强行带走的那一幕。从加州吉祥物奥斯基(Cal mascot Oski)的首次亮相,到卢西亚诺·帕瓦罗蒂(Luciano Pavarotti)的闪亮登场,再到感恩之死乐队(Grateful Dead)的激情演出,这座"最高贵的剧院"始终保留了自1894年本·惠德建立露天圆形剧场伊始便拥有的神秘而又壮美的精神。

赫斯特希腊式剧院名列国家历史资源名录中，并作为加利福尼亚历史地标性建筑被伯克利校园指南收录，同时还名列加州历史资源索引中，是伯克利城的地标性建筑。

51. 鲍尔斯厅

乔治·凯尔海姆，1928～1929；斯蒂芬森(W. P. Stephenson)，整修，1938；迈克尔·古德曼，整修，1977～1978

宪章山脚下的鲍尔斯厅是学校名下的第一栋住宅大楼。大楼的捐建者玛丽·麦克尼尔·鲍尔斯为纪念其夫、校董事菲利普·厄内斯特·鲍尔斯，同时发扬后者提出的"通过团体实现教育"的理念，于1929年1月主持了大楼的落成仪式。这句话也成为了这幢男生专用住宅的座右铭。大楼与学校的许多传统紧密相关，自落成后，无数"鲍尔斯人"式的校友从这里走出，其中包括曾担任过班克罗夫特图书馆馆长的英语文学教授詹姆斯·哈特 (James D. Hart)以及最高法院法官的威克菲尔德·泰勒(Wakefield Taylor)。作为前学生团体主席的泰勒，建立了学校与斯坦福大学共同的一项传统：即将荣耀之斧作为奖杯颁发给两校年度足球大赛的胜出一方。

鲍尔斯厅

监理建筑师乔治·凯尔海姆参观了东部一些高校后发现，在这些学校中，校园公寓多为学院哥特式风格或者都铎风格，尤其是斯坦福大学。这一风格即凯尔海姆的前任约翰·嘉伦·霍华德 1923 年在斯蒂芬斯厅中所采用的风格。该风格能够完美地体现斯蒂芬斯厅的家园和健康的设计理念，也能很好地适应山麓地形。校董事鲍尔斯曾一生致力于美化校园景观，并出资在鲍尔斯厅后的山坡上种植了许多树木，因此，这片区域是一个可以表达对鲍尔斯怀念之情的首选场所。

凯尔海姆将这座钢筋混凝土结构的建筑划分为三个侧厅，都有陡峭的山墙覆瓦屋顶。位于中央的四层高建筑由五座凸台组成，凸台之下是数座都铎风格拱门构成的门廊。两座凸出的侧厅环抱着前面的庭院。沿门前台阶而下，便走上一条石板铺就的小路。小路的两侧整齐地栽着意大利常青柏，通往一片坡度较陡的青青草坪。沿护堤向下延伸的西侧厅完美地体现了都铎风格的灵活性。一座雉堞城堡式塔楼位于西侧厅与中央厅的相交之处，塔楼上竖着一根长长的旗杆。入口门厅外用橡木护壁板覆盖，门厅里的楼梯用橡木雕刻工艺制成，这些处理方式与建筑整体的庄园风格相协调。两层高、三开间的休息大厅具有同样的风格，里面有装饰性附壁柱、装饰性吊灯、模塑横梁和檐口以及一个拱形大理石壁炉。

鲍尔斯厅最初可容纳 104 名学生，房间格局大都为带有两间独立卧室和一间公用书房的套间。在第二次世界大战期间，校方将学生临时转移至空置的兄弟会办公楼，而将这座大厅移交给约 300 名在册空军使用，供他们在此接受气象学和中文课程训练。战争结束后，鲍尔斯厅的入住人数翻了一番，达到了约 200 名男学生。校方也加强了一年级新生与老生们的交通和沟通，遵循传统的鲍尔斯信条：培养合作精神，分享教育经历。遵循 20 世纪初期惠勒校长倡导的学生领导原则，鲍尔斯厅实施学生自治方法，这也进一步强化了上述传统。

鲍尔斯厅名列国家历史古迹名录和加州历史资源索引中，是伯克利城的地标性建筑。

52. 加利福尼亚纪念体育馆

约翰·嘉伦·霍华德和加利福尼亚纪念体育馆委员会,1923;拉特克里夫·斯莱玛·凯德瓦尔德(Ratcliff Slama Cadwalader),新闻记者席增建工程,1969;汉森、村上及绘岛建筑事务所,内部结构改造,1981～1990;CMX集团,场地翻新,1995

人们将这座体育馆称为"安迪建造的房子"。加利福尼亚纪念体育馆坐落于草莓溪峡谷口,是"金熊足球队"风景如画的家乡。体育馆建造时,正是1916～1925年执教的安迪·史密斯教练带领他的队伍创造了"奇迹之队"的神话。混合式结构的体育馆——一半为陶土碗造型,一半为罗马式露天剧场造型——长760英尺,宽570英尺,整体为椭圆形环状混凝土结构,其西侧外墙约与普通的五层大楼齐高。体育馆不但气势恢宏,而且施工神速:在挖掘地基后,体育馆于1923年7月动工,并于当年11月24日加州大学与斯坦福大学传统足球赛前夕竣工,73 000名观众见证了本校振奋人心的9:0大胜。

自1897年赫斯特规划开始,在校园内建造一座主要的田径体育馆便成为学校的一个目标。最初,约翰·嘉伦·霍华德提议在希里加斯地块上建造一座"大体育馆",1904年加利福尼亚体育场建成,拆除后又建造了屹立至今的

加利福尼亚纪念体育馆

赫斯特体育馆。直到1920年足球赛上,约有28 000名观众到场,老体育馆内的木制观众席不堪重负而变得岌岌可危,当时负责校际田径比赛组织工作的学生联合会执行委员会(ASUC)向学校递交提案,要求建造一座可容纳6万人的新体育馆。不到一个月,在全州范围内开展的募捐活动募集了100多万捐款,而还未兴建的体育馆将以在第一次世界大战中失去生命的加州人民的名义而建造。体育馆动工之前,加州大学与斯坦福大学达成共识,即斯坦福大学也将建造一座规模相当的体育馆,以延续两校轮流主办足球赛的这一传统,使两校共同从中受益。

体育馆的设计及选址过程中发生的一桩桩、一件件故事,正如在这里的"那次比赛"(著名的1982年加州大学与斯坦福足球赛,加州大学以漂亮的开球回攻取得完胜)中令人目不暇接的假动作、阻挡、边路传球一样精彩。霍华德曾就体育馆类型和合适的地址做了大量的研究工作,他选定的地址除加利福尼亚体育场外,还包括校园西北侧曾用做休闲娱乐及军事训练的区域以及校园西南面如今爱德华德体育馆、伊万斯棒球场以及休闲体育设施所在的区域等。校董事们决定保留加利福尼亚体育场以及校园西北侧那片土地以供学校今后发展之用,同时以"位置不够便利,无法维系学生参与运动的精神,无法鼓励校友重返校园"为由驳回了其他一些较为偏僻的选址方案。如今体育馆所在位置的这一选址方案最早也曾遭到校董事的驳回,那时这一区域是学校的苗圃基地,也是潜在的学生公寓用地,人们都认为这片土地对于建造体育馆来说面积太小。

1921年12月,霍华德获准在校园西南侧建造体育馆,他最初设想的是在此处建造一座拱形双层露台式椭圆体育馆。然而次月,霍华德又被告知停止执行原定规划,校董事们将重新考虑草莓溪峡谷这一选址。校董事们被有关人士提交的报告影响了,该报告是关于在1921年两校足球赛前夕完工的填土式碗形斯坦福体育馆的。担任工程监理工作的旧金山贝克尔和卡朋特工程公司的合伙人之一爱德华·卡朋特(Edward E. Carpenter)提出陶土质地的碗状结构体育馆较霍华德所设计的结构更为经济,同时选址在峡谷口座位可以超过6万个。另外一个方案来自大西部能源公司的咨询师兼工程师乔治·贝肯汉姆(George F. Buckingham),其公司总裁正是校董事盖·夏非·厄

加利福尼亚纪念体育馆

尔(Guy Chaffee Earl)。贝肯汉姆最终说服校董事们针对这一选址最好解决的方案是将陶土碗状结构与露台式椭圆结构结合起来——即卡朋特和霍华德两人方案的折中版本。1922 年 8 月,执政官们采纳了贝肯汉姆的计划,并委派了一个体育馆建设委员会——由霍华德出任主席,贝肯汉姆和卡朋特担任工程师,学校首席会计师及校董会首席秘书罗伯特·戈登·斯普劳尔担任委员会秘书——承担计划的准备工作。

计划在实施中引发了一定的争议。由于霍华德与校董事们签订的合同约定,在校园皮埃蒙特大道以西所有完成的建筑中霍华德均能获得一小部分分红,或许出于一点利己主义的考虑,霍华德本人起初是反对将体育馆建造在校园南侧的草莓溪峡谷的。霍华德同意与贝肯汉姆和卡朋特一起共同组建委员会也表明了他自 1919 年成为首席建筑师以来,随着他的两大支持者的离去——校董事菲比·赫斯特的离世和惠勒校长的退休,他的影响力已经日薄西山了。尽管当时一些校董事认为他不应该再管理这一工程,他还是被委任为委员会主席。

节外生枝的事情发生了,为反对在草莓溪峡谷口动工,人们成立了一个以社区为基础的校园保护组织。保护组织的拥护者中包括校友、建筑师威廉·科莱特(William G. Corlett)、亨利·加特森(Henry H. Gutterson)、沃尔特·斯提尔伯格(Walter T. Steilberg)、沃尔特·拉特克里夫(Walter H. Ratcliff)、园景建筑师布鲁斯·波特(Bruce Porter)以及加州科学学院院长等。他们主要考虑破坏峡谷外观、不易运输和不易接近、建筑的限制、缺乏扩建空间以及峡谷这一天然生物实验室遭到破坏等。这一区域的产权持有者同样反对:体育馆若建成,他们或将失去家园,或将失去原本秀美的景观。

虽然遭到了种种反对,校董事们还是决意执行这一工程。校方获取了七块地产的所有权,并于 1923 年 1 月开始实施搬迁计划。人们通用爆破和水压力松动了峡谷泥土,随后用马车和蒸汽动力铲将成吨的泥土运出,沿宪章山南坡切入山体,重塑了此处的自然地形。人们挖掘一个直径 4 英尺、长 1 450 英尺的混凝土涵洞,将草莓溪改道至体育馆下方,再向北流过歌顿厅和教工空地。

由于海沃德断层带的存在, 这座椭圆形的碗状结构建筑被分为两个半区,其南、北两端分别有扩展连接结构使整座体育馆在大地震中可以小幅移动。在建筑的新古典主义外部上,霍华德保留了他标志性的罗马拱形结构,在入口处单拱和三拱组合交替出现, 入口直接通向座位区和西部的广场区域。20 世纪 80 年代,奥克兰建筑事务所——汉森、村上及绘岛事务所的迈克尔·村上(学校 1966 级毕业生)主持了体育馆田径办公室、训练场和更衣室设施的翻新工作并修建了加利福尼亚田径荣誉堂, 加州的体育纪念品如今就在这里展出。

通往场地内的北通道是加州大学主队及加州军乐队震撼登场的传统入口。通道入口两旁有两块历史悠久的纪念牌,其中一块是为纪念在第一次世界大战中献身的人们。每逢纪念日这一天,人们都会在这里放上一束花环。另外一块为表彰约翰·肯尼迪总统。1962 年 3 月 23 日,在第 94 届宪章日上,就是在这个体育馆里, 肯尼迪总统面对着 9 万名观众发表了热情洋溢的演说,这也是在学校历史上规模最大的集会。14 年前,也是在这个体育馆中,5 万名观众见证了哈里·杜鲁门总统在 1948 级毕业生毕业典礼上的演说。这是继西奥多·罗斯福 1903 年在赫斯特希腊式剧院出席结业典礼后, 首次由总统出席的毕业典礼。

体育馆内加州啦啦队席前东 55 码线旁，有一个以安迪·史密斯教练名字命名的花岗岩长凳，用以传承这位传奇教练的执教精神。长凳上的铭文令人回想起他在他的“小屋”里为弟子们定下的规则：“我们不需要随时准备英勇赴死的勇夫。取胜并不意味着一切。光明正大地竞技，即使输掉一场比赛也比以信念沦丧为代价去赢得一场比赛有意义得多。”

加利福尼亚纪念体育馆名列加州历史资源索引中。

53. 宪章山和大C标志

大 C 标识(Big C)　1907、1908、1905 级毕业生

宪章山朝西的斜坡上放置着一个金光熠熠的大写字母 C，它展示着加利福尼亚精神中最具历史意义的符号。位于希腊式剧院和鲍尔斯厅后的宪章山海拔 400 英尺，在 1898 年 3 月 23 日学校成立的周年纪念日上被命名，其名来源于 19 世纪与宪章日相关的一些传统。

19 世纪晚期，在宪章日前夜，一年级新生们通常会将他们的班级编号刻到宪章山的斜坡上，而往往他们所做的标记都会被阻止他们做这件事情的二年级学生们抹掉。这类的“年级冲突”不可避免地导致闹事，引起负责管理

宪章山和大 C 标志

学生事务的教工们和正致力于说服教工将这项职能交给学生团体的高年级学生干部们的厌恶和不满。这种年级之间的暴力冲突无疑与惠勒校长推行的原则相悖。惠勒校长认为学生们应当实行自治,自己为自己负责。1903 年之后,宪章日的年级冲突事件便没有再发生过。

为了建立一个更有内涵的文化传承,几位男生在 1905 年的春天定期进行会谈, 商讨重拾 1882 级和 1888 级学生们在宪章山上以字母 C 的造型开展植树绿化的这一传统。这些 1907 级的大二学生们称自己为 "山麓午餐帮",因为他们一直在北大厅旁、中央植物园上的一座山坡上共享他们的午餐,这座山坡即是如今的纪念空地。这群学生中一位名叫赫尔伯特·福斯特(Herbert B. Foster)的男生(后成为校工程师)提出了一个更为永久性的"C"标志提案。他建议用砖石建造一个字母 C,用赭土涂覆,并由各届学生定期维护和重新喷漆,并将这作为传统一届届传承下去。

在获得校园管理者的首肯后, 福斯特向当时约翰·嘉伦·霍华德的搭档威廉·海斯寻求协助,两人共同完成对宪章山的调查研究并为这一字母标志选择了最佳安置地点。最终在山坡上确定的安放地点是经过精密的计算得出的,这个点从北大厅(当时的学生活动中心)、加利福尼亚体育场、伯克利商业区, 甚至从奥克兰码头区关键系统公司的列车隧道中都可以看得一清二楚(那时的宪章山上并未像现在一样遍山树木,而接下来十年中热火朝天的植树绿化活动使得从校园中的一些关键地点看过来, 大 C 标志也不再那么清晰可见了)。它的魅力将与学生联盟(ASUC)正式使用的 C 形足球大楼相媲美。福斯特把这个钢筋混凝土的字母 C 设计成 60 英尺长、26 英尺宽,这样的尺寸使得它不会显是依照透视法做过缩短处理的, 支撑字母的陡峭里层状底座直插入山体中。

校园和附近社区里的一些团体和个人也对这一标志的建造提供了支持和帮助。福斯特的老师之一、土木工程系系主任弗兰克·苏莱(Frank Soulé)对造型设计和混凝土比例提出了专业意见, 并将建筑材料交给学院材料测试实验室进行分析。当时在建的加利福尼亚厅的承建商提供了可以用来建造排水沟渠的加强钢材料和破碎的屋顶瓦片等; 南太平洋公司和关键系统公司等其他一些本地承建商们提供了各种工具。但是,这项工程规模日渐扩大时,并不是所有人都对此满意。一些教工和社区成员们就不认可这个黄色的C 标志,担心这样一个标志将会妨碍伯克利的湖光山色,害怕它终将有一日会以迅雷不及掩耳之势从这片陡峭的山坡上滑落下来。

然而,1905 年 3 月 18 日周六这天,学校宣布全体放假一天,学校 1907和 1908 级男生(当时的大一和大二学生)在这天开始了大 C 标志的建造工作。在那个细雨飘飘的清晨,同为低年级的男生们齐心协力,排起人链,从草莓溪峡谷中统一存放建材的牛舍向山上传递袋装水泥、沙土、碎石骨料和其他一些建筑材料。

五天之后的宪章日那天,当普林斯顿大学教授、主题演说家亨利·凡·戴克(Henry Van Dyke)正准备对希腊式剧院内的听众们发表演说时,不远处的宪章山上"奥斯基——哇哦——哇哦(Oski-wow-wow)"的欢呼声飘扬而来,响彻整个区域。这声欢呼标志着大 C 标志的正式建成。这个混凝土标志上订着一块铜牌, 上面写道:"纪念 1905 年 3 月 23 日由 1907 届和 1908 届学生们共同埋葬的年级冲突。愿亡灵安息。"铭文标志着学校年级合作的新精神的诞生。

然而年级对立并未彻底消失。一年级新生们总是想偷偷地把大 C 标志涂成绿色,一旦他们得逞,负责监管大 C 标志的二年级学生们就不得不耗费数加仑黄色涂料重新把它涂回黄色。来自海湾另一侧的突袭也经常能够得逞:在两校足球大赛周中,不止一次人们会突然发现大 C 标志变成了尴尬的斯坦福红色。正如大树的年轮一样,大 C 标志经历的无数次涂漆过程,每次都讲述了一个动人的故事。1938 年的一次彻底清理中发现,大 C 一共被涂漆 79 次,其中 20 次被涂成斯坦福红色;而 1976 年进行的清理中又发现了120 次涂漆经历。

1916 年 2 月 29 日清晨,在传统的闰年劳动日上,约 2 500 名男生加入到了大 C 附属小径的建造行列中。这条小径蜿蜒地从希腊式剧院沿陡峭的宪章山山坡通向大 C 标志,约 2 000 英尺长。学校总共十个院系都参与了这次劳动,每个院系负责一部分路段。他们手持镐锹,和着校歌的旋律,"用加利福尼亚人的双手刻出了一座纪念碑"。

1923 年加利福尼亚纪念体育馆落成后的首场足球赛后,人们发现,在宪章山南坡上可以免费观看足球比赛的全景，因此这片山坡又有了一个有趣的外号“吝啬鬼山”。正是在这里，每当加州大学队得分后，人们便会点起胜利礼炮（又称金色礼炮）。这个礼炮是学校1964级学生们的礼物。礼炮重750磅，炮管为金色，由木制底盘支撑，炮身下的车轮直径为40英寸，轮毂为蓝色，轮辋为金色。在1964年两校足球赛上，这座礼炮的首次登场亮相给在场人们带来极大的震撼。